高等学校给排水科学与工程、环境工程专业教材

给 水 管 网

王　彤　主　编

崔红军　曹仙桃　姜桂华　副主编

杨玉思　雷春元　主　审

人民交通出版社

北京

内 容 提 要

本书根据土木类教学质量国家标准(给排水科学与工程专业)对"给水管网"课程教学基本要求和长安大学"给水管网"课程教学大纲编写,全书共分12章,主要内容包括:给水系统,设计用水量,给水系统的工作情况,输水管渠和管网布置,水管、管网附件和附属构筑物,管段流量、管径和水头损失计算,管网水力计算,分区给水系统,管网优化计算,有压管道水锤计算与防护,管网的技术管理,给水管网碳核算。本书基本理论和工程实践紧密结合,吸收国内外给水管网工程新理论、新技术、新材料和新设备,把相关工程技术规范和标准贯穿到教材中,体现新颖性、实用性、实践性,培养学生实际应用能力。书中附有例题和习题。

本书为高等学校给排水科学与工程、环境工程及相关专业教材,还可作为高职高专给排水工程技术专业教学用书,也可供从事本专业的设计、施工、管理的工程技术人员参考。

课件下载地址:http://www.ccpcl.com.cn

图书在版编目(CIP)数据

给水管网/王彤主编. —北京:人民交通出版社
股份有限公司,2024.8.(2025.8 重印) —ISBN 978-7-114-19595-2

Ⅰ. TU991.33

中国国家版本馆 CIP 数据核字第 2024AU6037 号

书　　　名:	给水管网
著 作 者:	王　彤
责 任 编 辑:	戴慧莉
责 任 校 对:	赵媛媛　魏佳宁
责 任 印 制:	张　凯
出 版 发 行:	人民交通出版社
地　　　址:	(100011)北京市朝阳区安定门外外馆斜街 3 号
网　　　址:	http://www.ccpcl.com.cn
销 售 电 话:	(010)85285911
总 经 销:	人民交通出版社发行部
经　　　销:	各地新华书店
印　　　刷:	北京科印技术咨询服务有限公司数码印刷分部
开　　　本:	787×1092　1/16
印　　　张:	14.5
字　　　数:	358 千
版　　　次:	2024 年 8 月　第 1 版
印　　　次:	2025 年 8 月　第 2 次印刷
书　　　号:	ISBN 978-7-114-19595-2
定　　　价:	49.00 元

(有印刷、装订质量问题的图书,由本社负责调换)

前言

水是人类生存的生命线。在水的采集、加工、输送、回收处理与再生回用这一社会循环中,给排水管网发挥着重要的作用。给水管网是给排水科学与工程专业的主干课程之一,针对生活饮用水的输送、分配,系统地讲述给水管网的功能、布置原理、水量分配、水力计算理论和方法、工程优化设计方法及管道系统的运维管理。通过本课程的学习,学生基本掌握给水管网的功能、拓扑结构和规划设计原理,掌握给水管网的水力计算理论和方法,了解给水管网系统优化设计和水锤防护技术措施,了解给水管网系统运行管理方法、现代管理模式和信息化技术,了解智慧管网发展方向,提高对复杂工程问题的观察、分析和解决能力。

本教材由长安大学资助出版。第 1 章~第 3 章由西安水务(集团)规划设计研究院有限公司崔红军编写;第 4 章、第 5 章由西安市供水管理中心曹仙桃编写;第 6 章~第 9 章由长安大学王彤编写;第 10 章~第 12 章由长安大学姜桂华编写。本教材由王彤担任主编,崔红军、曹仙桃、姜桂华担任副主编。长安大学杨玉思教授、西安水务(集团)有限公司雷春元正高级工程师担任主审,对教材的编写提出了许多宝贵意见,在此深表谢意。

教材编写得到了长安大学建筑工程学院、教务处的领导和老师的支持与帮助,长安大学建筑工程学院硕士研究生宋佳奇、王文成、陈佳中、尚鑫宇、李钟毓、赵柯慧、洪磊、夏东旭、左远图等参加了文稿的校对与程序的调试工作,新兴铸管股份有限公司、安徽红星阀门有限公司、株洲南方阀门股份有限公司提供了相关资料,人民交通出版社为本教材的出版付出了辛勤的劳动,在此一并致谢。

由于作者水平有限,教材中不当之处,敬请读者批评指正。

编　者
2024 年 5 月于西安

目录

2

第1章

给水系统

1.1　给水系统概述

给水系统是保证城镇、工业企业等用水的一系列构筑物和输配水管网组成的系统。

给水用途按大类可分为生活用水、工业生产用水和消防用水三类。生活用水是人们在各类生活活动中直接使用的水,主要包括居民生活用水、公共设施用水和工业企业生活用水。居民生活用水是指居民家庭生活中饮用、烹饪、洗浴、洗涤等用水,是保障居民身体健康、家庭清洁卫生和生活舒适的重要条件。公共设施用水是指机关、学校、医院、宾馆、车站、公共浴场等公共建筑和场所的用水,其特点是用水量大、用水地点集中,该类用水的水质要求基本上与居民生活用水相同。工业企业生活用水是工业企业区域内从事生产和管理工作的人员在工作时间内的饮用、烹饪、洗浴、洗涤等生活用水,该类用水的水质与居民生活用水相同,用水量则根据工业企业的生产工艺、生产条件、工作人员数量、工作时间安排等因素而变化。工业生产用水是指工业生产过程中为满足生产工艺和产品质量要求的用水,又可以分为产品用水(水成为产品或产品的一部分)、工艺用水(水作为溶剂、载体等)和辅助用水(冷却、清洗等)等,工业企业门类多,系统庞大复杂,对水量、水质、水压的要求差异很大。消防用水只是在发生火警时才由给水管网供给,消防用水对水质没有特殊要求。

输配水管网承担供水的输送、分配、压力调节(加压、减压)和水量调节任务,起到保障用户用水的作用。

输配水管网应具有以下功能。

(1)水量输送:实现一定水量的位置迁移,满足用水的地点要求。

(2)水量调节:采用贮水措施解决供水、用水的水量不平均问题。

(3)水压调节:采用加压或减压措施调节水的压力,满足水输送、使用的能量要求。

根据给水系统的性质不同,给水系统可做如下分类:按水源种类不同,分为地表水(江河、湖泊、蓄水库、海洋等)和地下水(浅层地下水、深层地下水、泉水等)给水系统;按供水方式不同,分为自流系统(重力供水)、水泵供水系统(压力供水)和混合供水系统;按使用目的不同,分为生活给水系统、工业生产给水系统和消防给水系统;按服务对象不同,分为城市给水系统和工业给水系统;工业给水系统又可分为循环系统和复用系统。

水在人们生活和生产活动中占有重要地位,必须坚持"以水定城、以水定地、以水定人、以水定产",严格落实水资源最大刚性约束。

给水工程是城市和工业企业的重要基础设施,是重要的民生工程,必须保证以足够的水量、合格的水质和充裕的水压供应生活用水、工业生产用水和市政消防用水,不仅应能满足近期的需要,还应兼顾到今后发展的需要。

1.2 给水系统的组成和布置

给水系统的任务是从水源取水,按照用户对水质的要求进行处理,然后以一定的水压将水输送到用水区向用户配水。

为了完成上述任务,给水系统由下列工程设施组成:

(1)取水构筑物,用以从选定的地表水和地下水源取水;

(2)水处理构筑物,是对取水构筑物的原水进行处理,以符合用户对水质的要求,一般集中布置在水厂内;

(3)泵站,用以将所需水量提升到要求的高度,可分为抽取原水的一级泵站、输送清水的二级泵站和设于管网中的增压泵站等;

(4)输水管渠与管网,输水管渠是将原水送到水厂或将处理后的水送到管网,然后经管网分配到各个给水区的用户;

(5)调节构筑物,包括各种类型的贮水构筑物,例如高地水池、水塔、清水池等,用以贮存和调节水量。高地水池和水塔兼有保证水压的作用。根据城市地形特点,水塔可设在管网起端、中间或末端,分别构成网前水塔、网中水塔和对置水塔的给水系统。

给水系统中,泵站、输水管渠、管网和调节构筑物等总称为输配水系统,从给水系统整体来说,它是投资占比最大的子系统。

1.2.1 城市给水系统

图 1-1 所示为以地表水为水源的给水系统。取水构筑物从江河取水,经一级泵站送往水处理构筑物,处理后的水贮存在清水池中。二级泵站从清水池取水,经管网供应用户。有时,为了调节水量和保持管网的水压,可根据需要建造水库、泵站、高地水池或水塔。一般情况下,从取水构筑物到二级泵站都属于水厂的范围。当水源远离城市时,须由输水管渠将水源水引

到水厂。图中的水塔并非必需,视城市规模大小而定。

以地下水为水源的给水系统,因地下水水质一般较好,可省去部分水处理构筑物而只需消毒,使给水系统大为简化,如图1-2所示。这类给水系统可根据实际需要设置水塔。

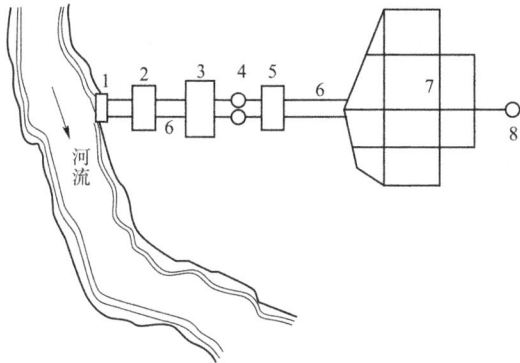

图1-1 以地表水为水源的给水系统

1-取水构筑物;2-一级泵站;3-水处理构筑物;4-清水池;

5-二级泵站;6-输水管;7-管网;8-水塔

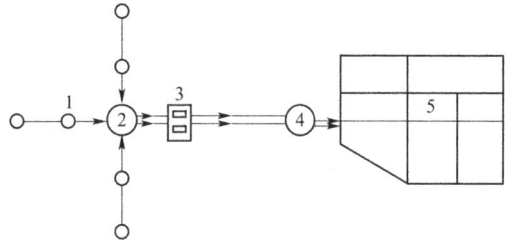

图1-2 以地下水为水源的给水系统

1-管井群;2-集水池;3-泵站;4-水塔;5-管网

图1-1和图1-2所示的系统称为统一给水系统,即用同一给水系统供应生活用水、工业生产用水和市政消防用水,目前绝大多数城市采用这种系统。在城市给水中,工业用水量往往占一定的比例,但是工业用水的水质和水压要求有其特殊性。在工业生产用水的水质和水压要求与生活用水不同的情况下,可根据具体条件,除考虑统一给水系统外,还可考虑分质、分压等给水系统。

对城市中个别用水量大、水质要求较低的工业用水,可考虑按水质要求分质给水。分质给水可以是同一水源,经过不同的水处理过程和管网,将不同水质的水供给各类用户;也可以是不同水源,例如图1-3中虚线所示的地表水经简单沉淀后,供工业生产用水,地下水经消毒后供生活用水等。

分压给水系统是因水压要求不同而将管网分成不同系统,如图1-4所示,由同一泵站内的不同水泵分别供水到水压要求高的高压管网和水压要求低的低压管网,以节约能量。

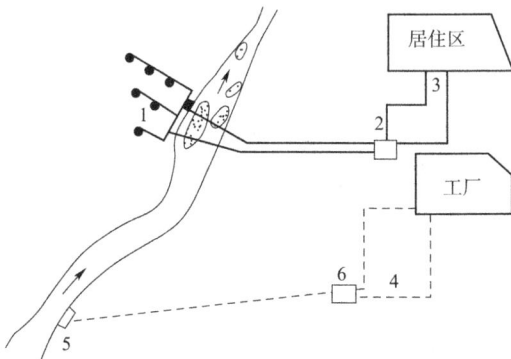

图1-3 分质给水系统

1-管井;2-泵站;3-生活用水管网;4-工业生产用水管网;

5-取水构筑物;6-工业生产用水处理构筑物

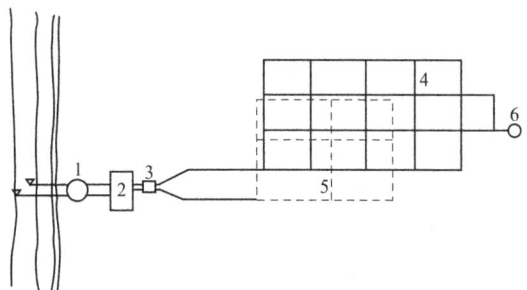

图1-4 分压给水系统

1-取水构筑物;2-水处理构筑物;3-泵站;4-高压管网;

5-低压管网;6-水塔

分区给水系统适用于城市地形高差大或管网分布范围广的大中城市,在管网中适当位置

3

设置中途增压泵站是分区给水的一种形式。增压泵站将管网分区,分区之间的管网相互串联连接。各区用水分别由二级泵站和增压泵站供给。分区后二级泵站供水范围比原来缩小,可以降低泵站的扬程,起到了节约能量的效果。

采用统一给水系统还是分质、分压系统,要根据地形条件、水源情况、城市和工业企业的规划、水量、水质和水压要求,并考虑原有给水工程设施条件,从全局出发,通过技术经济比较后决定。

随着城镇建设的快速发展,很多地区的城镇规划不断扩大,城镇之间的距离逐步缩小。由于水源或其他条件的限制,往往在一个较大的区域内,几个城镇联合采用一处水源,各有独立的管网,形成一个跨地域的给水系统,称为区域给水,如该系统已在江苏、浙江等地应用。原来分散的小型给水系统可发挥集中管理的优势。但该系统区域给水的范围较大,相互关联的城镇较多,供水情况各有不同,因此增加了给水系统设计和运行的复杂性。

1.2.2　工业给水系统

城市给水系统的组成和布置原则同样适用于工业企业,在一般情况下,工业用水常由城市管网统一供给。但是工业给水是一个比较复杂的问题,工业企业不仅门类多、系统庞大,而且对水压、水质和水温有不同要求。有些工业企业,用水量虽大,但对水质要求不高,使用城市自来水颇不经济,或者限于城市给水系统的规模无法供应大量工业用水,或工厂远离城市管网等,这时不得不自建给水系统;有些工业用水,如电子工业、制药工业、锅炉给水等,用水量虽少,但对水质要求远高于生活饮用水,这时还需要进一步处理,将城市给水的水质提高到满足工业给水的要求。

工业用水应尽量重复利用,从有效利用水资源和节省抽水动力费用着眼,根据工业企业内水的重复利用情况,可分成循环给水系统和复用给水系统,采用这类系统是城市节水的主要内容之一。

循环给水系统是指使用过的水经适当处理后再行回用。在循环使用过程中会损耗一些水量,包括循环过程中蒸发、渗漏等损失的水量,须从水源取水加以补充。图1-5所示为循环给水系统,虚线表示使用过的热水,实线表示冷却水。水在车间使用后,水温有所升高,进入冷却塔冷却后,再由泵站送回车间使用。为了节约工业用水,一般较多采用这种系统。

复用给水系统是按照车间对水质的要求,将水顺序重复利用。水源水先到某些车间,使用后根据水质要求不同,或经冷却、沉淀处理后,再到其他车间使用,最后排出。图1-6所示为将水经冷却后使用的复用给水系统,实线表示给水管,虚线表示排水管;水源水在车间A使用后水温升高,靠本身的水压自流到冷却塔中冷却;再由泵站送到车间B使用,最后经排水系统排入水体。采用这种系统,水资源得以充分利用,特别是在车间排出的水可不经过处理或略加处理就可供其他车间使用。

为了节约工业用水,在工厂与工厂之间,也可考虑采用复用给水系统。

工业给水系统中水的重复利用,不仅可以解决城市水资源缺乏,还可以提高环境效益,减少污染城市水体的废水排放量。因此,工业用水的重复利用率是节约城市用水的重要指标。所谓重复利用率是指重复用水量在总用水量中所占的百分数。我国工业用水重复利用率较低,和一些工业发达的国家相比,在工业节水方面还有很大的潜力,所以改进工艺和设备、采用循环或复用给水系统,提高工业用水重复利用率,对钢铁、冶金、化工等用水量大的行业具有重要意义。

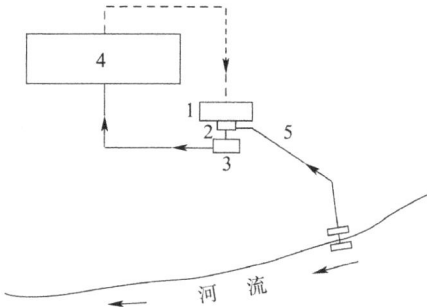

图 1-5 循环给水系统
1-冷却塔;2-吸水井;3-泵站;4-车间;5-新鲜补充水

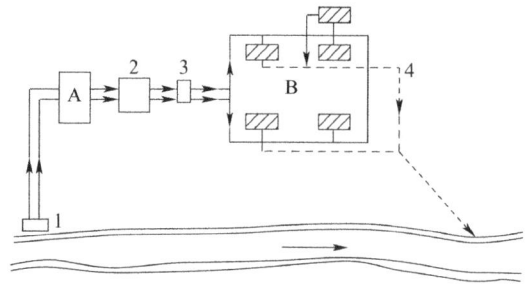

图 1-6 复用给水系统
1-取水构筑物;2-冷却塔;3-泵站;4-排水系统;A、B-车间

1.3 给水系统布置的影响因素

按照城市规划、水源条件、地形以及用户对水量、水质和水压要求等方面的具体情况,给水系统可有多种布置形式。影响给水系统布置的因素如下。

1.3.1 城市规划的影响

给水系统的布置,应密切配合城镇和工业区的建设规划,做到通盘考虑、分期建设,既能及时供应生产、生活和消防用水,又能适应今后发展的需要。

水源选择、给水系统布置和水源卫生防护地带的确定,都应以城市和工业区的建筑规划为基础。城市规划与给水系统设计的关系极为密切。例如,根据城市的计划人口数、居住区房屋层数和建筑标准,城市现状资料和气候等自然条件,可计算整个给水工程的设计用水量;从工业布局可知生产用水量分布及其要求;根据当地农业灌溉、航运和水利等规划资料、水文和水文地质资料,可以确定水源和取水构筑物的位置;根据城市功能分区,道路位置,用户对水量、水压和水质的要求,可以选定水厂、调节构筑物、泵站和管网的位置;根据城市地形和供水压力可确定管网是否需要分区给水;根据用户对水质要求确定是否需要分质供水等。

1.3.2 水源的影响

水源种类、水源距给水区的距离、水源水质的不同,都会影响给水系统的布置。

给水水源分地下水源和地表水源两种。地下水源有浅层地下水、深层地下水和泉水等,我国北方地区采用较多。地表水源包括江水、河水、湖泊水、水库水、海水等,在我国南方比较普遍采用。

当地如有丰富的地下水,可在城市上游或在给水区内开凿管井或大口井,井水的水质较好,一般经消毒后就可由泵站加压送入管网,供用户使用。

如水源处于适当的标高,能借重力输水,则可省去一级泵站或二级泵站或同时省去一级、二级泵站。城市附近山上有泉水时,建造泉水供水的给水系统最为简单经济。取用蓄水库水时,也可利用标高靠重力输水到给水区,可以节约输水能量。

以地表水为水源时,一般从流经城市或工业区的河流上游取水。因地表水多半是浑浊的,并且难免受到污染,如用作生活饮用水必须加以处理。受到污染的水源,须经复杂的水处理过程才可满足使用要求,提高了给水成本。

城市附近的水源丰富时,往往随着用水量的增长而逐步发展成为多水源给水系统,从不同部位向管网供水,如图1-7所示。它可以从几条河流取水,或从一条河流的不同位置取水,或同时取地表水和地下水,或取不同地层的地下水等。我国许多大中城市,如北京、上海、天津等,都采用多水源给水系统。这种系统的优点是便于分期发展,供水比较可靠,管网的水压比较均匀。显然,随着水源的增多,设备和管理工作也会相应增加,但与单一水源相比,这种系统通常较为经济合理。

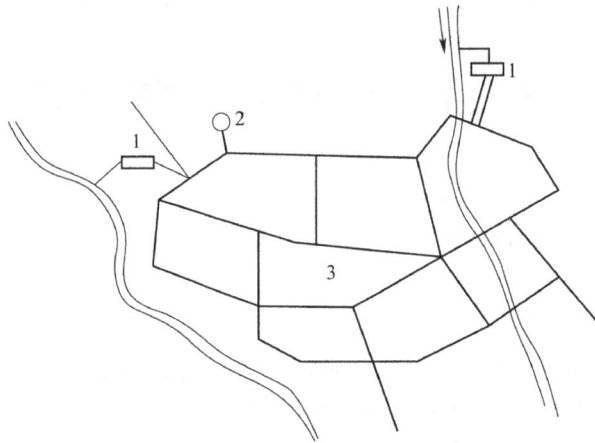

图 1-7　多水源给水系统
1-水厂;2-水塔;3-管网

随着国民经济的发展,城镇用水量越来越大,但是某些河流在枯水季节水量锐减甚至断流、有些城镇的地下水水位出现不同程度的下降、部分江河受到污染、某些沿海城市受到海水倒灌的影响等,以致某些地区因附近缺乏水质较好、水量充沛的水源,必须采用大规模、跨流域、长距离调水方式来解决给水问题。长距离输水工程尚未有明确的定义,一般指输水距离较长、管渠断面较大、水压较高的工程。例如引滦入津工程,是我国最早建设的长距离输水工程,设计水量为 $50m^3/s$,输水距离约 236km,输水工程复杂,包括隧洞、河道整治、水库、明渠、暗渠、泵站、输水管和水厂等,规模巨大,效益显著。又如南水北调工程,是缓解我国北方水资源短缺的重大战略性基础设施,技术更为复杂,涉及问题更多。通过合理分配跨流域的水资源,改变我国南涝北旱局面,促进南北方经济、社会与人口、资源、环境的协调发展。调水工程分东线、中线和西线,分别从长江下游、中游和上游调水;2014 年中线一期工程正式开闸放水。全长 1432km,供应沿线 100 多个城市的生活和工业用水。

此外,北京第九水厂供水工程、大连引碧入连工程、青岛引黄济青工程、邯郸引岳济邯工程、西安黑河引水工程、上海黄浦江上游引水工程、秦皇岛引水工程等都是长距离输水工程,这些工程的技术相当复杂,投资也很大。

1.3.3 地形的影响

地形条件对给水系统的布置有很大影响。中小城镇,如果地形比较平坦,而工业用水量小、对水压又无特殊要求时,可用统一给水系统。大中城市被河流分隔时,两岸工业和居民用水一般先分别供给,自成给水系统,随着城市的发展,再考虑将两岸管网相互连通,成为多水源的给水系统。取用地下水时,可考虑就近凿井取水的原则。而采用分地区给水的系统(图1-8)布置,在东、西郊分别开采地下水,经消毒后由泵站分别就近供水给居民和工业,这种布置投资省,并且便于分期建设。

地形起伏较大的城市,可采用分区给水或局部加压的给水系统。因给水区地形高差很大,或者给水管网延伸很远,给水系统的分区布置应按照图1-9所示进行。整个分区给水系统按水压分成高低两区,相较统一给水系统而言,它可以降低管网的供水水压和减少动力费用。分区给水系统布置方式可分成并联分区,即高低两区由同一泵站分别单独供水,以及串联分区,即高区泵站从低区取水,然后向高区供水。

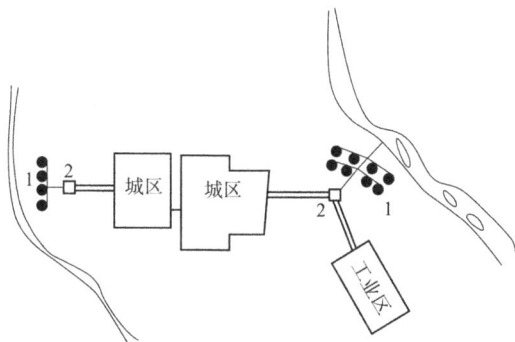

图1-8　分地区给水系统

1-井群;2-泵站

图1-9　分区给水系统

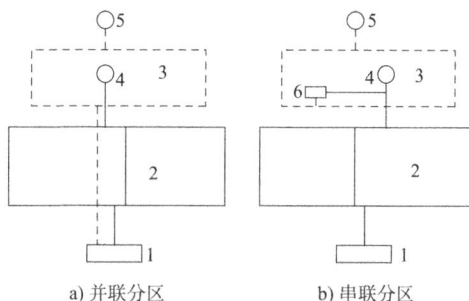

1-泵站;2-低区;3-高区;4-低区水池(或水塔);5-高区水池(或水塔);6-高区泵站

1.4　城镇给水系统规划

给水系统规划需树立全局意识,按照城市规划、水源条件、地形、用户对水量水质和水压要求等方面的具体情况,兼顾现状给水工程设施条件,通过技术经济比较,因地制宜地编制科学合理的给水系统规划方案,助力绿色、低碳、高质量发展。

1.4.1　城镇给水系统规划的原则

城镇给水系统规划是城镇总体规划的重要组成部分,是以城镇总体规划为依据,结合城市现状和发展人口、工业区布局、电力供应、交通运输等情况进行规划。规划的原则如下。

(1)贯彻执行国家和地方的法律、法规。

(2)给水系统规划应与城镇总体规划一致,一般按远期(10~20年)规划,按近期(5~10年)设计和建设,统一规划,分期实施。重视近期规划,同时考虑城市远期发展的需要,避免重复建设。对于改建和扩建工程,应充分利用原有设施,进行统一规划。

(3)合理利用水资源,保护环境,尽量利用就近水源。

(4)保证城市所需的水量、水压和水质。在消防和突发事故时仍能供给一定的水量,水质应符合现行《生活饮用水卫生标准》(GB 5749),水压应满足居住区建筑物的用水,城镇内高层建筑应自行加压,解决供水压力问题。

(5)采用行之有效的新技术、新材料和新工艺,力求技术先进、经济合理,取得经济效益和社会效益。

1.4.2　城镇给水系统规划的内容

根据城镇总体规划中确定的设计年限、人口,用水量、居住区的建筑物层数和设施,工业区的布局,以及用户对水量、水压和水质的要求,提出规划方案。城镇给水系统规划的主要内容如下。

(1)根据区域和城市的水资源分布,合理确定水源和取水方式,确保水资源和需水量之间的供需平衡,并提出水资源保护范围和措施。

(2)预测城镇在设计年限内用水量最高日的生活用水、工业用水和公共设施用水等的总用水量。

(3)选定给水系统的类型,如统一给水、分质给水、分压给水等。

(4)确定给水构筑物(如取水口、水厂、泵站、水塔)的位置和规模,确定水处理工艺(如常规处理、深度处理和污泥处理)等。

(5)确定输水管渠、管网的布局和干管直径。

(6)对各种给水系统规划方案进行技术经济比较,论证其优缺点,尽量降低工程造价和运行管理费用,做到经济和节能。

1.4.3　城镇给水系统规划的阶段

城镇给水系统规划的目标是建立布局合理、安全经济的城镇给水系统,保证给水工程建设和城镇发展相协调,促进城镇的可持续发展。

城镇给水系统规划依据城镇总体规划进行,分为总体规划、分区规划、详细规划三个阶段,上一阶段指导下一阶段的规划,下一阶段要落实上一阶段的规划,但可视情况做适当的调整。详细规划是根据前两阶段的规划结果,结合城镇实际情况,进行评定、落实和补充,作为城镇给水系统设计的依据。

1.4.4　城镇给水系统规划的过程

从给水工程项目批准到规划完成,一般须经过以下工作过程。

(1)根据给水规划主管部门的委托文件和规划任务的合同,明确城镇给水工程规划的任务、范围和内容。收集城镇给水系统规划文件以及与给水系统规划有关的方针、政策。

(2)收集给水系统规划所需的基础资料,同时进行现场调查研究。规划所需的基础资料包括:气象、水文、水文地质、工程地质和地形等资料;现有水源、用水量、用水人数、用水普及率、现有管网系统布置情况,对水量、水压和水质的要求,供水成本和水价,以及供水可靠性等资料;城镇的排水、道路、供电、消防、通信、燃气等有关规划,便于相互协调,处理好各种地下管线的关系,其中给水系统与城镇排水系统规划的协调极为重要。

(3)充分调查与分析,确定城市用水定额,计算城市总用水量,由此确定城市给水设施的工程规模。水量预测可参照规划、现行规范中的多种估算方法,结合现状确定。

(4)进行给水系统工程规划,包括选定水源和取水工程、明确水资源保护的要求、选择净水厂厂址、确定水处理工艺、布置和计算输水管渠和管网等,进行多方案的技术经济比较,选定高效节能的方案。

(5)根据规划的年限,提出远期和近期的工程实施计划,使给水工程的建设有序,提高投资效益。

(6)编制城市给水系统规划文件,说明城镇给水在城市建设中的作用,明确规划目的、工程费用。规划文件以说明书和规划图纸表达。

【习题】

1.给水系统中投资最大的是哪一部分? 试进行分析。

2.给水的用途有哪几类? 分别列举各类用水实例。

3.什么是统一给水、分质给水和分压给水? 哪种系统目前用得最多?

4.水源对给水系统布置有哪些影响?

5.地形对给水系统布置有何影响?

6.工业给水有哪些系统? 各适用于何种情况?

7.城镇给水系统规划要考虑哪些原则?

第2章
设计用水量

　　水是"生命之源、生产之要、生态之基",城市供水是城市建设和发展的根本基础和重要保障。习近平总书记提出了"节水优先、空间均衡、系统治理、两手发力"的十六字治水方针❶。

　　用水定额是节水设计的重要内容。节水不是简单减少用水,而是要建立科学的节水标准、定额指标体系和完备的节水评价制度。居民生活用水定额和综合用水定额,应根据当地国民经济和社会发展规划和水资源充沛程度,在现有用水定额基础上,结合给水专业规划和给水工程发展条件综合分析、确定,建立全局规划意识。

　　居民用水定额与城市工业结构和规模及城市经济发展水平有关,通过用水定额可间接了解城市发展现状及布局,了解我国居民用水情况,正确认识人、自然、社会和谐发展的客观规律,贯彻和践行绿色发展理念,推动经济社会的可持续发展。

　　进行给水系统设计时,首先须确定该系统在设计年限内达到的最高日用水量,因为系统中取水、水处理、泵站和管网等设施的规模都须参照设计用水量确定,因此设计用水量会直接影响整个系统的建设投资和运行费用。

　　城镇给水系统的设计年限,应按照城镇总体规划,近远期结合,以近期为主。一般近期宜采用 5~10 年,远期年限宜采用 10~20 年。

　　城镇给水系统设计用水量由下列各项组成。

　　(1)综合生活用水,包括居民生活用水和公共设施用水。前者指城镇中居民的饮用、烹

---

❶ 《习近平:真抓实干主动作为形成合力　确保中央重大经济决策落地见效》《人民日报》2015 年 02 月 11 日 01 版。

调、洗涤、冲厕等日常生活用水;公共设施用水包括娱乐场所、宾馆、浴室、商场、学校和机关等用水,不包括城镇浇洒道路、绿化等用水。

(2)工业企业用水。

(3)浇洒市政道路、广场和绿地用水。

(4)管网漏损水量。

(5)未预见水量。

(6)消防用水。

2.1 用 水 定 额

用水定额是确定给水系统设计用水量的主要依据,它可影响给水系统相应设施的规模、工程投资、工程扩建的期限、今后水量的保证等方面,所以必须慎重考虑,结合现状和规划资料,并参照类似地区或工业的用水情况确定用水定额。

用水定额是指设计年限内达到的用水水平,须从城镇规划、工业企业生产情况、居民生活条件和气象条件等方面,结合现状用水调查和节约用水资料分析,进行远近期水量预测。生活用水和工业用水,在一定程度上是有规律的,但如对生活用水采取节约用水措施,对工业用水采取计划用水、提高工业用水重复利用率等措施,可以影响用水量的增长速度,在确定用水定额时应考虑这种变化。

国家大力实施节水优先战略,加快推进节水型社会建设。节水是让人合理、高效用水,不随意地浪费。对于城镇用水节水,可从计量管理、节水器具、公共建筑节水、高耗水服务业和施工节水等方面入手。城镇用水节水可采取以下措施。

(1)居民小区宜施行一户一表,公共建筑和工业企业施行三级计量。

(2)普及推广节水型器具,提出既有建筑节水型器具换装或改造、新改扩建项目节水器具安装的要求和任务。

(3)公共场所的洗手盆水嘴应采用非接触式或延时自闭式水嘴。

(4)满足要求的小区建立中水系统,用于冲厕等。

(5)优化建筑给排水系统设计的工程、管理及保障措施,并宜将其纳入节水"三同时"❶管理。

(6)控制高耗水行业的用水定额。

2.1.1 居民生活用水

居民生活用水量由城镇人口、每人每日平均生活用水量和城镇给水普及率等因素确定。这些因素随城镇规模的大小而变化。通常,住房条件较好、给水排水设备较完善、居民生活水平相对较高的城镇,生活用水定额也较高。

我国幅员辽阔,各城镇的水资源和气候条件不同,不同地区的居民生活习惯各异,所以人

---

❶ 《中华人民共和国水法》第五十三条:新建、扩建、改建设项目,应当制订节水措施方案,配套建设节水设施。节水设施应当与主体工程同时设计、同时施工、同时投产。

均用水量有较大的差别。即使用水人口相近的城镇,因地理位置和水源等条件不同,生活用水量也可以相差很多。一般说来,我国东南地区水源较为丰富,气候较好,经济比较发达,用水量普遍高于水源短缺、气候寒冷的地区。

城镇人口变动、水价、是否采用节水设施以及生活水平等,都是影响生活用水量的因素。如缺乏实际用水量资料,则居民生活用水定额和综合用水定额可参照《城市居民生活用水量标准》(GB/T 50331)的规定,以及《室外给水设计标准》(GB 50013)(附表1~附表3),或依据城镇给水系统详细规划确定水量。

2.1.2 工业企业用水

工业企业门类很多,生产工艺多种多样。工业生产用水量的增长与国民经济发展计划、工业企业规划、工艺的改革和设备的更新等密切相关。

设计年限内工业生产用水量的预测,可以根据工业用水的以往资料,按历年工业用水增长率推算未来的水量;或根据单位工业产值的用水量、工业生产用水量增长率与工业产值的关系,或单位产值用水量与用水重复利用率的关系等加以预测。

工业生产用水指标一般以万元产值用水量表示。不同类型的工业,万元产值用水量不同。如果城镇中用水单耗指标较大的工业多,则万元产值用水量也高;对于同类工业部门,由于管理水平提高、工艺条件改善和产品结构的变化,尤其是工业产值的增长,单耗指标会逐年降低。

有些工业企业用水不是以产值为指标,而以工业产品的产量为指标,这时,工业企业的生产用水量标准,应根据生产工艺过程的要求确定,或是按单位产品计算用水量,如每生产1t钢需要多少水,或按每台设备每天用水量计算,可参照有关工业用水定额。生产用水量资料通常由企业的工艺部门提供,在缺乏资料时,可参考同类型企业用水指标。在估计工业企业生产用水量时,应按当地水源条件、工业发展情况、工业生产水平,预估将来可能达到的重复利用率。

工业企业内职工生活用水量和淋浴用水量可参照《工业企业设计卫生标准》(GBZ 1—2010)。职工生活用水量根据车间性质决定。一般车间采用每人每班25L,高温车间采用每人每班35L。工业企业内职工的淋浴用水量,可参照附表4的规定。

工业企业用水有很大的节水潜力。提高工业用水重复利用率,重视节约用水等可以降低工业用水单耗。工业用水的单耗指标由于水的重复利用率提高而有逐年下降趋势。工业企业应加快节水及水循环利用设施建设,促进企业间串联用水、分质用水、一水多用和循环利用。

2.1.3 其他用水

浇洒市政道路、广场和绿地用水量应根据路面种类、绿化面积、气候和土壤等条件确定。浇洒道路用水量一般可按2.0~3.0L/(m²·d)计算,浇洒绿地用水量可按1.0~3.0L/(m²·d)计算。

城镇配水管网的漏损水量宜按综合生活用水,工业企业用水,浇洒市政道路、广场和绿地用水量之和的10%计算,当单位管长供水量小或供水压力高时,可适当增加。《城镇供水管网漏损控制及评定标准》(CJJ 92—2016)规定:城镇供水管网基本漏损率分为两级,一级为10%,二级为12%。

未预见水量应根据水量预测时难以预见因素的程度确定,宜采用综合生活用水,工业企业用水,浇洒市政道路、广场和绿地用水,管网漏损水量之和的8%~12%。

浇洒市政道路、广场和绿地用水、消防用水应优先利用雨水等非常规水源,绿化浇洒宜采用高效节水灌溉方式。

2.1.4 消防用水

消防用水只在火灾时使用。消防用水量在城镇用水量中占有一定的比例,尤其是中小城镇,所占比例甚大。消防用水量、水压和火灾延续时间等,应符合现行国家标准《建筑防火通用规范》(GB 55037)和《消防给水及消火栓系统技术规范》(GB 50974)的有关规定。

城镇或居住区的室外消防用水量,应按同时发生的火灾起数和一次灭火的用水量确定,见附表5。

工厂、仓库和民用建筑的室外消防用水量,可按同时发生火灾的起数和一次灭火的用水量确定,见附表6和附表7。

2.2 用水量计算

计算城镇用水量时,应包括设计年限内该给水系统在最高日和最高时所供应的全部用水,包括居住区综合生活用水(居民生活用水和公共设施建筑用水)、工业生产用水和工业企业生活用水、浇洒道路和绿地用水、未预见水量、管网漏失水量以及消防用水。

城镇各种用水量应分别计算,然后汇总,得出总用水量。

(1)城镇或居住区的最高日综合生活用水量 Q_1 的计算公式为:

$$Q_1 = \sum \frac{q_1 N_1 f_1}{1000} (\text{m}^3/\text{d}) \tag{2-1}$$

式中: q_1 ——城镇各给水区的最高日综合生活用水定额[L/(d·人)];

N_1 ——设计年限内各给水区的计划人口数;

f_1 ——各给水区的用水普及率(%)。

整个城镇的最高日综合生活用水定额应参照一般居住水平,如城镇各给水区的房屋卫生设备类型不同,综合生活用水定额应分别选定,按实际情况分区计算最高日用水量,以得各区用水量的总和。一般由于人口流动,城镇计划人口数并不等于实际用水人数,所以应考虑用水普及率,以得出实际用水人数。

(2)工业生产用水量 Q_2 和工业企业生活用水量 Q_3 的计算公式为:

$$Q_2 = \sum q_2 B_2 (1-n) (\text{m}^3/\text{d}) \tag{2-2}$$

式中: q_2 ——城镇各工业企业最高日用水定额(m³/万元或m³/单位产量);

B_2 ——各工业企业的产值(万元/d或产量/d);

n ——各工业企业用水的重复利用率。

$$Q_3 = \sum q_{3a} N_{3a} + \sum q_{3b} N_{3b} \tag{2-3}$$

式中: q_{3a} ——各工业企业职工生活用水定额[L/(人·班)];

N_{3a} ——生活用水人数;

q_{3b}——各工业企业职工淋浴用水定额[L/(人·班)];

N_{3b}——淋浴用水人数。

(3)浇洒道路和绿地用水量 Q_4 的计算公式为:

$$Q_4 = \frac{q_{4a}N_{4a}f + q_{4b}N_{4b}}{1000} (m^3/d) \tag{2-4}$$

式中:q_{4a}——浇洒道路的用水定额[L/(m²·次)];

N_{4a}——浇洒道路的面积(m²);

f——每日浇洒道路次数;

q_{4b}——浇洒绿地的用水定额[L/(m²·d)];

N_{4b}——每日浇洒绿地的面积(m²)。

(4)管网漏失水量 Q_5 的计算公式为:

$$Q_5 = (0.10 \sim 0.12)(Q_1 + Q_2 + Q_3 + Q_4)(m^3/d) \tag{2-5}$$

(5)未预见水量 Q_6 的计算公式为:

$$Q_6 = (0.08 \sim 0.12)(Q_1 + Q_2 + Q_3 + Q_4 + Q_5)(m^3/d) \tag{2-6}$$

(6)设计年限内城镇最高日设计用水量 Q_7 的计算公式为:

$$Q_d = Q_1 + Q_2 + Q_3 + Q_4 + Q_5 + Q_6 \tag{2-7}$$

最高日设计用水量中并不包括消防用水量。消防所需的室内外消防水量贮存在调节构筑物如水池和水箱内,供发生火灾时使用,或条件允许的情况下,火灾时直接从城镇管网抽水灭火。

(7)从城镇最高日设计用水量可以得出最高时设计用水量 Q_h:

$$Q_h = \frac{1000 \times K_h Q_d}{24 \times 3600} = \frac{K_h Q_d}{86.4}(L/s) \tag{2-8}$$

式中:K_h——用水量的时变化系数,取 $1.2 \sim 1.6$;

Q_d——最高日设计用水量(m³/d)。

当时变化系数 K_h 为1,即一日内每小时用量相同时,可得最高日平均时的设计用水量。

2.3 用水量变化

生活用水量随着人们生活习惯和气候而变化,如假期用水比平日用水多,夏季用水比冬季用水多,在一天内又以早晨起床后和晚饭前后用水最多。用水量随着用户生活水平、水价、节水技术等变化。

工业生产用水包括冷却用水、空调用水、工艺过程用水以及清洗、绿化等其他用水,用水量在一年中是变化的。冷却用水主要用来冷却设备,带走多余热量,所以受到水温和气温的影响,夏季用水量多于冬季。例如火力发电厂、钢铁厂和化工厂在高温季节的用水量约为月平均用水量的1.3倍。空调用水用以调节室温和湿度,一般在高温季节用水量大。除冷却和空调外的其他工业用水量,一年中比较均衡,很少随气温和水温变化,如化工厂和造纸厂,用水量变化较小;但季节性很强的食品工业用水,如纯净水、饮料、果汁等,在高温时因生产量大,用水量骤增。随着汽车工业的发展,洗车用水大量增加。

用水定额只是一个平均值,在设计时还须考虑每日、每时的用水量变化。在设计规定的年限内,用水最多一日的用水量,叫作最高日用水量,一般用以确定给水系统中各类设施的规模。在一年中,最高日用水量与平均日用水量的比值,叫作日变化系数 K_d,根据给水区的地理位置、气候、人们生活习惯和室内的给排水设施,其值一般为 $1.1 \sim 1.5$。在最高日内,每小时的用水量也是变化的,变化幅度和居民数、房屋设备类型、职工上班时间和班次等有关。城镇最高日综合用水的最大一小时用水量与平均时用水量的比值,叫作时变化系数 K_h,该值在 $1.2 \sim 1.6$ 之间。大中城镇的用水比较均匀,K_h 值较小,可取低限,小城镇可取高限。

在设计给水系统时,除了求出设计年限内最高日用水量和最高日的最高一小时用水量外,还应了解用水量在一天之内的变化,据以确定各种给水构筑物的规模。图 2-1 所示为某城镇的最高日用水量变化曲线,图中每小时用水量按最高日用水量的百分数计,图形面积 $\sum_{t=1}^{24} Q_i = 100\%$,其中 Q_i 是以最高日用水量百分数计的每小时用水量。用水高峰集中在 8—10 时和 16—19 时。因为城镇大,用水量也大,各类用户用水时间相互错开,各小时的用水量比较均匀,时变化系数 K_h 为 1.42,最高时(上午 8—9 时)用水量为最高日用水量的 5.92%。实际上,任何城镇用水量的 24 小时变化情况每天不同,图 2-1 只是说明大城镇的每小时用水量相差较小,中小城镇的 24 小时用水量变化较大,人口较少、用水标准较低的小城镇,24 小时用水量的变化幅度更大。

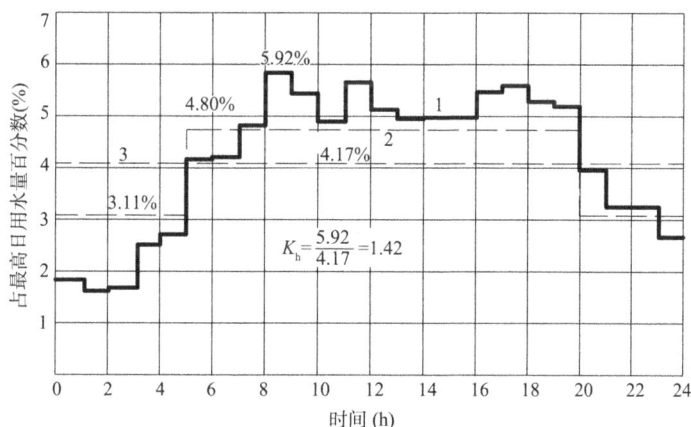

图 2-1 某城镇最高日用水量变化曲线
1-用水量变化曲线;2-二级泵站设计供水线;3-一级泵站设计供水线

对于新设计的给水工程,用水量变化规律只能按该工程所在地区的气候、人口、居住条件、工业生产工艺、生产设备能力、产值等情况,参考附近城镇的实际资料确定。对于扩建工程,可进行实地调查,获得用水量及其变化规律的资料。

2.4 城市用水量预测

城市用水量预测是指根据一定的理论或用水定额,预测规划期内城市的最高日用水总量,其中包括居民生活用水、工业用水、公共设施用水和其他用水,作为给水系统设计规模的依据。预测时须遵循国家现行规范,结合当地用水情况,并考虑今后发展的需要。预测的用水量是否符合城市实际和发展趋势,对水资源的充分利用、给水系统的建设规模和总体布局以及工程投资都有很大影响,用水量预测的准确程度也会影响给水系统调度决策的可靠性。

城市用水量预测时应充分利用过去的用水量数据,同时考虑各种影响用水的因素,如居民收入水平、水的重复利用率、管网漏失率等,预计城市人口的变化,分析城市用水量的变化规律。城市用水量因受到季节、节假日、生产发展、运行管理水平、水价以及地震、干旱、洪涝等自然灾害的影响,总是不断变化的,要准确估计用水量须多做调查和分析。

城市最高日用水量可采用下列方法预测。

2.4.1 城市综合用水量指标法

可按下式计算:

$$Q = q_1 P \tag{2-9}$$

式中:Q——城市最高日用水量(万 m^3/d);

q_1——城市综合用水量指标[万 m^3/(万人·d)];

P——用水人口(万人)。

【例 2-1】 用城市综合用水量指标法预测西部某市中心城区用水量。

2.4.1.1 指标确定

(1)现状指标的推算:根据资料分析测算,中心城区城市单位人口综合用水量指标为 0.38 ~ 0.42[万 m^3/(万人·d)]。

(2)现有规范指标的有关规定:查附表 8 得:按二区超大城市,城市单位人口综合用水量指标为 0.4 ~ 0.6[万 m^3/(万人·d)]。

(3)指标的确定:综合考虑各个区域的产业结构和发展潜力,确定该城市各规划年城市单位人口综合用水量指标为 0.3 ~ 0.46[万 m^3/(万人·d)]。

2.4.1.2 用水量预测

按照人口及指标对区域用水量进行预测,预测得到的 2035 年结果见表 2-1。

2035 年城市各区域用水量预测表 表 2-1

区域	人口(万人)	综合用水量指标[万 m^3/(万人·d)]	用水量(万 m^3)
城市核心区	800	0.44	352.0
城南区域	60	0.30	18.0
城西区域	272	0.35	95.2
城东区域	60	0.35	21.0
城北区域	168	0.30	50.4
城区合计	1360	0.39	530.4
其他乡村	240	0.20	48.0
合计	1600	0.367	587.2

2.4.2 综合生活用水比例相关法

可按下式计算：

$$Q = 10^{-7} q_2 P(1+s)(1+m) \tag{2-10}$$

式中：q_2——综合生活用水量指标$[\text{L}/(\text{人} \cdot \text{d})]$；

s——工业用水量与综合生活用水量的比值；

m——其他用水(市政用水及管网漏损)系数,当缺乏资料时可取 0.1 ~ 0.15；

其余符号意义同前。

【例 2-2】 用综合生活用水比例相关法预测城市用水量。

(1)根据附表 9 查得,该市属二区超大城市,综合生活用水量指标为 200 ~ 300$[\text{L}/(\text{人} \cdot \text{d})]$。

(2)目前该城市现状整体综合生活用水量指标为 0.18 ~ 0.28,考虑今后发展情况和居民节水意识的增强,综合生活用水量指标按 250$[\text{L}/(\text{人} \cdot \text{d})]$计。

(3)经预测, $Q = 10^{-7} \times 250 \times 1600 \times 10^4 \times (1+0.3)(1+0.1) = 572(万 \text{m}^3/\text{d})$。

2.4.3 城市单位建设用地综合用水量指标法

【例 2-3】 预测某新区用水量。

(1)指标确定。

某新区 2035 年城市单位建设用地综合用水量指标范围为 0.4 ~ 0.55$[万 \text{m}^3/(\text{km}^2 \cdot \text{d})]$。各个新城由于发展定位不同,供水指标略有差异。

(2)预测结果。

根据确定的指标和各新城规划人数,对某新区各规划年用水量的预测见表 2-2。

某新区 2035 年城市单位建设用地综合用水量指标法预测结果   表 2-2

区域		最高日供水量指标 $[万 \text{m}^3/(\text{km}^2 \cdot \text{d})]$	最高日用水量($万 \text{m}^3/\text{d}$)
某新区	A 新城	0.45	$0.45 \times 47.37 = 21.32$
	B 新城	0.40	$0.4 \times 36 = 14.4.0$
	C 新城	0.41	$0.41 \times 50.12 = 20.55$
	D 新城	0.53	$0.53 \times 56.29 = 29.83$
	文化科教园片区	0.53	$0.53 \times 7.71 = 4.09$
	E 新城	0.53	$0.53 \times 58.38 = 30.94$
	金融物流贸易片区	0.53	$0.53 \times 16.62 = 8.81$
合计		—	129.94

2.4.4 不同类别用地用水量指标法

可按下式计算：

$$Q = 10^{-4} \sum q_i a_i \tag{2-11}$$

式中：q_i——不同类别用地用水量指标$[\text{m}^3/(\text{hm}^2 \cdot \text{d})]$；

a_i——不同类别用地规模(hm^2)。

【例2-4】 使用不同类别用地用水量指标法预测某新区用水量。

2.4.4.1 指标的确定

不同类别用地用水量指标见附表10。

(1)单位居住用地用水量指标:单位居住用地用水量指标为$0.5 \sim 1.3[$万$m^3/(km^2 \cdot d)]$。

经过综合分析,本次规划参考各开发区规划经验和现状情况,2035年单位居住用地用水量指标取值为$0.50[$万$m^3/(km^2 \cdot d)]$。

(2)单位公共设施用地用水量指标:考虑到某新区的城市规模、自然条件及发展定位,公共管理与服务设施用地和商业服务业设施用地供水指标均取指标下限即可满足供水需求。

(3)单位工业用地用水量指标:根据规划,末期工业综合用水指标确定为$0.6[$万$m^3/(km^2 \cdot d)]$。

(4)单位其他用地用水量指标:根据某新区的城市规模、自然条件及发展定位,其本身属于高原亚寒带湿润气候区,规划依据附表10。

2.4.4.2 预测结果

对某新区2035年用水量的预测见表2-3。

2035年某新区不同类别用地用水量指标法最高日用水量预测表 表2-3

用地代码		用地名称	用地面积（km²）	用水量指标[万m³/(km²·d)]	2035年用水量(万m³/d)
R		居住用地	69.3695	0.8	55.50
A		公共管理与公共服务设施用地	32.2911	—	—
	A1	行政办公用地	3.6788	0.5	1.24
	A2	文化设施用地	3.3316	0.4	1.84
	A3	教育科研用地	16.7708	0.3	1.33
	A4	体育用地	1.4789	0.3	5.03
	A5	医疗卫生用地	3.1501	0.7	0.44
	A6	社会福利用地	0.9428	0.3	2.21
	A7	文物古迹用地	2.9788	0.3	0.28
B		商业服务业设施用地	50.0877	0.5	25.04
S		道路与交通设施用地	23.9365	0.2	4.79
M		工业用地	30.5306	0.6	18.32
W		仓储用地	13.2132	0.2	2.64
U		公用设施用地	6.2914	0.2	1.26
G		绿地与广场用地	46.7702	0.2	9.35
	G1	公园绿地	34.5800	0.2	6.92
	G2	防护绿地	11.7901	0.2	2.36
	G3	广场用地	0.4001	0.2	0.08
总计			351.5922	—	138.63

【习题】

1. 设计城镇给水系统时应考虑哪些用水量?

2. 居住区生活用水定额是按哪些条件制定的?

3. 影响生活用水量的主要因素有哪些?

4. 怎样估计工业生产用水量?

5. 工业企业为什么要提高水的重复利用率?

6. 说明日变化系数 K_d 和时变化系数 K_h 的意义。

7. 某城最高日用水量为 40 万 m^3/d,每小时用水量变化见表 2-4。求:

(1) 最高日最高时和平均时的用水量。

(2) 绘制用水量变化曲线。

(3) 拟定二级泵站工作线,确定二级泵站的流量。

表 2-4

时间(h)	0—1	1—2	2—3	3—4	4—5	5—6	6—7	7—8	8—9	9—10	10—11	11—12
用水量(%)	2.53	2.45	2.50	2.53	2.57	3.09	5.31	4.92	5.17	5.10	5.21	5.21
时间(h)	12—13	13—14	14—15	15—16	16—17	17—18	18—19	19—20	20—21	21—22	22—23	23—24
用水量(%)	5.09	4.81	4.99	4.70	4.62	4.97	5.18	4.89	4.39	4.17	3.12	2.48

8. 位于一区的某城市,用水人口为 165 万,用水普及率为 96%,试求该城市的最高日居民生活用水量和综合生活用水量(定额详见附表 1~附表 3)。

9. 城市用水量预测可采取哪些方法?

第3章

给水系统的工作情况

3.1 给水系统的流量关系

在第 1 章中已经提到给水系统各组成部分的作用和相互之间的关系,本节从整体上分析其流量关系,并讨论各项构筑物、设施和管网的设计流量问题。

给水系统中所有构筑物都是以设计水平年最高日设计用水量 Q_d 为基础进行设计。

3.1.1 取水构筑物、一级泵站

取水工程包括取水构筑物、一级泵站、原水输水管。这些设施的管道设计流量计算公式:

$$Q = (1 + \alpha + \beta) \cdot Q_d / T \tag{3-1}$$

$$Q = (1 + \alpha) \cdot (1 + \beta') \cdot Q_d / T \tag{3-2}$$

式中:Q——取水构筑物、一级泵站、原水输水管道设计流量(m^3/h);

$\quad Q_d$——最高日设计用水量;

$\quad T$——取水构筑物、一级泵站在一天内的实际运行时间(h);

$\quad \alpha$——考虑水厂自用水量的系数,自用水量主要是供沉淀池排泥、滤池冲洗等用水,其值取决于水处理工艺、构筑物类型及原水水质等因素,一般在 $1.05 \sim 1.10$ 之间;

$\quad \beta$——原水输水管(渠)漏损水量占设计规模的比例;

$\quad \beta'$——原水输水管(渠)漏损水量占净水厂设计流量的比例。

城镇的最高日设计用水量确定后,取水构筑物和水厂的设计规模将随一级泵站的工作情况而定,一天中一级泵站的工作时间越长,则每小时的流量将越小。城镇水厂的一级泵站一般按全天均匀工作来考虑。小型水厂的一级泵站考虑非全天运转。

取水构筑物、一级泵站和水厂等按最高日的平均时流量设计,即:

$$Q_P = \frac{\alpha Q_d}{T}(m^3/h) \tag{3-3}$$

以地下水为水源时,一般仅需在进入管网前消毒,这时一级泵站可直接将地下水输入管网,但为提高水泵的效率和延长水井的使用年限,一般先将地下水输送到地面水池,再经二级泵站将水池水输入管网。因此,取用地下水时的一级泵站设计流量为:

$$Q_P = \frac{Q_d}{T}(m^3/h) \tag{3-4}$$

与式(3-3)不同的是,这时水厂自用水量系数 α 为1。

3.1.2 二级泵站、管网

二级泵站、从泵站到管网的输水管、管网和水塔等的设计流量,应按照用水量变化曲线和二级泵站工作曲线确定。

二级泵站的设计流量与管网中是否设置水塔或高地水池有关。当管网内不设水塔时,因流量无法调节,所以任何时间段内的二级泵站供水量均应等于城镇用水量。这时二级泵站应满足最高日最高时的水量要求,否则会出现供水不足现象。因为用水量每日每小时都在变化,所以二级泵站内应有多台水泵大小搭配、并联运行,以供给每小时变化的水量,同时保持水泵在高效率范围内运转。

管网内不设水塔或高地水池时,为了保证所需的水量和水压,水厂的输水管和管网应按二级泵站最大供水量(也就是最高日的最高时设计用水量)计算。以图3-12所示的用水量变化曲线为例,泵站最高时供水量应等于最高日用水量的 6.00%。

管网内设有水塔或高地水池时,可以调节泵站供水和用水之间的水量差值,这时二级泵站每小时的供水量可以不等于用水量。

二级泵站的设计供水线应根据用水量变化曲线拟定。拟定时应注意下述几点:①泵站各级供水线尽量接近用水线,以减小水塔的调节容积,但分级数一般不应多于三级,以便于水泵机组的运转管理;②分级供水时,应注意每级能否选到合适的水泵,以及水泵机组的合理搭配,并尽可能满足目前和今后一段时间内用水量增长的需要。

从图3-12的二级泵站设计供水线可以看出,水泵工作情况分成两级:从5—20时,一组水泵运转,流量为最高日用水量的 5.00%;其余时间的水泵流量为最高日用水量的 2.78%。可以看出,每小时泵站供水量并不等于用水量,但一天的泵站总供水量等于最高日用水量,即:

$$2.78\% \times 9 + 5.00\% \times 15 \approx 100\%$$

从图2-1的用水量曲线和设计的水泵分级供水线可以看出水塔或高地水池的流量调节作用;当泵站供水量大于用水量时,多余的水可进入水塔或高地水池内贮存;相反,当供水量小于用水量时,则从水塔流出以补充水泵供水量的不足。由此可见,如设计的供水线和用水线越接近,则泵站工作的分级数或水泵机组数可能增加,但是水塔或高地水池的调节容积可以减小。

尽管各城镇的具体条件有差别,水塔或高地水池在管网内的位置可能不同,例如可设置在管网的起端、中间或末端,但水塔或高地水池的调节流量作用并不因此而有变化。

输水管和管网的计算流量,视有无水塔(或高地水池)和它们在管网中的位置而定。无水塔的管网,按最高日的最高时用水量确定管径。管网起端设水塔时(网前水塔),泵站到水塔的输水管直径按泵站分级工作线的最大一级供水量计算,管网仍按最高时用水量计算。管网末端设水塔时(对置水塔或网后水塔),因最高时用水量必须从二级泵站和水塔同时向管网供水,因此,应根据最高时从泵站和水塔输入管网的流量进行计算。

给水系统各构筑物流量计算如图3-1所示。

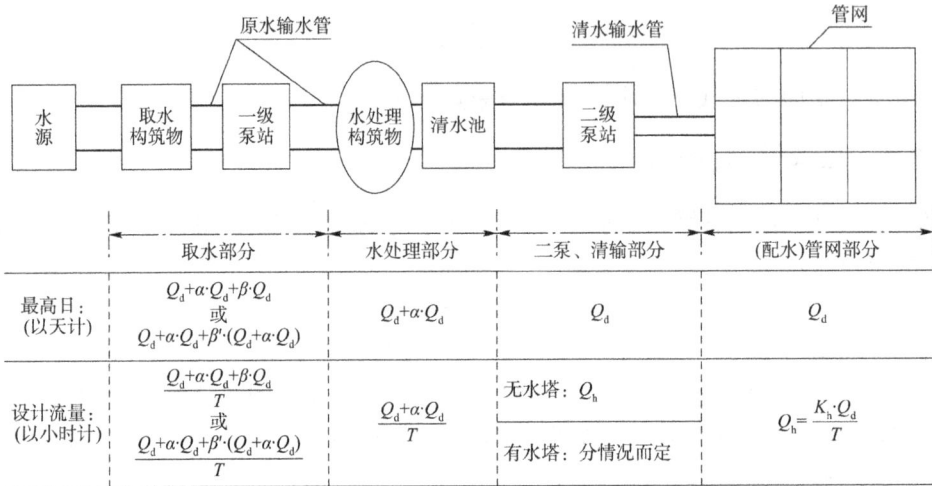

	取水部分	水处理部分	二泵、清输部分		(配水)管网部分
最高日: (以天计)	$Q_d+\alpha \cdot Q_d+\beta \cdot Q_d$ 或 $Q_d+\alpha \cdot Q_d+\beta' \cdot (Q_d+\alpha \cdot Q_d)$	$Q_d+\alpha \cdot Q_d$	Q_d		Q_d
设计流量: (以小时计)	$\dfrac{Q_d+\alpha \cdot Q_d+\beta \cdot Q_d}{T}$ 或 $\dfrac{Q_d+\alpha \cdot Q_d+\beta' \cdot (Q_d+\alpha \cdot Q_d)}{T}$	$\dfrac{Q_d+\alpha \cdot Q_d}{T}$	无水塔:Q_h	有水塔:分情况而定	$Q_h=\dfrac{K_h \cdot Q_d}{T}$

图3-1 给水系统各构筑物流量计算

3.1.3 调节构筑物

给水系统中的一级泵站通常均匀供水,而二级泵站一般为分级供水,所以每小时一、二级泵站的供水量并不相等。为了调节一、二级泵站供水量的差额,必须在一、二级泵站之间建造调节水量的构筑物。如图3-2所示,图中实线2表示二级泵站工作线,虚线1表示一级泵站工作线。一级泵站供水量大于二级泵站供水量的这段时间内,即图3-2中20时到次日5时,多余水量在清水池中贮存;而在5—20时,因一级泵站供水量小于二级泵站,这段时间内须取用清水池中的存水,以满足用水量的需用。但在一天内,贮存的水量刚好等于取用的水量,即清水池所需调节容积等于图3-2中二级泵站供水量大于一级泵站时累计的A部分面积,或等于B部分面积。换言之,清水池调节容积等于1d内累计贮存的水量或累计取用的水量。

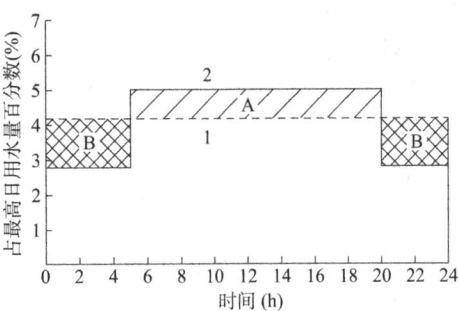

图3-2 清水池的调节容积计算
1—一级泵站供水线;2—二级泵站供水线

给水系统中调节流量的构筑物之间有着密切的联系。如二级泵站供水线越接近用水线,则水塔容积减小,清水池容积会适当增大。

3.2 给水系统的水压关系

给水系统除了保证城市用水量外,还应保证一定的水压,以供给足够的生活用水和生产用水。城镇给水管网须保持的最小服务水头,根据给水区内多数供水房屋的层数,从地面算起 1 层为 10m,2 层为 12m,2 层以上每层增加 4m。例如,当地房屋多数为 6 层楼时,则整个给水系统的最小服务水头应为 28m。至于城市内个别高层建筑物或建筑群,或建筑在城市高地上的建筑物等所需的水压,不应作为城镇给水管网水压的控制条件。为满足这类建筑物的用水,可单独设置局部加压装置以提高水压,这样比较经济。

泵站、水塔或高地水池是给水系统中保证水压的构筑物,因此,需了解水泵扬程和水塔(或高地水池)高度的确定方法,以满足设计的水压要求。

如图 3-3 所示,泵站内应有的水泵扬程 H_p 等于静扬程 H_0 和水头损失 $\sum h$ 之和:

$$H_p = H_0 + \sum h \tag{3-5}$$

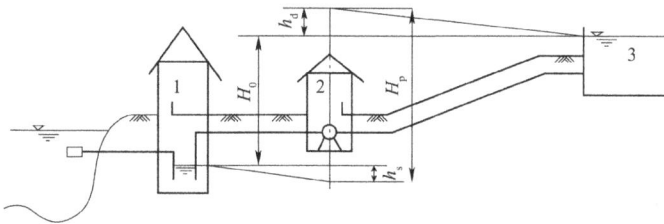

图 3-3 一级泵站扬程计算
1-吸水井;2-一级泵站;3-絮凝池

静扬程 H_0 需根据抽水条件确定。一级泵站静扬程是指泵站吸水井最低水位与水厂的前端处理构筑物(一般为混合絮凝池)最高水位的标高差。

一级泵站的水头损失 $\sum h$ 包括水泵吸水管、压水管和泵站内连接管线等的总水头损失。

所以一级泵站的扬程可表示为:

$$H_p = H_0 + h_s + h_d \tag{3-6}$$

式中:H_0——静扬程(m);

h_s、h_d——由最高日平均时供水量加水厂自用水量确定的吸水管、压水管和泵站到絮凝池管线中的水头损失(m)。

二级泵站从清水池取水直接送向用户,或先送入水塔而后流向用户,水泵扬程计算按管网中有无水塔或水塔位置而有不同。

二级泵站扬程和水塔高度的计算方法分述如下。

3.2.1 无水塔管网

管网内不设水塔而由二级泵站直接供水时,水压线如图 3-4 所示,图中的水压线标高均以清水池最低水位为基准面算起。由于输水管和管网中的水头损失,以致离泵站越远的地方水压下降得越多,而地形越高之处,水压也越低。所以二级泵站的扬程,应使离泵站远和地形高的低点,均达到规定的自由水压。这个低点叫作控制点,用以控制整个管网的水压。只要控制点的水压符合要求,全管网的水压就有了保证。

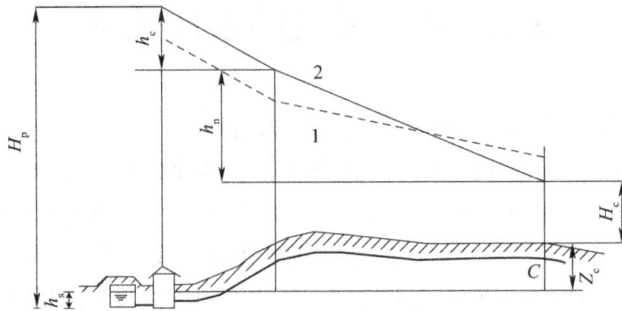

图 3-4　无水塔管网的水压线
1-最小用水时;2-最高用水时

第 1 章中提到过生活用水管网要求的自由水压,在最高用水量时,二级泵站的扬程应能保证控制点达到这种压力。无水塔管网的水头损失包括吸水管、压水管、输水管和管网等水头损失之和。因此,二级泵站的扬程为:

$$H_p = Z_c + H_c + h_s + h_c + h_n \tag{3-7}$$

式中: Z_c ——管网控制点的地面标高和清水池最低水位的标高差(m);

H_c ——控制点所需的最小服务水头(m);

h_s ——吸水管和压水管的水头损失(m);

h_c、h_n ——输水管、管网的水头损失(m)。

h_s、h_c 和 h_n 都应按水泵最高时用水量计算。

3.2.2　网前水塔管网

网前水塔管网的工作情况是,二级泵站供水到水塔,再经管网到用户,水压线如图 3-5 所示。为了确定泵站扬程,须先求出水塔高度,即水塔的水柜底高出地面的高度。

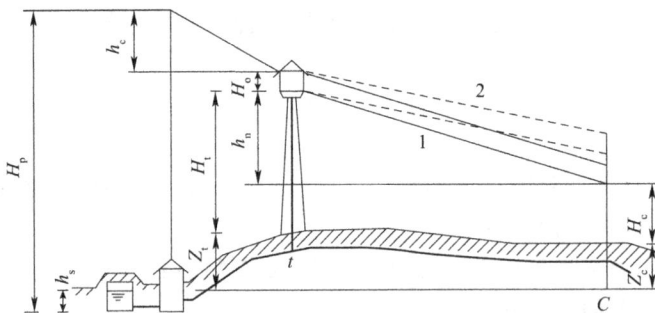

图 3-5　网前水塔管网的水压线
1-最高用水时;2-最小用水时

水柜底的高度 H_t 应保证最高用水量时,管网内控制点具有要求的自由水压,可按下式计算:

$$H_t = H_c + h_n - (Z_t - Z_c) \tag{3-8}$$

式中: Z_t ——水塔处地面和清水池最低水位的高差(m);

h_n ——按最高时用水量计算的管网水头损失(m)。

从上式可以看出水塔须修建在高地的原因:建造水塔处的Z_t越大,水塔高度H_t则越小,有条件时甚至可使$H_t=0$,就可用地面水池代替水塔,造价大幅降低。所以根据城市地形特点,水塔可放在管网起端、中间或末端的高地上,分别构成网前水塔、网中水塔和对置水塔的给水系统。

水塔水柜中的水位变动和用水量变化,都会引起管网的水压波动。在水柜为低水位而用水量最大时,管网的水压最低,当水柜的水位上升而用水量减小时,管网的水压增大,如图3-5中的水压线1、2所示。

网前水塔的缺点是,水塔高度按设计年限内最高时用水量确定,在未达到设计流量之前,管网水压总是高于要求,浪费了能量;但当用水量超出设计值时,随着管网内水头损失的增大,边远地区的水压不足。因此,它对流量变动的适应性较差。

二级泵站的扬程应保证供水至水塔,即:

$$H_p = Z_t + H_t + H_0 + h_c + h_s \tag{3-9}$$

式中:H_0——水柜的有效深度(m)。

3.2.3 对置水塔管网

城市离二级泵站远、高时,水塔应放在管网末端,形成对置水塔的管网系统,其水压线如图3-6所示。

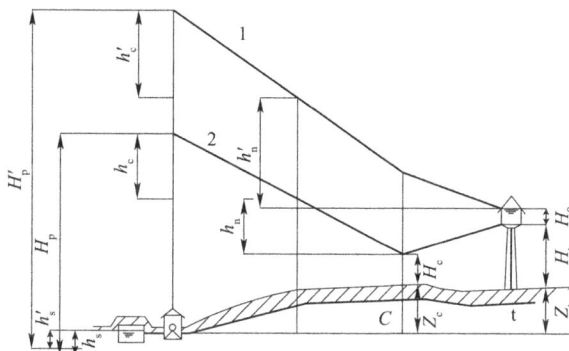

图3-6 对置水塔管网的水压线
1-最大转输时;2-最高用水时

设对置水塔的管网,在最高用水量时,由泵站和水塔同时向管网供水,两者有各自的供水区。在供水区的分界线上,如图3-6中的C点,水压最低。

设想把对置水塔的给水系统分成两部分:一部分是从泵站到分界线上C点,在这范围内可看作是无水塔管网,所以二级泵站的扬程仍按式(3-7)计算;另一部分是从水塔到分界线上的C点,这部分类似于网前水塔管网,水塔高度可按式(3-8)确定。

当泵站供水量大于用水量,多余的水通过整个管网流入水塔的流量叫作转输流量。因一天内一般泵站供水量大于用水量,一般取转输流量最大的一小时流量进行计算,叫作最大转输时流量,以保证安全供水。例如图3-12中的2—3时,二级泵站供水量为2.78%,用水量为1.63%,多余的水量(2.78%−1.63%=1.15%)转输入水塔。

最大转输时的水泵扬程为:

$$H'_p = Z_t + H_t + H_0 + h'_n + h'_c + h'_s \tag{3-10}$$

式中:h'_n、h'_c、h'_s——最大转输时管网、输水管和水泵吸水管中的水头损失(m)。

在转输时,虽然用水量较小,但因转输流量通过整个管网进入水塔,所以最大转输时的水泵扬程有可能大于最高用水时。在最高用水时和转输时情况下,水泵的流量和扬程有所不同,为便于管理,选用的水泵台数和型号不宜多,在难以兼顾两者的情况下,可酌情放大管网中个别管段的直径。

3.2.4 网中水塔管网

当城市中心的地形较高或为了靠近用水量较多的用户(大用户),水塔可放在管网中间,构成网中水塔管网,这时水压分布如图3-7所示。根据网中水塔在管网中的位置,可有两种工作情况:如水塔靠近二级泵站,并且泵站供水量大于泵站和水塔间用户的用水量时,情况类似于网前水塔,不出现如图3-6所示的供水分界线;但当水塔离泵站较远、泵站供水量不够泵站和水塔间的用户使用时,必须由水塔供给一部分水量,这种情况类似于对置水塔,会出现供水分界线,整个管网的控制点可能在网中的 C 点,也可能在网后的 B 点。综上所述,网中水塔管网的水泵扬程和水塔高度的确定,应根据实际工作情况,参照网前水塔管网和对置水塔管网的有关公式计算。

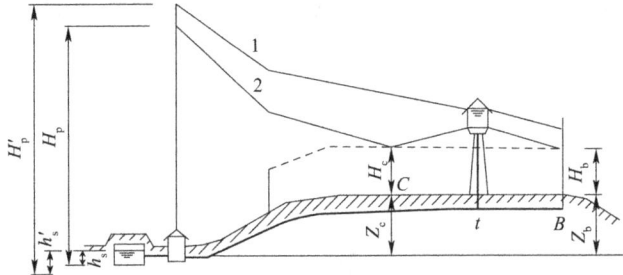

图 3-7　网中水塔管网的水压线
1-最大转输时;2-最高用水时

3.2.5 设加压泵站或水库泵站的管网

随着给水区的扩大和用水量的增加,二级泵站的扬程不能满足用户的水压要求时,可在管网水压不足的地区设置加压泵站或水库泵站。

加压泵站一般适用于狭长的给水区。当二级泵站的扬程提高后,泵站附近地区的压力远高于所需水压以致供水能量浪费时,可设加压泵站。这样,在用水量大时,可将一部分地区的水压提高,而二级泵站的扬程不一定提高,以节省动力。设加压泵站后,整个给水区的水压比较均匀。此外,加压泵站在高峰用水时开泵,在用水量小时停泵,使二级泵站能经常处于高效率状态。

加压泵站的位置越靠近二级泵站,后者的扬程可以越低,但所需加压的水量越多。反之,离二级泵站越远,虽然加压的水量减少,但二级泵站的扬程降低不多。在选定加压泵站位置时,应做技术和经济方面的比较。当加压泵站位置已定时,加压泵的增压高度是:在平坦地区等于泵站到控制点之间的水头损失;如地形不平,则须计及加压泵站和控制点的标高差。

在管网用水量变化较大时,为了满足短时间的高峰用水的需要而埋设大直径的水管,显然是不经济的。这时,可采用水库泵站,即在水压不足的地区,设加压泵站,并建造水池以调节高峰负荷,从而缩小水管直径。设水库泵站后的水压分布情况如图3-8所示,在用水量大、水压不足时,水库泵站临时加压,水泵扬程按控制点 C 所需水压推算。蓄水池在晚间用水量少时进水,进水时附近管网的水压降低。同时,因蓄水池进水时水压跌落,浪费了部分能量。

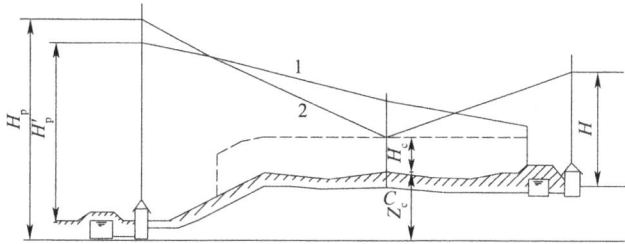

图 3-8 设水库泵站时的管网水压线
1-蓄水池进水时;2-最高用水时

水库泵站晚上进水,次日对水再行加压,所耗动力等于二级泵站所耗动力和水库泵站再行加压所耗动力之和。在考虑水库泵站位置时,必须估计所耗动力的因素。

3.2.6 消防时的管网水压

管网的直径根据最高用水时流量确定。在消防时,额外增加了消防流量,必须通过核算,以确定按最高用水时流量求出的管径和水泵扬程是否适用。

按照消防时的管网压力,可分为高压网和低压网两种。高压网是消防时应不仅保证应有的消防流量,还要有足够的水压,当消火栓上接出水龙带时,即能射流灭火。目前我国普遍采用的是低压网,即管网只保证消防时所需流量,而消防所需水压由消防车从消火栓取水自行加压。火警时,管网内通过大量消防流量,水头损失明显增大,着火地区的管网水压必然下降。根据规定,消防时管网自由水压不得低于10m。因此,管网除了在平时满足最高用水时的水压外,还须满足消防时的水压要求,这些都需要通过管网计算来确定。

消防时的水压,按无水塔、网前水塔和对置水塔等情况分别考虑。

无水塔管网在消防时的水压线如图 3-9 所示。水泵所需扬程(假定在控制点 C 失火)等于:

$$H'_p = Z_C + H_f + h'_n + h'_c + h'_s \tag{3-11}$$

式中:H_f——消防时允许的最低水压(m);

h'_s、h'_c、h'_n——消防时水泵吸水管、输水管和管网中的水头损失(m)。

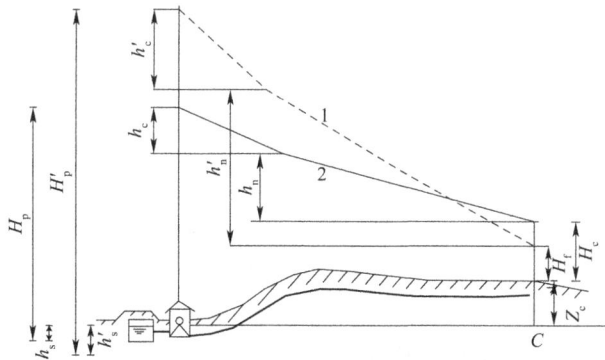

图 3-9 无水塔管网在消防时的水压线
1-消防时;2-最高用水时

将消防时(式 3-11)和最高用水时(式 3-7)的水泵扬程加以比较,可以看出:一方面,消防时水头损失增大;另一方面,消防时要求的自由水压通常比最高用水时小,如果增加的水头损失大于两者的水压差,则消防时的水泵扬程比最高用水时高,视水泵扬程增大的程度,有时须考虑安装专用消防泵,有时只需安装一台或几台与最高用水时同型号的水泵,在火警时并联使用。相反,最高用水时的水泵扬程也有可能大于消防时,这时不必考虑专用消防泵。

网前水塔管网在消防时的水压线如图 3-10 所示。根据消防时的自由水压和管网水头损失,消防时的水压线可能比水塔水面高,也有可能低。消防时水压线高于水塔时,水塔的进出水阀必须在发生火警时及时关闭,以免水塔不断溢水而管网的水压无法提高。如果消防时水压线低于水塔,则水塔仍可起流量调节作用,此时进出水阀无须关闭。

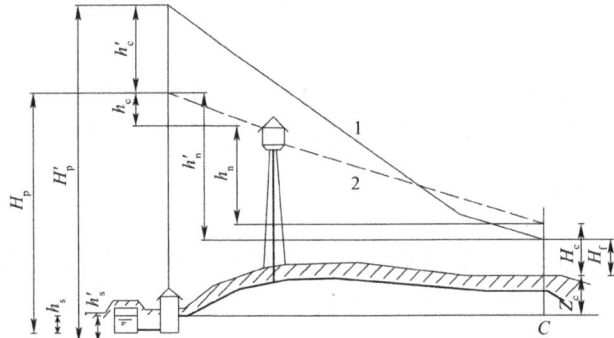

图 3-10 网前水塔管网在消防时的水压线
1-消防时;2-最高用水时

当水塔设在管网中间时,由于泵站和水塔之间或者水塔之后的管网中供水量的大小会发生改变,如此设置的水塔所起的作用可能与网前水塔或对置水塔相同。

再讨论对置水塔管网(图 3-11)。假定着火地点在水塔附近,因为消防时所需水压低于最高用水时,所以水塔存水可供消防时使用,但因水塔容积小,很快就会放空,消防水泵的选择和无水塔管网相同。消防时所需水泵扬程 H_p' 可能大于也可能小于最高用水时的水泵扬程 H_p。

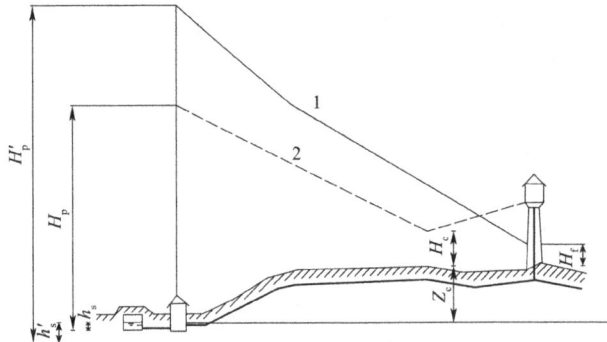

图 3-11 对置水塔管网在消防时的水压线
1-消防时;2-最高用水时

从以上分析可见,管网应根据水塔有无及其位置、管网形状、消防时的考虑等,按最高日最高时用水量和设计水压计算,并按下列情况核算。

(1)消防时的情况,按最高时的生活、生产用水量(淋浴用水按 15% 计算,浇洒和洗刷用水可不计)加消防用水量核算。

(2)最大转输时(只限于设置网中水塔或对置水塔管网)的情况,按最大转输时的流量进行核算。

(3)最不利管段损坏时的情况,按通过70%设计流量(包括消防用水量)进行核算。

3.3 水塔和清水池容积计算

水塔和清水池的作用在于调节泵站供水量和用水量之间的流量差值。清水池的调节容积由一、二级泵站供水量曲线确定;水塔容积由二级泵站供水线和用水量曲线确定。如果二级泵站每小时供水量等于用水量,即流量无须调节,管网中可不设水塔,成为无水塔管网系统。大中城镇的用水量比较均匀,通常用水泵调节流量,多数可不设水塔。当一级泵站和二级泵站每小时供水量相接近时,清水池的调节容积可以减小,但是为了调节二级泵站供水量和用水量之间的差额,水塔的容积将会增大。

水塔和清水池调节容积的计算,通常采用两种方法:一种是根据全天供水量和用水量变化曲线推算,一种是凭经验估算。前者需要知道城镇全天的用水量变化规律,并在此基础上拟定泵站的供水线。以图3-12为例,用水量变化幅度从最高日用水量的1.63%(2—4时)到6.00%(8—9时)。二级泵站供水线按用水量变化情况,采用2.78%(20—次日5时)和5.00%(5—20时)两级供水,见表3-1中第(3)项,与均匀的一级供水相比,可减小水塔调节容积,节省造价。

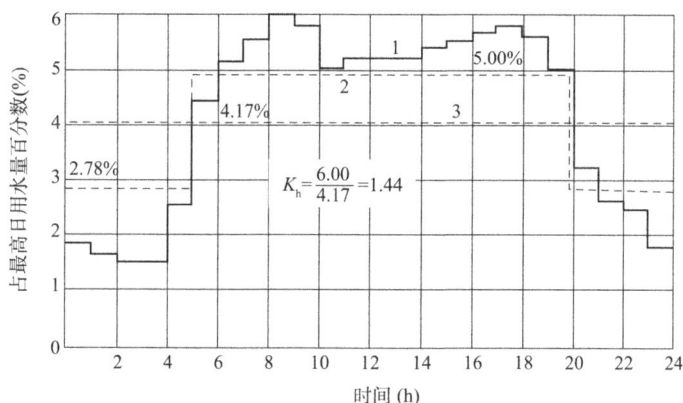

图3-12 城市用水量变化曲线
1-用水量变化曲线;2-二级泵站设计供水线;3-一级泵站设计供水线

水塔和清水池的调节容积计算见表3-1。表中第(2)项参照附近类似城市的用水量变化得出,第(3)项为设计的二级泵站每小时供水量,第(4)项为一级泵站全天均匀供水量。第(5)项为第(2)项减第(4)项之差。第(6)项为第(3)项减第(4)项之差。第(7)项为第(2)项减第(3)项之差。第(5)项、第(6)项、第(7)项中的累计正值或负值相同,说明一天内水塔和清水池贮存的水量和流出的水量相等,因此由累计的正值(或负值)可确定水塔或清水池所需的调节容积,其值以最高日用水量的百分数计。例如第(5)项累计值为17.98%,就是不设水塔时清水池应有的调节容积百分数。设最高日用水量为$Q_d(m^3/d)$,则清水池的调节容积为17.98%$Q_d(m^3)$。

从表3-1第(5)项、第(6)项看出,无水塔和有水塔时,水塔和清水池的总调节容积不同,无水塔时的清水池调节容积为17.98%,有水塔时清水池调节容积虽可减小,但水塔调节容积增大,总容积为12.50% + 6.55% = 19.05%,略有增大。

清水池和水塔调节容积计算

表 3-1

时间	用水量（%）	二级泵站每小时供水量（%）	一级泵站 24h 供水量（%）	清水池调节容积（%） 无水塔时	清水池调节容积（%） 有水塔时	水塔调节容积（%）
(1)	(2)	(3)	(4)	(5)	(6)	(7)
0—1	1.70	2.78	4.17	-2.47	-1.39	-1.08
1—2	1.67	2.78	4.17	-2.50	-1.39	-1.11
2—3	1.63	2.78	4.16	-2.53	-1.38	-1.15
3—4	1.63	2.78	4.17	-2.54	-1.39	-1.15
4—5	2.56	2.77	4.17	-1.61	-1.40	-0.21
5—6	4.35	5.00	4.16	0.19	0.84	-0.65
6—7	5.14	5.00	4.17	0.97	0.83	0.14
7—8	5.64	5.00	4.17	1.47	0.83	0.64
8—9	6.00	5.00	4.16	1.84	0.84	1.00
9—10	5.84	5.00	4.17	1.67	0.83	0.84
10—11	5.07	5.00	4.17	0.90	0.83	0.07
11—12	5.15	5.00	4.16	0.99	0.84	0.15
12—13	5.15	5.00	4.17	0.98	0.83	0.15
13—14	5.15	5.00	4.17	0.98	0.83	0.15
14—15	5.27	5.00	4.16	1.11	0.84	0.27
15—16	5.52	5.00	4.17	1.35	0.83	0.52
16—17	5.75	5.00	4.17	1.58	0.83	0.75
17—18	5.83	5.00	4.16	1.67	0.83	0.83
18—19	5.62	5.00	4.17	1.45	0.83	0.62
19—20	5.00	5.00	4.17	0.83	0.83	0.00
20—21	3.19	2.77	4.16	-0.97	-1.39	0.42
21—22	2.69	2.78	4.17	-1.48	-1.39	-0.09
22—23	2.58	2.78	4.17	-1.59	-1.39	-0.20
23—24	1.87	2.78	4.16	-2.29	-1.38	-0.91
累计	100.00	100.00	100.00	17.98	12.50	6.55

缺乏用水量变化规律的资料时,城镇水厂的清水池调节容积可凭运转经验,按最高日用水量的 10% ~20% 估算。供水量大的城镇,因全天的用水量变化较小,可取较低百分数,以免清水池过大。至于生产用水的清水池调节容积,应按工业生产的调度、事故和消防等要求确定。

清水池中除了贮存调节用水以外,还存放消防用水和水厂生产用水,因此,清水池有效容积等于:

$$W = W_1 + W_2 + W_3 + W_4 \tag{3-12}$$

式中:W_1——调节容积(m^3);

W_2——消防水量(m^3),按 2h 火灾延续时间计算;

W_3——水厂冲洗滤池和沉淀池排泥等生产用水(m^3),约为最高日用水量的 5% ~10%;

W_4——安全贮量(m^3)。

清水池容积确定后,设计时应分成相等容积的两个;如仅有一个,则应分格或采取适当措施,以便清洗或检修时不间断供水。

表3-1中,算出的水塔调节容积为最高日用水量的6.55%,在最高日用水量很大的大中城镇,据此百分数算出的水塔容积很大,造价较高,这是我国许多城市不用水塔原因之一。缺乏资料时,水塔调节容积也可凭运转经验确定,当泵站分级工作时,可按最高日用水量的2.5%~3%至5%~6%计算,城镇用水量大时取低值。

水塔中还需贮存消防用水,因此水塔的水柜容积等于:

$$W = W_1 + W_2 \tag{3-13}$$

式中:W_1——调节容积(m^3);

W_2——消防贮水量(m^3),按10min室内消防用水量计算。

【习题】

1. 如何确定有水塔和无水塔时的清水池调节容积?

2. 取用地表水源时,取水构筑物、水处理构筑物、泵站和管网等按什么流量设计?

3. 已知最高日用水量曲线时,怎样定出二级泵站工作线?

4. 清水池和水塔起什么作用?哪些情况下应设置水塔?

5. 有水塔和无水塔的管网,二级泵站的计算流量有何差别?

6. 无水塔和网前水塔时,二级泵站的扬程如何计算?

7. 消防时的二级泵站扬程如何计算?

8. 绘制网前水塔管网在最高用水时、消防时的水压线。

9. 对置水塔管网在最高用水时,二级泵站和水塔各自的给水区分界线上的水压是怎样的?

10. 某城24h用水量见表3-2,求一级泵站24h均匀抽水时所需的清水池调节容积,总用水量为112276m^3/d。

某城24小时用水量　　　　　　　　　　　　　　　　表3-2

时间(h)	0—1	1—2	2—3	3—4	4—5	5—6	6—7	7—8	8—9	9—10	10—11	11—12
用水量(m^3/h)	1900	1800	1787	1700	1800	1910	3200	5100	5650	6000	6210	6300
时间(h)	12—13	13—14	14—15	15—16	16—17	17—18	18—19	19—20	20—21	21—22	22—23	23—24
用水量(m^3/h)	6500	6460	6430	6500	6700	7119	9000	8690	5220	2200	2100	2000

11. 某城市最高日用水量为50万m^3/d,无水塔,用水量变化曲线和泵站分级工作参照图2-1,求最高日一级(全天均匀工作)和二级泵站的设计流量(m^3/s)。

第4章

输水管渠和管网布置

输水和配水系统是保证输水到给水区内并且配水到所有用户的全部设施,包括输水管渠、配水管网、泵站、水塔和水池等。

输水管渠指从水源到城镇水厂或者从水厂到管网的管线或渠道。

管网布置形式中,树状管网和环状管网相结合,优势互补,既要考虑安全供水,又要贯彻节约投资的原则,既要满足近期规划又要考虑远期发展,把科学发展的理念融入管网的规划。管网定线综合考虑城市规划道路定线,符合城市地下管线综合设计要求,符合城市综合管廊规划要求。

对输水和配水系统的总要求是:供给用户所需的水量,保证配水管网足够的水压,保持优良的水质,保证不间断安全供水。

4.1 输水管渠定线

当水源、水厂和给水区的位置靠近时,输水管渠的定线问题并不突出。但是由于需水量的快速增长以及水源污染的日趋严重,为了从水量充沛、水质良好、便于防护的水源取水,有时需要建设几十公里甚至上百公里的长距离输水管渠,定线比较复杂。

输水管渠的一般特点是距离长,因此,与河流、高地、交通路线等的交叉较多。

多数情况下,输水管渠定线时,缺乏地形平面图可以参照。如有地形平面图时,应先在图上初步选定几种可能的定线方案,然后到现场沿线踏勘,从投资、施工、管理等方面对各种方案进行技术经济比较后再做决定。缺乏地形平面图时,则需在踏勘选线的基础上,进行地形测量,绘出地形平面图,然后在图上确定管线位置。

输水管渠定线时,必须与城市建设规划相结合,尽量缩短线路长度,减少拆迁,少占良田,同时便于管渠施工和运行维护,保证供水安全;选线时,应选择最佳的地形和地质条件,尽量沿现有道路和规划道路敷设,以便施工和检修;减少与铁路、公路和河流的交叉;管线避免穿越滑坡、岩层、沼泽、高地下水位和河水淹没与冲刷地区,以降低造价和便于管理。以上是输水管渠定线的基本原则。

输水管渠定线时,经常会遇到山嘴、山谷、山岳、河流和干沟等障碍物。这时应考虑:在山嘴地段是绕过山嘴还是开凿山嘴;在山谷地段是延长路线绕过还是用倒虹管;遇独山时是从远处绕过还是开凿隧洞通过;穿越河流或干沟时是用过河管还是倒虹管等。即使在平原地带,为了避开工程地质不良地段或其他障碍物,也须绕道而行或采取有效措施穿过。

输水管渠定线时,前述原则难以全部做到,但因输水管渠投资很大,特别是长距离输水时,必须根据具体情况灵活运用。

路线选定后,接下来要考虑采用单管渠输水还是双管渠输水,管线上应布置哪些附属构筑物,以及输水管的排气和检修放空等问题。

为保证安全供水,可以用一条输水管渠而在用水区附近建造水池进行流量调节,或者采用两条输水管渠。输水管渠条数主要根据输水量、事故时需保证的用水量、输水管渠长度、当地有无其他水源和用水量增长情况而定。供水不许间断时,输水管渠一般不宜少于两条。当输水量小、输水管长,或当地有其他水源可以利用时,可考虑单管渠输水另加调节水池的方案。

输水管渠的输水方式可分成两类:第一类是水源低于给水区,例如取用江河水时,需要采用泵站加压的输水方式,即压力式,根据地形高差、管线长度和水管承压能力等情况,有时需在输水途中再设置加压泵站;第二类是水源高于给水区,例如取用蓄水库水时,有可能采用重力管渠输水,即重力式。

长距离输水时,一般情况是重力式和压力式输水的结合形式。有时虽然水源低于给水区,但个别地段也可借重力自流输水;水源高于给水区时,个别地段也有可能采用加压输水,如图 4-1 所示。在点 1、点 3 处设泵站加压,上坡部分(如 1~2 段和 3~4 段)用压力管,下坡部分根据地形采用无压或有压管渠,以节省投资。

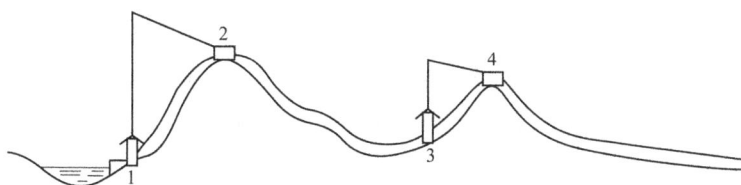

图 4-1 重力式和压力式相结合输水
1、3-泵站;2、4-高位水池

图 4-2 所示为输水管的平面图和纵断面图。

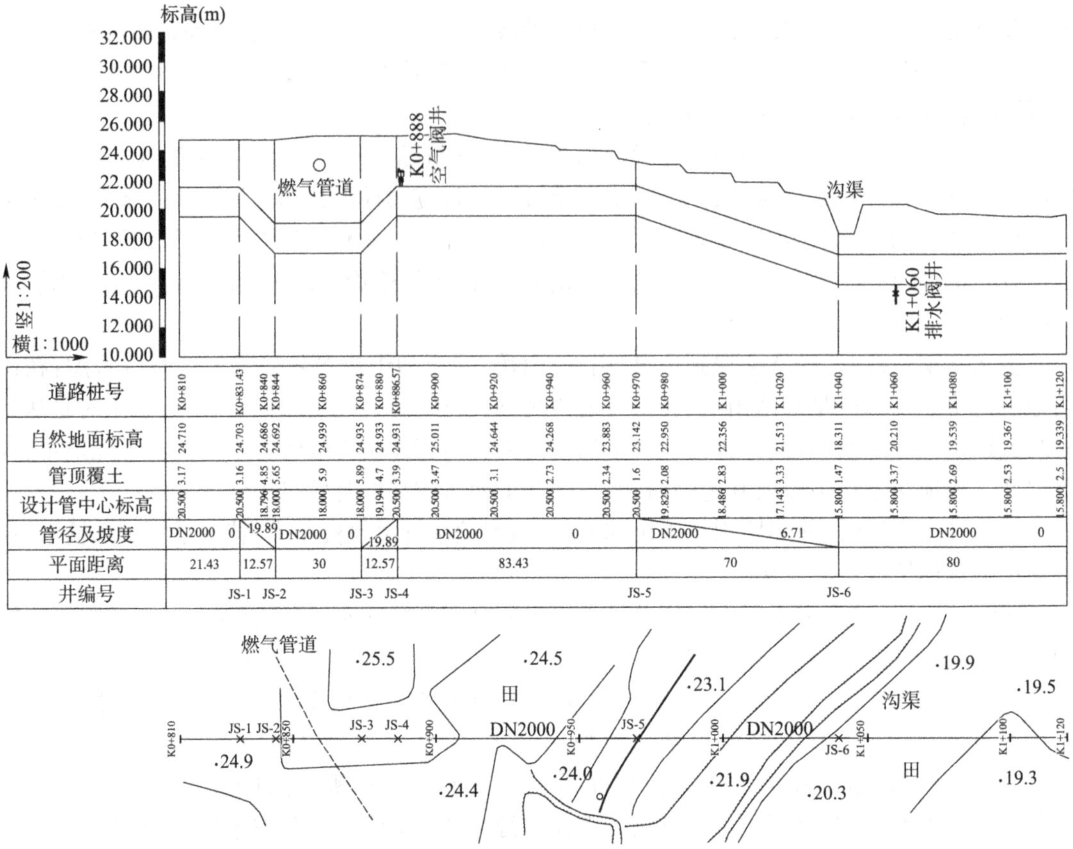

给水管网

道路桩号	自然地面标高	管顶覆土	设计管中心标高
K0+810	24.710	3.17	20.500
K0+831.43	24.703	3.16	20.500
K0+840	24.686	4.85	18.796
K0+844	24.692	5.65	18.000
K0+860	24.939	5.9	18.000
K0+874	24.935	5.89	19.194
K0+880	24.933	4.7	20.500
K0+896.57	24.931	3.39	20.500
K0+900	25.011	3.47	20.500
K0+920	24.644	3.1	20.500
K0+940	24.268	2.73	20.500
K0+960	23.883	2.34	20.500
K0+970	23.142	1.6	20.500
K0+980	22.950	2.08	19.829
K1+000	22.356	2.83	18.486
K1+020	21.513	3.33	17.143
K1+040	18.311	1.47	15.800
K1+060	20.210	3.37	15.800
K1+080	19.539	2.69	15.800
K1+100	19.367	2.53	15.800
K1+120	19.339	2.5	15.800

管径及坡度：DN2000 0、19.89、DN2000 0、19.89、DN2000 0、DN2000 6.71、DN2000 0
平面距离：21.43、12.57、30、12.57、83.43、70、80
井编号：JS-1、JS-2、JS-3、JS-4、JS-5、JS-6

竖1:200 横1:1000

图4-2 输水管平面图和纵断面图(标高单位:m)

4.2 管网布置原则和形式

4.2.1 给水管网布置原则

给水管网布置原则如下。

(1)按照城市总体规划,结合当地实际情况布置给水管网,进行多方案技术、经济比较。

(2)主次明确,先做好输水管渠与主干管布置,然后布置一般管线与设施。

(3)输配水管渠尽可能沿线有道路或规划道路敷设,以利施工和维护。

(4)尽量缩短管线长度,节约工程投资与运行管理费用。

(5)协调好与其他管道、电缆和道路等工程的关系。

(6)保证供水具有适当的安全可靠性。

(7)尽量减少拆迁,少占农田。

(8)管渠的施工、运行和维护方便。

(9)远近期结合,留有发展余地,考虑分期实施的可能性。

34

4.2.2 给水管网布置的基本形式

进行给水管网布置之前,首先要确定给水管网布置的基本形式,即采用树状网还是环状网。

(1)树状网。

树状网一般适用于小城市、小型工矿企业和农村地区,这类管网从水厂泵站或水塔到用户的管线布置成树枝状,供水为单向流动,如图4-3所示。

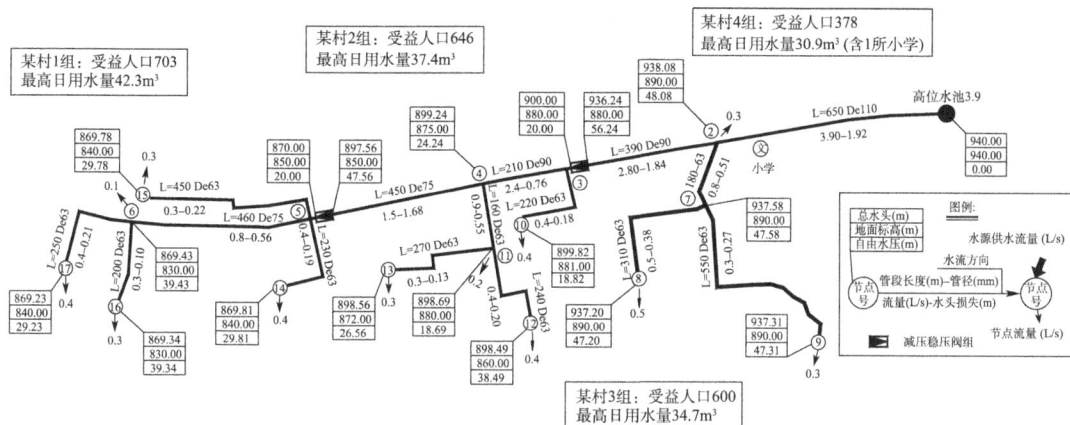

图 4-3 树状网示意

对于街坊内的管网,一般亦多布置成树状,即从邻近的街道下的干管或分配管接入。管网布置呈树状向供水区延伸,管径随所供给用水户的减少而逐渐变小。这种管网管线的总长度较短,构造简单,投资较少。但是,当管线某处发生漏水事故需停水检修时,其后续各管线均要断水,所以供水的安全可靠性差,且因其末端管线用水量减少,管内水流减缓,用户不用水时甚至停流,致使水质容易变坏。

树状网一般适用于对用水安全可靠性要求不高的供水用户,或者规划建设初期先采用树状网,这样做可以减少一次投资费用,使工程投产快,有利于逐步发展。

(2)环状网。

环状网中,管线连接成环状,当任一段管线损坏时,可以关闭附近的阀门,与其余管线隔开,然后进行检修,水还可从另外的管线供应用户,断水的范围较小,从而增强了供水可靠性,如图4-4所示。环状网还可以大大减轻因水锤作用产生的危害,在树状网中,则往往因此而使管线损坏。但是环状网的造价明显地比树状网高。

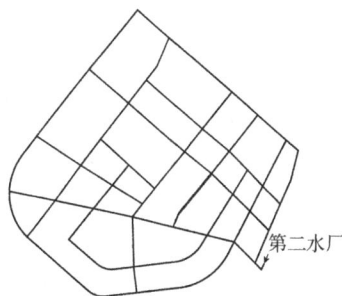

图 4-4 环状网示意

一般城市建设初期可采用树状网,以后随着给水事业的发展逐步连成环状网。实际上,现有城市的给水管网,多数是树状网和环状网的结合。在城市中心地区布置成环状网,在郊区则以树状网形式向四周延伸。供水可靠性要求较高的工矿企业须采用环状网,并用树状网或双管输水至个别较远的车间。

4.3 管 网 定 线

4.3.1 城镇给水管网定线

城镇给水管网定线是指在地形平面图上确定管线的走向和位置。城镇给水管网由干管、连接管、分配管、进户管组成。定线一般只限于管网的干管以及干管之间的连接管,不包括从干管到用户的分配管和接到用户的进户管。如图 4-5 所示,图中实线表示干管,管径较大,用以输水到各地区。虚线表示分配管,它的作用是从干管取水供给用户和消火栓,管径较小,常由城市消防流量决定所需的最小管径,一般不小于 100mm。

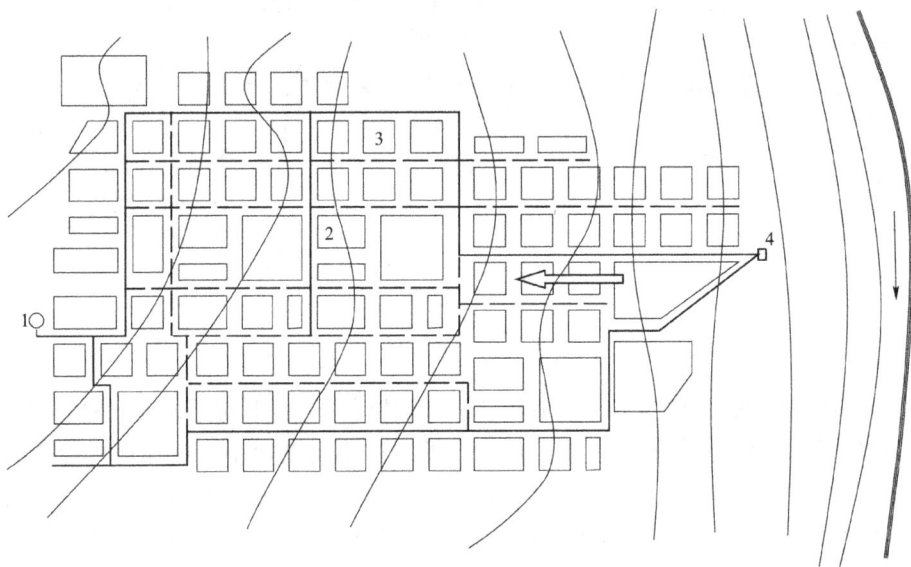

图 4-5 干管和分配管

1-水塔;2-干管;3-分配管;4-水厂

由于给水管线一般敷设在地下,就近供水给两侧用户,所以管网的形状常随城市的总平面布置图而定。

城镇管网定线取决于城镇规划、供水区的地形、水源和调节构筑物的位置、街区和用户特别是大用户的分布、河流、铁路、桥梁等的位置等,考虑的要点如下。

(1)定线时,干管延伸方向应和二级泵站输水到水池、水塔、大用户的水流方向一致,如图 4-5 中的箭头所示。沿水流方向,布置一条或数条干管,干管位置应从用水量较大的街区通过。干管的间距,可根据街区情况,采用 500~800m。从经济上来说,给水管网的布置采用一条干管接出许多支管,形成树状网,费用最省;但从供水可靠性着想,以布置几条接近平行的干管并形成环状网为宜。

(2)干管和干管之间由连接管连接,形成环状网。连接管的作用在于干管损坏时,可以通过连接管重新分配流量,从而缩小断水范围,较可靠地保证供水。连接管的间距可根据街区的大小设置,一般为 800~1000m。

(3)干管一般沿城市规划道路定线,但尽量避免在高级路面或重要道路下通过,以降低今后检修难度。管线在道路下的平面位置和标高,应符合城市或厂区地下管线综合设计的要求。给水管线和建筑物、铁路及其他管道的水平净距,均应参照有关规定执行。

基于上述要求,城市管网一般是树状网和若干环组成的环状网相结合的形式,管线大致均匀地分布于整个给水区。

(4)管网中还须安排其他管线和附属设备,例如:

①在供水区范围内需敷设分配管,将干管的水送到用户和消火栓。分配管直径至少为100mm,大城市宜采用150～200mm,主要原因在于通过消防流量时,分配管中的水头损失不致过大,防止火灾地区的水压过低。

②城镇内的工厂、学校、医院等用水均从分配管接出,再通过房屋进户管接到用户。一般建筑物用一条进水管,用水要求较高或须满足消防要求的建筑物和建筑物群之间在不同部位接入两条或数条进水管,以增加供水的可靠性。

4.3.2 工业企业管网定线

工业企业内的管网布置有它的特点。根据企业内的生产用水和生活用水对水质和水压的要求,两者可以合用一个管网,或者可按水质或水压的不同要求分建两个管网。即使是生产用水,由于各车间对水质和水压要求不完全一样,在同一工业企业内,往往根据水质和水压要求,分别布置管网,形成分质、分压的管网系统。消防用水管网通常不单独设置,而是由生活或生产给水管网供给消防用水。

根据工业企业的特点,可采取各种管网布置形式。例如生活用水管网可为树状网,分别供应生产车间、仓库、辅助设施等处的生活用水。生活和消防用水合并的管网,应为环状网。

生产用水管网可按照生产工艺对给水可靠性的要求,采用树状网、环状网或两者相结合的形式。不能断水的企业,生产用水管网必须是环状网,到个别距离较远的车间可设置两条平行管线代替环状网。大多数情况下,生产用水管网是环状网、双管和树状网的结合形式。

大型工业企业的各车间用水量一般较大,所以生产用水管网不像城市管网那样易于划分干管和分配管。定线和计算时,全部管线都要加以考虑。

工业企业内的管网定线比城市管网简单,因为厂区内车间位置明确,车间用水量大且比较集中,易于实现以最短的管线到达用水量大的车间的要求。但是,由于某些工业企业有许多地下建筑物和管线,地面上又有各种运输设施,定线比较困难。

【习题】

1. 管网布置应满足什么要求?
2. 管网布置有哪两种基本形式? 各适用于何种情况? 它们的优缺点是什么?
3. 一般城镇的管网是哪种形式? 为什么采用这种形式?
4. 管网定线应确定哪些管线的位置? 其余的管线位置和管径怎样确定?
5. 工业企业内的给水管网定线与城镇给水管网定线相比有哪些特点?
6. 输水管渠定线时应考虑到哪些方面?

第 5 章

水管、管网附件和附属构筑物

5.1 水管材料和附件

给水管网由一系列水管和配件连接而成。水管为工厂现成产品,运到施工工地后进行埋管和接口。

2022 年 9 月,住房和城乡建设部办公厅、国家发展改革委办公厅、国家疾病预防控制局综合司发布《关于加强城市供水安全保障工作的通知》(建办城〔2022〕41 号),要求新建供水管网要严格按照有关标准和规范规划建设,采用先进适用、质量可靠、符合卫生规范的供水管材和施工工艺,严禁使用国家已明令禁止使用的水泥管道、石棉管道、无防腐内衬的灰口铸铁管道等,确保建设质量。编制本地区供水管道老化更新改造方案,对影响供水水质、妨害供水安全、漏损严重的劣质管材管道,运行年限满 30 年、存在安全隐患的其他管道,应结合燃气等老旧地下管线改造、城市更新、老旧小区改造、二次供水设施改造和"一户一表"改造等,加快更新改造。实施公共供水管网漏损治理,持续降低供水管网漏损率。进一步提升供水管网管理水平,通过分区计量、压力调控、优化调度、智能化管理等措施,实现供水管网系统的安全、低耗、节能运行,满足用户的水量、水压、水质要求。

按照水管工作条件,水管性能应满足下列要求:

(1)有足够的强度,可以承受各种内外荷载。

(2)水密性,它是保证管网有效而经济地工作的重要条件。如因管线的水密性差以致经常漏水,无疑会增加管理费用和导致经济上的损失。此外,管网漏水严重时会冲刷地基而引起严重安全事故。

(3)水管内壁面应光滑,以减小水头损失。

(4)价格较低,使用年限较长,并且有较强的防止水和土壤侵蚀的能力。

(5)水管接口应施工简便,工作可靠。

水管可分为金属管和非金属管。水管材料的选择,取决于能承受的水压、外部荷载、埋管的土壤条件、供应情况等。本节介绍各种管材的性能。

5.1.1 球墨铸铁管

5.1.1.1 材料

铸铁是铁和碳的合金。碳在铸铁中的质量分数要高于 2.11%,含碳量低于这个比例,就是低碳钢。钢管的使用寿命为 20～30 年,铸铁管的寿命可达 80～100 年。铸铁管是在砂或金属模子中用铁液浇筑而成的。根据铸铁管制造过程中采用的材料和工艺不同,可分为灰口铸铁管和球墨铸铁管。灰口铸铁管具有较强的耐腐蚀性,以往使用最广。但由于连续铸管工艺的缺陷,质地较脆、抗冲击和抗震能力较差、重量较大,且经常发生接口漏水、水管断裂和爆管事故,带来很大的损失,灰口铸铁管逐渐被淘汰,目前推广使用球墨铸铁管。球墨铸铁管是把镁添加进熔化、含低硫的铁中,使自由态的石墨变成球状,含碳量为 1.7%～5%。根据《水及燃气用球墨铸铁管、管件和附件》(GB/T 13295—2019)的规定,其延伸率、抗拉强度和水压试验等指标均与钢管相当,而耐腐蚀性优于钢管。球墨铸铁管机械加工性能好,可焊接、可切割、可钻孔,很少发生爆管、渗水和漏水现象,可以降低管网漏损率及管网维修费用。

球墨铸铁管由承口、直管段和插口三部分组成,内外喷涂防腐层,其结构如图5-1所示。

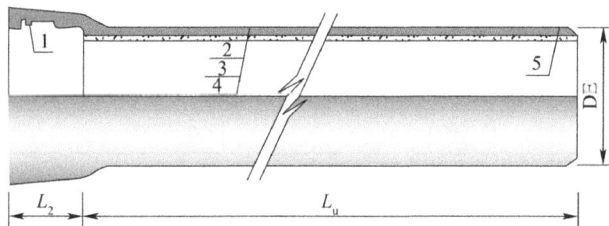

图 5-1 球墨铸铁管结构示意图
1-承口;2-外防腐层;3-球墨铸铁;4-内防腐层;5-插口;DE-管道外径;L_2-承口深度;L_u-管的标准长度

球墨铸铁管根据口径的不同,采取不同的生产工艺,DN1000 及以下规格采用水冷金属型离心浇铸工艺,DN1100 及以上规格采用热模法离心浇铸工艺。球墨铸铁管的生产工艺大致相同,生产工艺流程如图5-2所示。

5.1.1.2 管径和长度

根据现今我国球墨铸铁管厂家的生产情况,球墨铸铁管的公称直径应符合表5-1的规定,共 28 种。

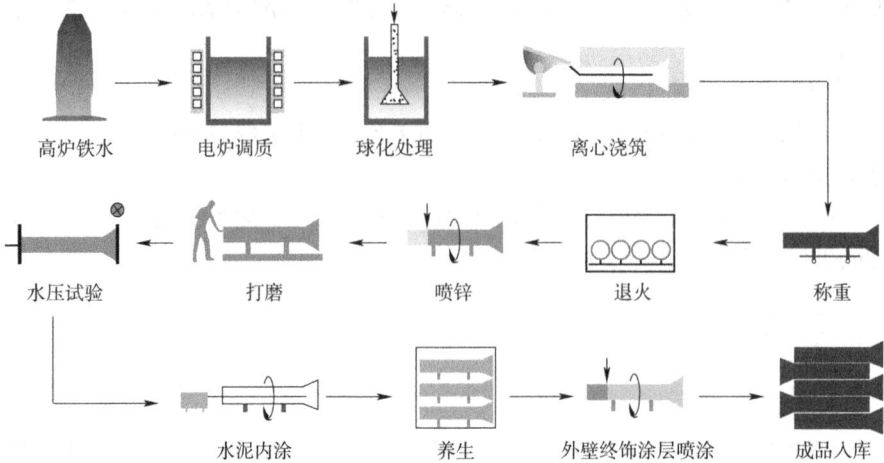

图 5-2 球墨铸铁管生产工艺流程图

球墨铸铁管的公称直径   表 5-1

序号	公称直径	序号	公称直径	序号	公称直径	序号	公称直径
1	DN80	8	DN350	15	DN900	22	DN1800
2	DN100	9	DN400	16	DN1000	23	DN2000
3	DN125	10	DN450	17	DN1100	24	DN2200
4	DN150	11	DN500	18	DN1200	25	DN2400
5	DN200	12	DN600	19	DN1400	26	DN2600
6	DN250	13	DN700	20	DN1500	27	DN2800
7	DN300	14	DN800	21	DN1600	28	DN3000

　　根据我国球墨铸铁管厂家的生产情况,承插接口的球墨铸铁管的标准长度应符合表 5-2 的规定。

承插直管长度(mm)   表 5-2

公称直径 DN	标准长度	公称直径 DN	标准长度
80 ~ 1000	6000	1200 ~ 3000	6000/8150

5.1.1.3 壁厚

球墨铸铁管可根据压力或壁厚两种方式进行分级,分别称为压力分级管、壁厚分级管。

(1)压力分级管的壁厚。

管的最小壁厚(e_{min})不应小于 3mm,并应按下式计算:

$$e_{min} = \frac{SF \times PFA \times DE}{2R_m + SF \times PFA} \tag{5-1}$$

式中：e_{min}——管的最小壁厚(mm);

　　　PFA——管的允许工作压力(MPa);

　　　DE——管道外径(mm);

　　　SF——安全系数,取 3;

　　　R_m——球墨铸铁抗拉强度(MPa),取 420MPa。

管的公称壁厚(e_{nom})应按下式计算:

$$e_{nom} = e_{min} + (1.3 + 0.001DN) \tag{5-2}$$

式中:e_{nom}——管的公称壁厚(mm);

  DN——管道公称径(mm)。

(2)壁厚分级管的壁厚。

管的公称壁厚(e_{nom})不应小于6mm,并应按下式计算:

$$e_{nom} = K(0.5 + 0.001DN) \tag{5-3}$$

式中:K——壁厚级别系数,取 7~12 范围内的整数。

5.1.1.4 接口

球墨铸铁管采用柔性接口,且管材本身具有较大的延伸率,使得管道的柔性较好,在埋地管道中能与管道附近的土体共同工作,改善管道的受力状态,从而增强了管网运行的可靠性。按管的接口形式可分为滑入式柔性接口(图5-3)、机械式柔性接口(图5-4)、自锚式接口(又分为内自锚式、外自锚式,见图5-5 和图5-6)和法兰接口等(图5-7)。其中,滑入式柔性接口是靠承口和插口之间形成的环形空腔,使胶圈达到一定的压缩比而产生接触压力实现接口的密封。并且该接口还能适应一定的基础变形,在球墨铸铁管中应用最为广泛。

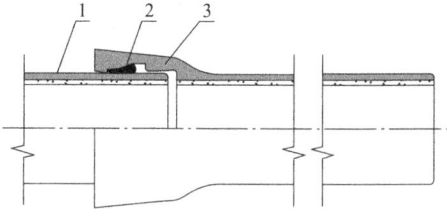

图 5-3 滑入式柔性接口示意图
1-插口;2-密封圈;3-承口

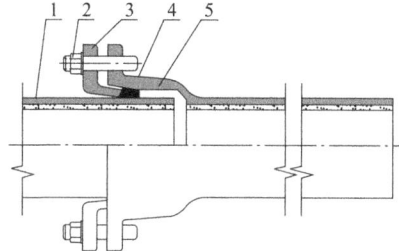

图 5-4 机械式柔性接口示意图
1-插口;2-螺栓螺母;3-压兰;4-密封圈;5-承口

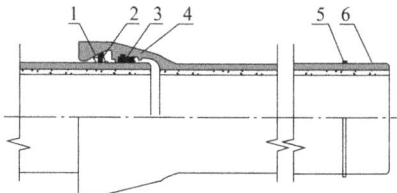

图 5-5 内自锚式接口示意图
1-挡环;2-支撑体;3-密封圈;4-承口;5-焊环;6-插口

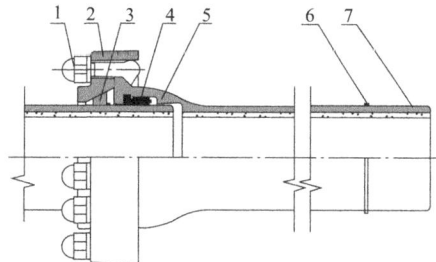

图 5-6 外自锚式接口示意图
1-勾头螺栓螺母;2-压兰;3-挡环;4-密封圈;5-承口;6-焊环;7-插口

5.1.1.5 管件

管件指管道系统中用于直管连接、分支、变径以及用作端部封闭等的零部件,主要作用有:①直管的连接;②改变管道的走向(流体方向);③流体的分流或汇集;④不同直径管子的连接;⑤管段的封闭。按照管件的用途进行分类,见表5-3。各类管件的名称和符号见表5-4。

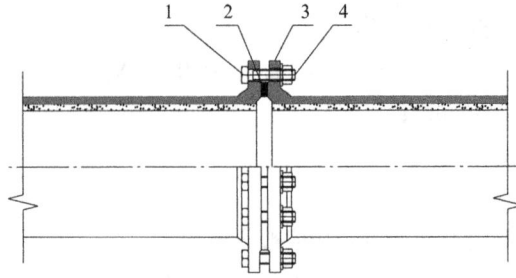

图 5-7 法兰接口示意图
1-螺栓;2-密封圈;3-法兰;4-螺母

管件按用途分类表 表 5-3

用途(使用目的)	管件名称
直管连接	盘承、盘插、承套
管道弯曲	11.25°弯头、22.5°弯头、45°弯头、90°弯头、双承乙字管、承插乙字管
管道分支	三通、四通、斜三通
异径管连接	承插渐缩管、双承渐缩管、双盘渐缩管
管端封闭	盲板、承堵、插堵
其他	短管、可拆卸接头、柔性接头

管件名称和符号 表 5-4

分类	名称	图示符号
承接管件	盘承	
	盘插	
	承套	
	双承和承插 90°弯管	
	双承和承插 45°弯管	
	双承和承插 22°30′弯管	
	双承和承插 11°15′弯管	
	全承三通	
	双承单支盘三通	
	双承渐缩管	
	双承一丝丁字管	
	双承和承插乙字管	
	双承丁字管	
	全承四通	

分类	名称	图示符号
盘接管件	双盘90°弯管	
	双盘90°鸭掌弯管	
	双盘45°弯管	
	全盘三通	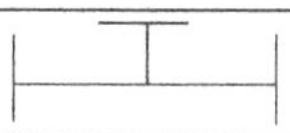
	双盘渐缩管	
	法兰盲板	
	减径法兰	

5.1.1.6 内衬

管道内衬材料应不会对水质造成影响,有优越的防腐蚀性能,附着力强,长时间通水也不会使附着力下降,内衬层不易受到损伤,即使局部受损,也不会因此引起周围内衬层的劣化。

根据使用时的内部条件,球墨铸铁管可使用下列内涂层:普通硅酸盐水泥砂浆、硅酸盐水泥砂浆、抗硫酸盐水泥砂浆、铝酸盐(高铝)水泥砂浆、矿渣水泥砂浆,带有封面层的水泥砂浆;聚氨酯、聚乙烯、环氧树脂、环氧陶瓷等。水泥砂浆内衬应符合《球墨铸铁管和管件 水泥砂浆内衬》(GB/T 17457—2019)的规定,内衬水泥砂浆在养生28d后的抗压强度应不小于50MPa。其他涂层的性能应符合供需双方的协议。某铸管公司采用的内衬见表5-5。

防腐等级和内衬材料表 表5-5

防腐等级	内衬材料
标准内衬	普通硅酸盐水泥砂浆、抗硫酸盐水泥砂浆
加强级内衬	铝酸盐(高铝)水泥砂浆
	水泥砂浆 + 封面涂层
特殊涂层内衬	聚氨酯、环氧陶瓷内衬

5.1.1.7 外涂层

根据使用时的外部条件,球墨铸铁管可使用下列涂层:外表面喷涂金属锌、外表面涂刷富锌涂料、外表面喷涂加厚金属锌层、聚乙烯管套、聚氨酯、聚乙烯、纤维水泥砂浆、胶带、沥青漆、环氧树脂等。外表面喷锌涂层及终饰层应符合现行《球墨铸铁管外表面锌涂层 第1部分 带终饰层的金属锌涂层》(GB/T 17456.1)的规定,外表面涂刷富锌涂料及终饰层应符合现行《球墨铸铁管外表面锌涂层 第2部分 带终饰层的富锌涂料涂层》(GB/T 17456.2)的规定,外表面用聚乙烯管套应符合现行《现场安装聚乙烯套球墨铸铁管线》(GB/T 36172)的规定,其他涂层应符合供需双方的协议。新兴铸管股份有限公司采用的外涂层见表5-6。

防腐等级和防腐涂层表　　　　　　　　　　表5-6

防腐级别	防腐方案
一般腐蚀性(大多数土壤属于此种类型)	锌+终饰层、加厚锌+终饰层
较强腐蚀性	锌+终饰层+聚乙烯套
特强腐蚀性	聚氨酯涂层

5.1.1.8　球墨铸铁管产品优点

(1)安全可靠。

离心球墨铸铁管具有铁的本质、钢的性能,抗拉强度及耐压性能等力学指标与钢管相当,耐腐蚀性优于钢管。由于管材本身和柔性接口的优势,管线具有防地基沉降和抗震的能力。2008年"5·12汶川地震"的调查资料表明,管材破损率最低的是球墨铸铁管。

(2)安装简便。

球墨铸铁管采用柔性承插式橡胶圈连接,每个柔性接口均可以有1.5°~5°的径向偏转和一定距离的轴向伸缩,可随地形弯曲铺设,减少管件的使用。利用离心球墨铸铁管制作的顶管和拖拉管,可以不开挖沟槽铺设输水管线,避免了开挖施工对交通和生活的影响。

(3)综合造价低。

球墨铸铁管耐腐蚀性能好,使用寿命长。施工时不需要额外的阴极防护措施,成本较低。整体来说,球墨铸铁管线综合造价低、性价比高。

5.1.2　高密度聚乙烯管

5.1.2.1　材料

高密度聚乙烯管是以高密度聚乙烯树脂为主要原料,通过挤压成形的用于给水工程的高密度聚乙烯管,适用于建筑物内外(架空或埋地)给水用的管材,但不适用于输送温度超过45℃的水。埋地聚乙烯管道系统应选用强度不低于8.0MPa的聚乙烯混配料生产的管材和管件。市政饮用水管材的颜色为蓝色或黑色,黑色管上应有共挤压的蓝色色条。暴露在阳光下的敷设管道(如地上管道)必须是黑色。用聚乙烯管道输送生活饮用水,流体阻力小、输水能耗低、水质稳定、管道施工方便、连接可靠,是一种安全、卫生、实用,具有发展潜力的工程管道。

5.1.2.2　管道尺寸

直管长度一般为6m、9m、12m,也可由供需双方商定。工程外径可选择16mm、20mm、25mm、32mm、40mm、50mm、63mm、75mm、90mm、110mm、125mm、140mm、160mm、180mm、200mm、225mm、250mm、280mm、315mm、355mm、400mm、450mm、500mm、560mm、630mm、710mm、800mm、900mm、1000mm等。壁厚随公称外径和公称压力而异,范围为2.3~59.3mm。

5.1.2.3　管道连接

管材、管件以及管道附件的连接可采用热熔连接(热熔对接、热熔承插连接、热熔鞍形连接)、电熔连接(电熔承插连接、电熔鞍形连接)及机械连接(锁紧型和非锁紧型承插式连接、法兰连接、钢塑过渡连接)。工程外径大于或等于63mm的管道不得采用手工热熔承插连接,聚乙烯管材、管件不得采用螺纹连接和黏接。连接时严禁明火加热。

参照《埋地塑料给水管道工程技术规程》(CJJ 101—2016),各种连接方式的适用场合见表 5-7。

高密度聚乙烯管道连接方式   表 5-7

序号	连接方式	适用管径范围	适用的环境与特点
1	热熔连接		
1.1	热熔对接	≥DN63	管路单一,管件少,障碍少,应有温度补偿措施,热熔对接适宜 DN≥63mm 的非开挖工程,工程集中且量大,需电源、昂贵的热熔设备,环境条件要求严,施工速度慢,异形管受力方向的部位需筑支墩
1.2	热熔承插连接	DN32～DN110	适用于入户支管、水表节点、室内管道,应有温度补偿措施热熔设备,异形管受力方向的部位需固定
1.3	热熔鞍形连接	DN63～DN315	热熔对接工程中,引接小口径分支管的方式之一,需电源、热熔设备
2	电熔连接		
2.1	电熔承插连接	DN32～DN315	适用于配水管道、室内管道,应有温度补偿措施,需电源电熔设备,相对工程造价高
2.2	电熔鞍形连接	DN63～DN315	适用于配水管道停水时,检修时不停水而直接引接分支管,组装质量可靠,需电源、电熔设备
3	机械连接		
3.1	承插柔性连接		
3.1.1	非锁紧型	DN90～DN315	适用于配水管道、小区配水支管的连接口、室内管路。适应不同环境条件,施工速度快,不存在温度补偿问题。异形管受力方向应筑支墩,工程综合造价低
3.1.2	锁紧型	DN32～DN315	适用于配水管道、小区配水支管的管件连接口、室内管路。适应不同环境条件,施工速度快,不存在温度补偿问题,穿越障碍容易,异形管受力方向需砌筑支墩,工程综合造价低
3.2	法兰连接	≥DN63	管道中控制阀门和伸缩节等设施的连接方式
3.3	钢塑过渡连接	≥DN32	聚乙烯管、金属管、金属水嘴等的连接方式

5.1.3 钢管

钢管有无缝钢管和焊接钢管两种。钢管的特点是耐高压、耐振动、重量较轻、单管的长度大和接口方便,但承受外部荷载的稳定性差,耐腐蚀性差,管壁内外都需有防腐措施,并且造价较高。在给水管网中,通常只在管径大和水压高处,以及因地质、地形条件限制或穿越铁路、河谷和地震地区时使用。

钢管采用焊接或法兰接口。所用配件如丁字管、十字管、弯管和渐缩管等,由钢板卷焊而成,也可直接用标准铸铁配件连接。

5.1.4 预应力和自应力钢筋混凝土管

预应力钢筋混凝土管分普通和加钢套筒两种,其特点是造价低,抗振性能强,管壁光滑,水力条件好,耐腐蚀,爆管率低,但质量大,不便于运输和安装。预应力钢筋混凝土管在连接阀门、弯管、排气、放水等附件处,须采用钢制配件。

预应力钢套筒混凝土管是目前国内外应用较多的管材,它是在预应力钢筋混凝土管芯内夹一层钢筒,然后在环向加预应力钢丝和混凝土构成复合管材。其用钢量比钢管省,价格比钢管便宜。但价格较贵,重量较大,不大适用于地形变化和交通不便的地区。预应力钢套筒混凝土管多用于大型输水工程中,接口为承插式,承口环和插口环均用扁钢压制成形,与钢筒焊成一体,接口密封性好。

自应力钢筋混凝土管可用在郊区或农村等水压较低的次要管线上。

5.1.5 玻璃钢管

玻璃钢管是一种新型的非金属管,适用于大、中型输水管。它耐腐蚀,不结垢,能长期保持较高的输水能力,强度高,粗糙系数小。在相同使用条件下,质量只有钢材的1/4左右,是预应力钢筋混凝土管的1/5～1/10,便于运输和施工,但价格较高,几乎和钢管相近;且对管道基础要求高,常用于防止水管上浮和不均匀沉陷时引起的漏水。

5.1.6 塑料管

塑料管具有强度高、表面光滑、不易结垢、水头损失小、耐腐蚀、质量轻、加工和接口方便等优点,但是管材的强度较低,膨胀系数较大,用作长距离输水管时,需考虑温度补偿措施,例如安装伸缩节和活络接口。

塑料管有多种,如聚乙烯(PE)管、聚氯乙烯塑料(PVC)管、硬聚氯乙烯塑料(UPVC)管等,其中PVC管和UPVC管的力学性能和阻燃性能好,价格较低,因此应用较广。PE管在给水中使用较多。

UPVC管是一种新型管材,其工作压力低于0.6MPa,用户进水管的常用管径为DN25和DN50,小区内为DN100～DN200,管径一般不大于DN600。管道接口在无水情况下可用胶黏剂黏接,承插式管可用橡胶圈柔性接口,也可用法兰连接。塑料管在运输和堆放过程中,应防止剧烈碰撞和阳光暴晒,以免塑料管变形和加速老化。

塑料管的水力性能较好,由于管壁光滑,在相同流量和水头损失情况下,塑料管的管径比铸铁管小;塑料管相对密度在1.40左右,比铸铁管轻,又可采用橡胶圈柔性承插接口,抗振和水密性较好,不易漏水,既提高了施工效率,又可降低施工费用。

给水管多数埋在道路下,水管管顶以上的覆土深度,在不冰冻地区由外部荷载、水管强度以及与其他管线交叉情况等决定,金属管道的管顶覆土深度通常不小于0.7m。非金属管的管顶覆土深度应大于1.2m,覆土必须夯实,以免受到动荷载的作用而影响水管强度。冰冻地区的覆土深度应考虑土壤的冰冻线深度。

在土壤耐压力较高和地下水位较低处,水管可直接埋在管沟中未扰动的天然地基上。一般情况下,铸铁管、钢管、承插式钢筋混凝土管可以不设基础。在岩石或半岩石地基处,管底应垫砂,铺平夯实,金属管和塑料管的砂垫层厚度至少为100mm,非金属管道的砂垫层厚度不小于200mm。在土壤松软的地基处,管底应有高强度的混凝土基础。如遇流沙或通过沼泽地带,地基承载能力达不到设计要求时,需进行基础处理,根据一些地区的施工经验,可采用各种桩基础。

5.1.7 给水用承插柔性接口钢管

给水用承插柔性接口钢管按照接口形式分类,可分为单胶圈密封接口钢管(图5-8、图5-9)和双胶圈密封接口钢管(图5-10、图5-11);按照承插口的制造工艺,可分为直接在基管上制造承、插口的钢管和在基管管端部位焊接承、插口的钢管。

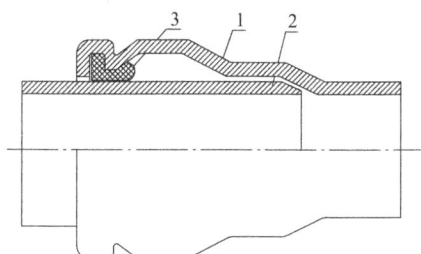

图5-8 单胶圈密封自成型接口钢管
1-承口;2-插口;3-橡胶圈

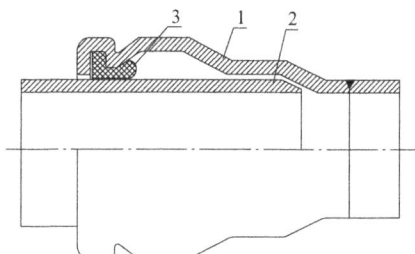

图5-9 单胶圈密封焊接接口钢管
1-承口;2-插口;3-橡胶圈

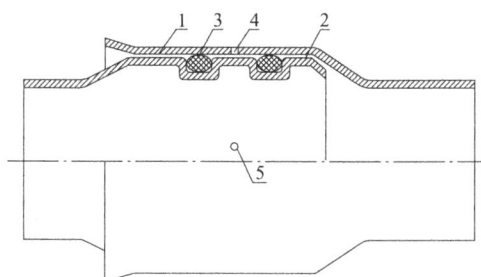

图5-10 双胶圈密封自成型接口钢管
1-承口;2-插口;3-橡胶圈;4-排气孔;5-打压孔

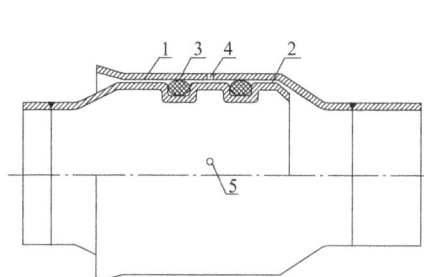

图5-11 双胶圈密封焊接接口钢管
1-承口;2-插口;3-橡胶圈;4-排气孔;5-打压孔

成型焊接、柔性接口、内外防腐是决定给水用承插柔性接口钢管品质的三大关键技术。柔性连接的T型接口钢管可以达到与球墨铸铁输水管道一样的性能要求,特别是钢管的减壁设计,减少了投资,与球墨铸铁管相比成本优势明显,性价比高。

给水用承插柔性接口钢管成型精度高,可和球墨铸铁管道互换;安装速度快,比其他管道安装速度快4~6倍;使用寿命长,不需要在现场做施工接口防腐,无二次污染;具有较好的抗震、防沉降性能,柔性接口减轻了地震、道路荷载对管道的破坏作用;抗内压强度高;管件种类齐全,管道应用场景广泛;管材质量轻,便于施工现场运输;水头损失小,属于节能产品。

给水用承插柔性接口钢管焊有施工吊耳,可减少吊装对防腐层的破坏。施工安装设备简捷,减少了施工用电、安全用电困扰。给水用承插柔性接口钢管管件标准化,采用与球墨铸铁管相同的T型胶圈,实现两种管材的互通互换,安装方便、连接可靠,并且所有的管件种类符合《水及燃气用球墨铸铁管、管件和附件》(GB/T 13295)的要求。《给水排水工程埋地承插式柔性接口钢管管道技术规程》(T/CECS 492—2017)和《给水用承插柔性接口钢管》(T/CECS 10159—2021)等标准的颁布,为设计、施工提供了依据。

5.1.8 预应力钢筒混凝土管(PCCP)

预应力钢筒混凝土管(PCCP)是在带有钢筒的混凝土管芯外侧缠绕环向预应力钢丝并制作水泥砂浆保护层而制成的管子,按照其结构可分为内衬式预应力钢筒混凝土管(PCCPL)和埋置式预应力钢筒混凝土管(PCCPE),外形图如图 5-12 所示。内衬式和埋置式的区别在于前者指在钢筒内壁成型混凝土层后,在钢筒外表面上缠绕环向预应力钢丝,并作水泥砂浆保护层而制成的管子;后者指在钢筒内、外侧成型混凝土层后,在管芯混凝土外表面上缠绕环向预应力钢丝,并作水泥砂浆保护层而制成的管子。前者采用离心工艺成型,口径偏小($DN \leqslant 1200$),后者采用立式振动工艺成型,口径变大($DN \geqslant 1200$)。预应力钢筒混凝土管(PCCP)的密封类型分为单胶圈和双胶圈,双胶圈内衬式预应力钢筒混凝土管接头如图 5-13 所示。预应力钢筒混凝土管抗渗压力高,工作压力通常为 1.5~3.0MPa,管径范围一般为 DN400~DN4000。

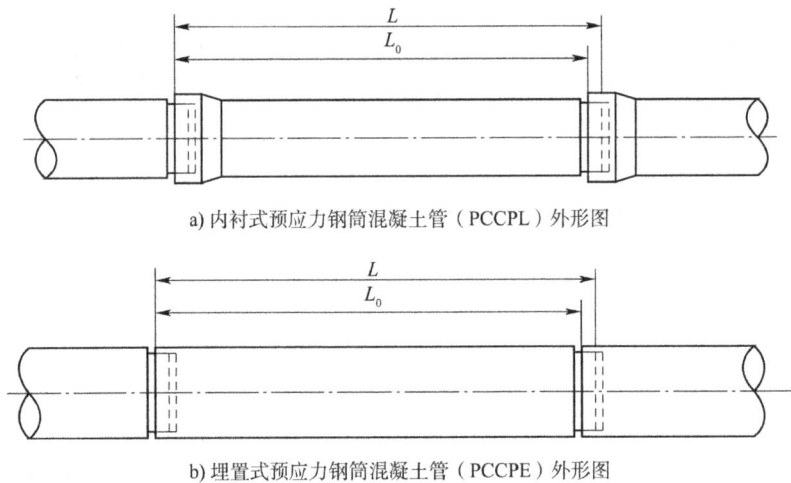

a) 内衬式预应力钢筒混凝土管（PCCPL）外形图

b) 埋置式预应力钢筒混凝土管（PCCPE）外形图

图 5-12　预应力钢筒混凝土管(PCCP)外形图

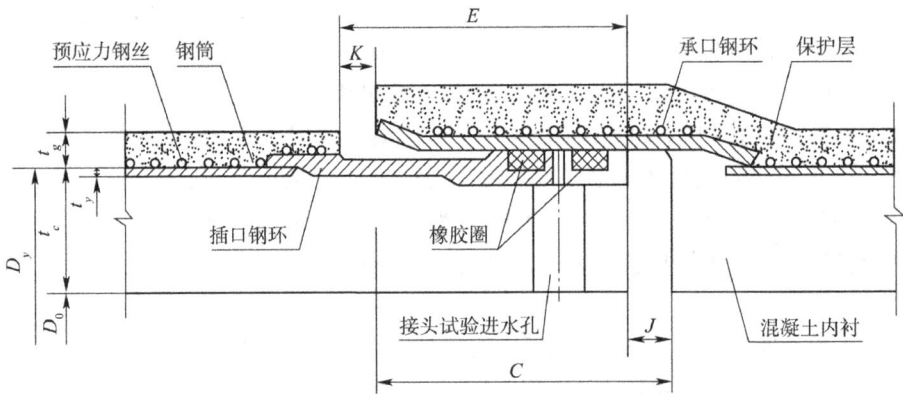

图 5-13　双胶圈内衬式预应力钢筒混凝土管接头图

5.1.9 各类管材的比较

各类管材的比较详见表 5-8。

管材综合比较表

表 5-8

名称	球墨铸铁管	钢管	塑料管	玻璃钢管	预应力钢筒混凝土管（PCCP）
接口形式	承插式橡胶圈，单密封，管节短，接口数量多，易渗漏	焊接接口，焊口多，需要施工电源。DN1800 以下可选用柔性承插接口，密封性能好	承插式橡胶圈，热熔或电熔接口，密封性能好，不渗漏，有效防止对地下水的污染	双胶圈柔性接口，双密封。可进行接口打压，水压试验成功率高	承插式橡胶圈，接口抗渗性能好
防腐性能	较钢管好。外壁普通防腐，水泥内衬，高盐或高电场时，需进行加强防腐或阴极保护	抗腐蚀性能较差。内外壁加强防腐，高盐或高电场时，需进行特加强防腐和阴极保护	耐化学腐蚀性良好。PE 管道可耐多种化学介质的腐蚀	抗腐蚀性能高。适用于盐渍土，沼泽等地区，内外壁均不需防腐	防腐蚀性较差，抵抗酸、碱侵蚀性能差
抗变形能力	可延性一般，易爆裂，抗变形能力一般	可延性好，不易爆裂，抗变形能力好	可延性好，不爆裂，抗变形能力好	可延性好，不爆裂，抗变形能力好	水锤作用承载能力差，异爆管
抗震能力	柔性接口的抗震能力较好，管道较脆，易断裂	管材强度高，抗震抗变形能力好	柔性管道，抗震及适变形能力强	柔性管道和接口，抗震及适应变形能力强	柔性接口的抗震能力较好，管道较脆，易断裂
抗二次污染	内衬掉块堵塞阀门水表，滋生铁锈，偶有发生	内防腐不易长久，滋生铁锈和铁细菌，时有"红水"发生	内壁光滑，不生锈	内壁光滑，不生锈	内壁较光滑，不生锈
生产及运输	投资巨大，建厂周期长，当地建厂不可行，管材须长途运输	可依托当地加工或在当地建厂，投资较省，建厂周期短，运距短	投资较大，建厂周期短，运距短	可在当地租厂或建厂，设备搬迁方便，投资少，建厂周期短，运距短	自重大，当地建厂周期长，运距短
施工难易	运输及起重量较大，人工及机械台班多，接口数量多，管件配合较困难	运输及起重量大，防腐及焊接工作量很大，安装工期长，管件制作容易	安装简便，易操作	运输、安装的人工、机械比钢管减少约50%，接口保证率高，管件制作容易，回填要求高	运输及起重量较大，人工及机械台班多，接口数量多，管件配合较困难
粗糙度（n 值）/水头损失	$n = 0.013$ 水泥内衬，水头损失较大	$n = 0.013$ 水泥内衬，水头损失较大	$n = 0.01$ 内壁光滑，水头损失较小，同等条件下过流能力较大	$n = 0.009 \sim 0.01$，水头水头损失较小	$n = 0.013 \sim 0.014$ 内壁粗糙，水头损失较大，同等条件下过流能力较小
使用寿命	≥50 年	约 30 年	≥50 年	≥50 年	约 50 年
造价	高	高	较高	高	较高

5.2 管网附件

给水管网除了水管以外,还应设置各种附件,以保证管网的正常工作。管网附件主要有调节流量用的阀门、供应消防用水的消火栓、控制水流方向的单向阀、安装在管线高处的排气阀、防止水流倒流的止回阀、低处的泄水阀和安全阀等。

5.2.1 阀门

阀门用来调节管线中的流量或水压。阀门的布置数量要少且调度灵活。主要管线和次要管线交接处的阀门常设在次要管线上。承接消火栓的水管上要安装阀门。

阀门的口径一般和水管的直径相同,但当管径较大以致阀门价格较高时,为了降低造价,可安装口径为 0.8 倍水管直径的阀门。

阀门内上下移动的闸板有楔式和平板式两种,其移动方向与水流垂直。根据阀门使用时阀杆是否上下移动,可分为明杆和暗杆两种。明杆是阀门启闭时,阀杆随之升降,因此易于掌握阀门启闭程度,适宜于安装在泵站内。暗杆适用于安装和操作空间受到限制之处,防止当阀门开启时因阀杆上升而不便于操作。闸阀示例如图 5-14 所示。

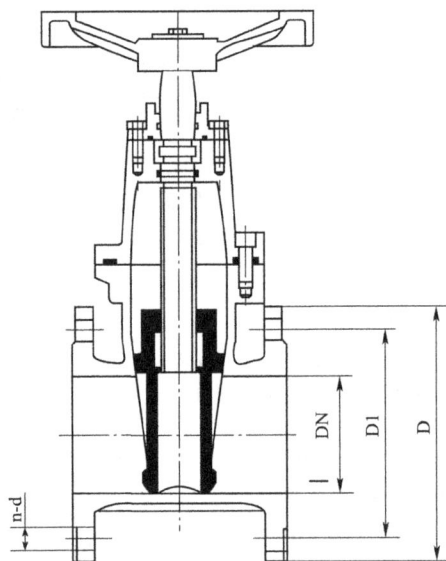

图 5-14　弹性座封闸阀(暗杆型)结构简图

大口径的阀门由于单侧高压的关系,很难在完全关闭的状态下开启,所以直径较大的阀门配有齿轮传动装置,并在闸板两侧接旁通阀,以减小水压差,便于启闭。开启阀门时先开旁通阀,关闭阀门后关闭旁通管和小闸阀,或者应用电动阀门以便启闭。安装在长距离输水管上的电动阀门,应限定开启和闭合的时间,以免因启闭过快而出现水锤现象导致水管损坏。

蝶阀(图 5-15)的作用和一般阀门相同,但结构简单,开启方便,阀门内的闸板旋转 90°就可全开或全关。蝶阀厚度比一般阀门小,因此闸板全开时将占据上下游管道的位置,所以不能安装在紧靠楔式和平板式阀门的位置。蝶阀可用在中、低压管线上,例如水处理构筑物和泵站内。

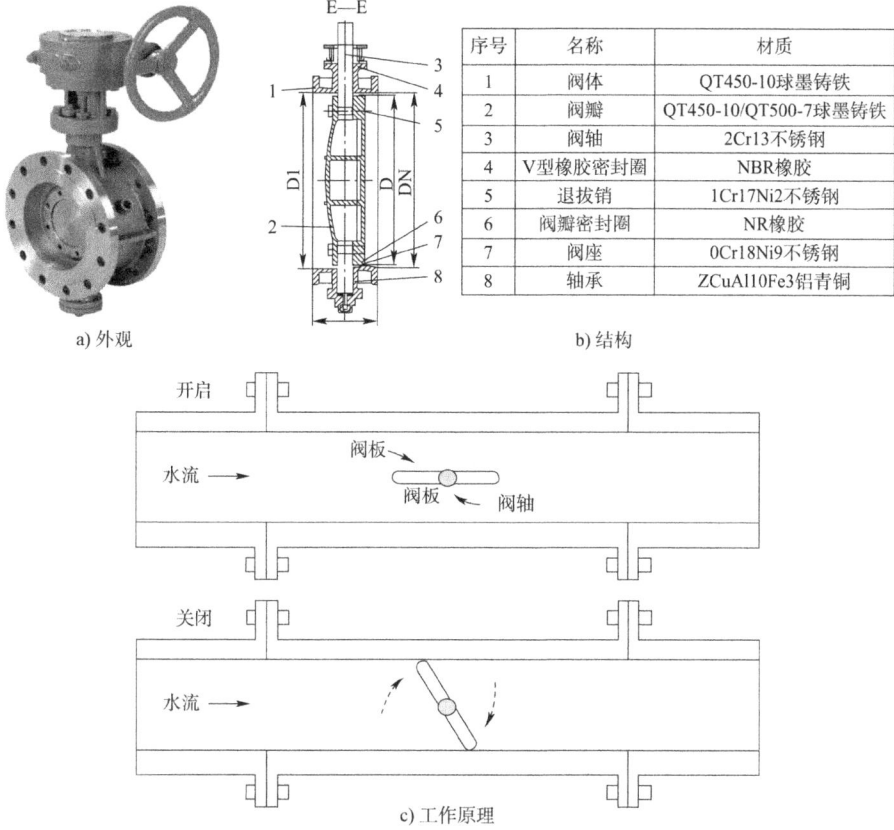

序号	名称	材质
1	阀体	QT450-10球墨铸铁
2	阀瓣	QT450-10/QT500-7球墨铸铁
3	阀轴	2Cr13不锈钢
4	V型橡胶密封圈	NBR橡胶
5	退拔销	1Cr17Ni2不锈钢
6	阀瓣密封圈	NR橡胶
7	阀座	0Cr18Ni9不锈钢
8	轴承	ZCuAl10Fe3铝青铜

a) 外观　　　　　　　　　　　　　　　　b) 结构

c) 工作原理

图 5-15　蝶阀

虽然蝶阀可以控制流量,但阀板和阀轴会增加局部水头损失,对管道清洗工作也造成不便,尽量避免使用。

5.2.2　止回阀

止回阀(图 5-16)是限制压力管道中的水流只能朝一个方向流动的阀门。阀门的闸板可绕轴旋转。水流方向相反时,闸板因自重和水压作用而自动关闭。止回阀一般安装在水压较大的泵站出水管上,防止因突然断电或其他事故时水流倒流而损坏水泵设备。

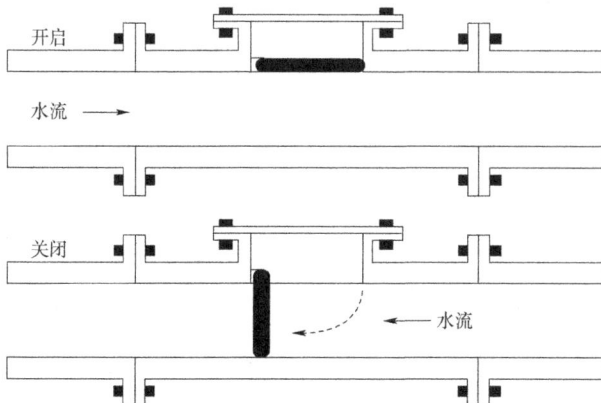

图 5-16　旋启式止回阀工作原理示意图

在直径较大的管线上,例如工业企业的冷却水系统中,常用多瓣阀门的单向阀。单向阀的几个阀瓣并不同时闭合,所以能有效减轻水锤所产生的危害。从结构分类,有升降式、旋启式(图 5-17)、弹簧式和蝶式等。

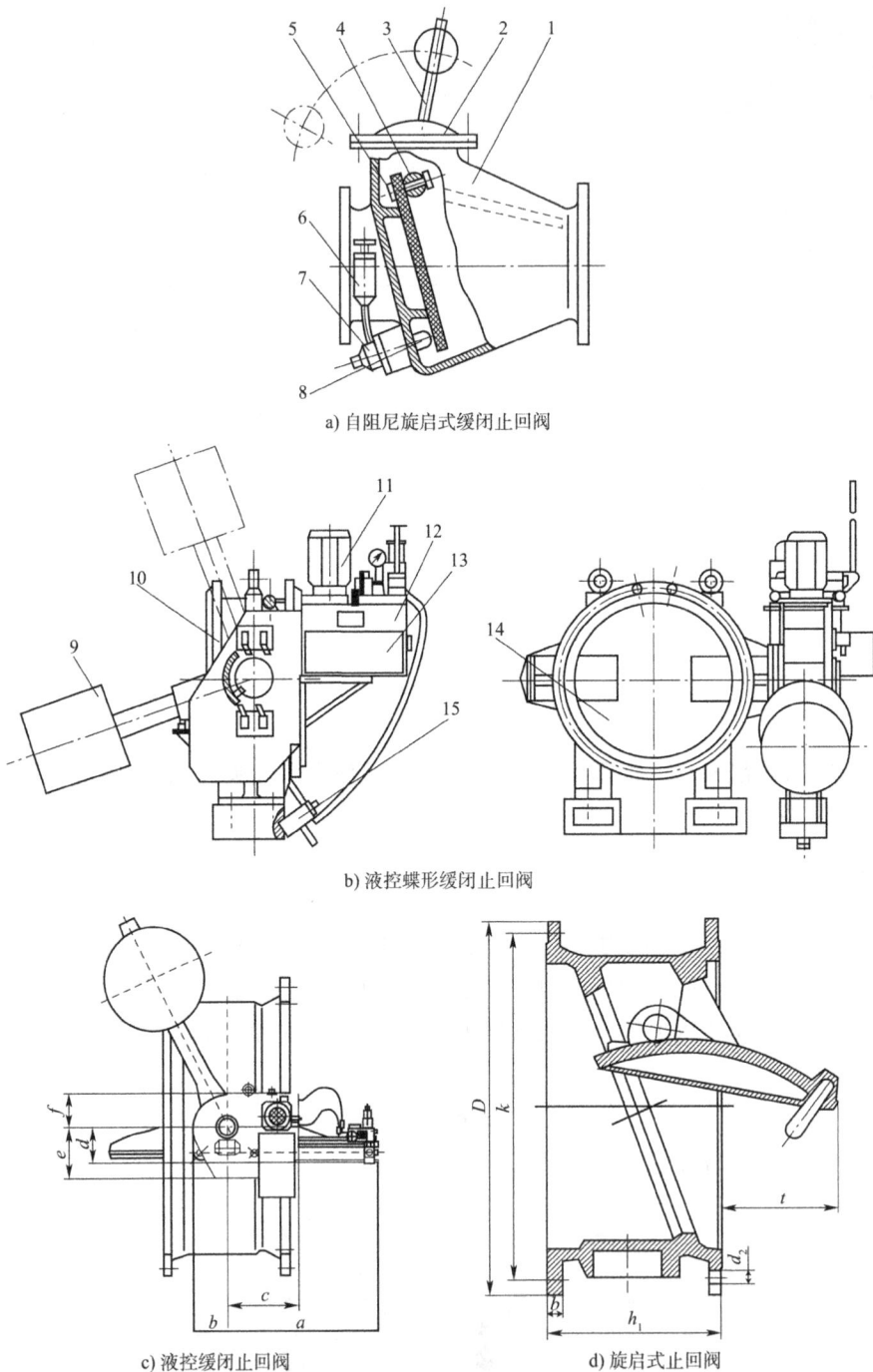

a) 自阻尼旋启式缓闭止回阀

b) 液控蝶形缓闭止回阀

c) 液控缓闭止回阀

d) 旋启式止回阀

图 5-17 止回阀

1-阀体;2-阀盖;3-重锤;4-阀轴;5-阀瓣;6-节流阀;7-缓闭装置;8-活塞;9-重锤;10-阀体;11-电机;12-油箱;13-电气箱;14-蝶板;15-摆动油缸

止回阀安装和使用时应注意以下几点。

(1)升降式止回阀应安装在水平方向的管道上。旋启式止回阀既可安装在水平管道上,又可安装在竖向管道上。

(2)止回阀安装时,应使阀体上标注的箭头与水流方向一致,不可倒装。

(3)大口径水管上应采用多瓣止回阀或缓闭止回阀,使各瓣的关闭时间错开或缓慢关闭,以减轻水锤的破坏作用。

5.2.3 多功能水泵控制阀

多功能水泵控制阀具有水力自动控制、启泵时缓开、停泵时先快闭后缓闭的特点,并兼具水泵出口处水锤消除器、闸(蝶)阀、止回阀 3 种产品的功能,是具有自适应工况参数变化、防控水锤危害、保障水安全、降低管道漏损率的阀门。其由阀体、阀盖、膜片座、膜片、主阀板、缓闭阀板、衬套、阀杆、主阀板座、缓闭阀板座、膜片压板和控制管系统等零部件组成(图5-18)。

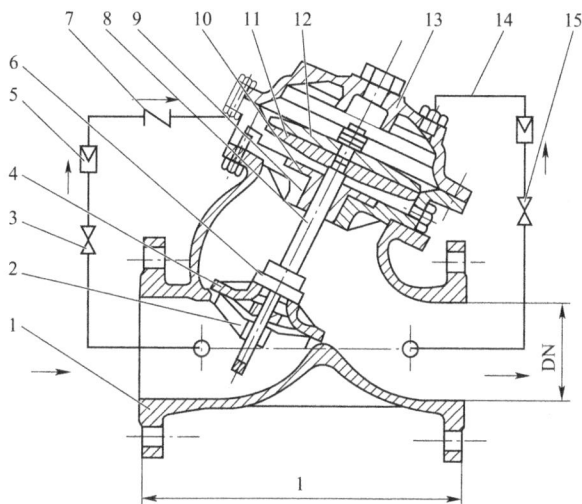

图 5-18 多功能水泵控制阀

1-阀体;2-主阀板座;3-进水调节阀;4-主阀板;5-过滤器;6-缓闭阀板;7-微止回阀;8-阀杆;9-膜片座;10-衬套;11-膜片;12-膜片盖板;13-阀盖;14-控制管;15-出水调节阀

5.2.4 排气阀

排气阀安装在管线的隆起部分,使管线投产时或检修后通水时,管线内空气可经此阀排出。平时用以排除从水中释出的气体,以免空气累积在管中,以致减小管道的过水断面面积和增加管线的水头损失。长距离输水管一般随地形起伏敷设,在管道高处须设排气阀。一般采用的排气阀如图 5-19 所示,垂直安装在管线上。排气阀口径与管线直径之比一般采用1:8 ～ 1:12。排气阀放在单独的阀门井内,也可和其他配件合用一个阀门井。

复合式进排气阀如图 5-20 所示。此阀门在管道供水过程中能排出水析出的气体,从而减小水流阻力。当管道出现负压时,能自动高速进气,保证管道正常运行。

气缸式空气阀如图 5-21 所示,主要由壳体、浮筒、排气阀板、排气口、气压缸、活塞杆、导管等组成。注气口与浮球阀分处两室,控制机构和执行机构分开,不需要人工辅助排气,在水气相间的情况下可正常工作。该阀在关闭工况[图 5-21a)]时,阀体内水位线处于高位,浮球上升,杠杆使导管口封堵,微排气口开启,膜片不受压力,阀板封住排气孔口,阀门处于既不排气、又不进气的关闭状况。大量排气[图5-21b)]时,浮球落入护筒底,通过杠杆使微排气孔关闭,部分气体通过导管进入膜片上腔,气动膜片组件面积大于排气口阀板面积,膜片受力下压使排气口阀板推开,大量空气排出。微量排气[图5-21c)]时,空气阀体内有水,浮球升起,导管进口封堵,微排气口开启排气,由于导管不进气膜片不受压复位,排气孔口阀板封堵而不大量排气。大量进气[图5-21d)]时,主管存在负压,膜片上腔上方的小口径真空破坏阀进气,膜片受压使阀板推开,大量进气。

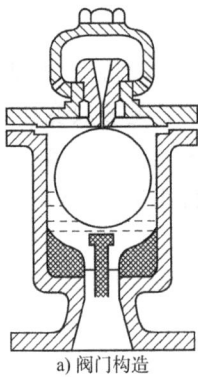

a) 阀门构造

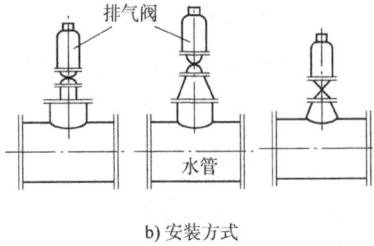

b) 安装方式

图 5-19 排气阀

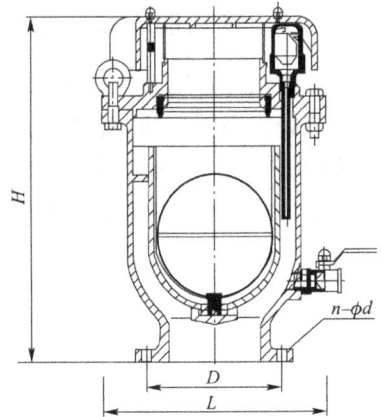

图 5-20 复合式进排气阀
H-排气阀高度;D-排气阀内径;L-排气阀最外部两端长度

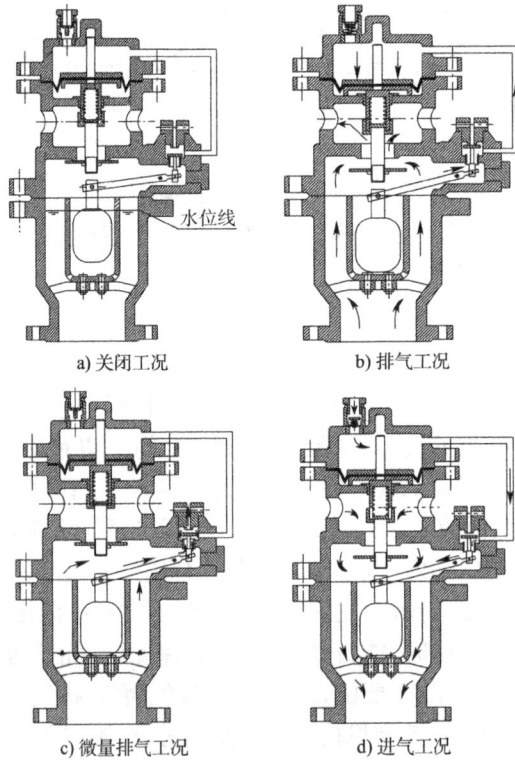

a) 关闭工况   b) 排气工况
c) 微量排气工况   d) 进气工况

图 5-21 气缸式空气阀

5.2.5 调流调压阀

调流调压阀(图5-22)作为流量或压力的控制元件之一,常用于水利、水电、火电和市政等输水管网系统中。按调流调压阀在管线中的安装位置,分为管中型和末端排放型。当压差较高时,为避免阀内消能或管中消能过程中产生的有害噪声和振动,在现场条件允许的前提下,应将调流调压阀布置在管线末端,使能量在阀体外消除;当管线末端空间充足时,可采用直接对空排放型的阀,使能量在大气中消除;当管线末端空间受限时,宜采用淹没排放型的阀,使能量在消力池中消除。

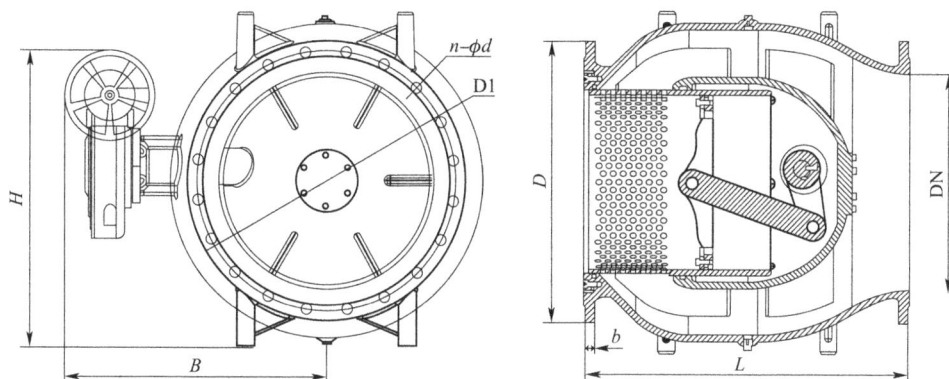

图5-22 调流调压阀

如图5-23所示,管中型调流调压阀一般布置于原水引水管线、泵输水管线、自来水管网等系统的管道中段需要调压或减压的位置,用于稳定阀后压力,防止后端管道高压运行,即调压阀(或减压阀);也可布置在管道末端蓄水池前的阀室内,用于调节进入蓄水池的流量,即调流阀。

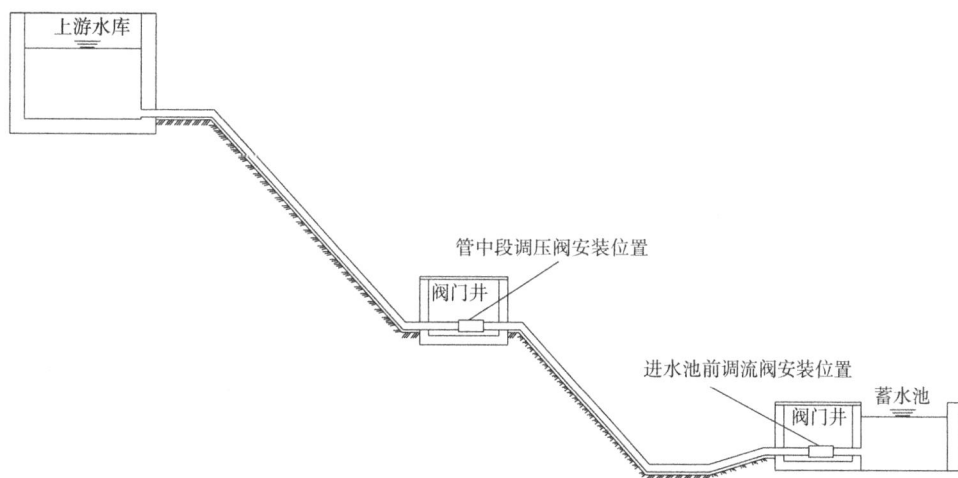

图5-23 管中型调流调压阀安装位置

5.2.6 消火栓

消火栓分地上式和地下式,其安装情况如图5-24和图5-25所示。地下式消火栓适用于气温较低的地区,每个消火栓的流量为 $10 \sim 15 \mathrm{L/s}$。

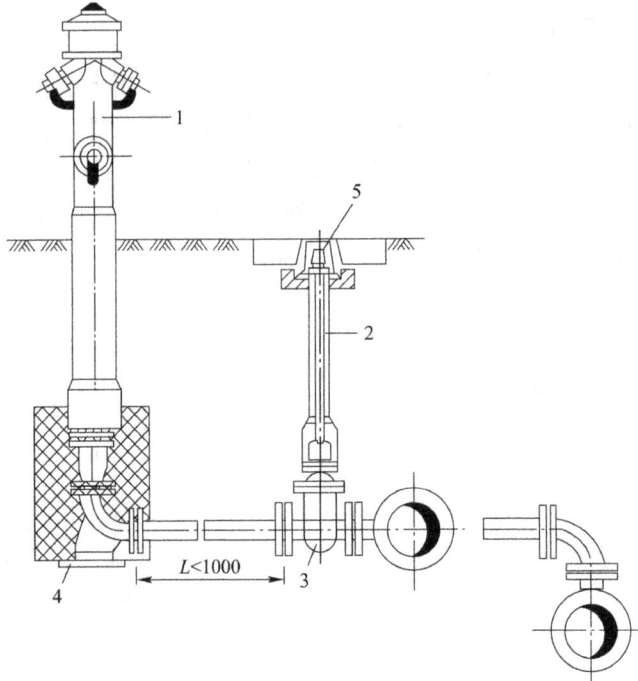

图 5-24 地上式消火栓(尺寸单位:mm)

1-地上式消火栓;2-阀杆;3-阀门;4-弯头支座;5-阀门套筒;L-管段长度

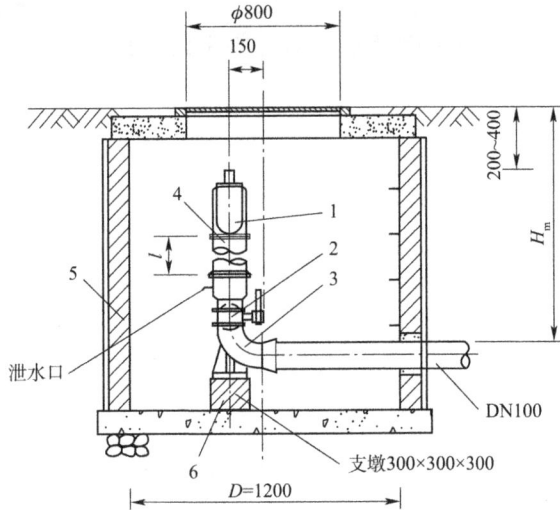

图 5-25 室外地下式消火栓(尺寸单位:mm)

1-地下式消火栓;2-蝶阀;3-弯管底座;4-法兰接管;5-圆形立式闸阀井;6-混凝土支墩;H_m-管顶至地面距离

地上式消火栓一般布置在交叉路口消防车可以驶近的地方,地下式消火栓安装在阀门井内。

5.2.7 泄水阀

在管线的最低点需要安装泄水阀,用以排除管中的沉淀物以及检修时放空水管内的存水。

泄水阀与排水管连接,其管径由所需放空时间决定。放空时间可按照孔口出流公式计算。砖砌泄水阀安装图如图 5-26 所示。

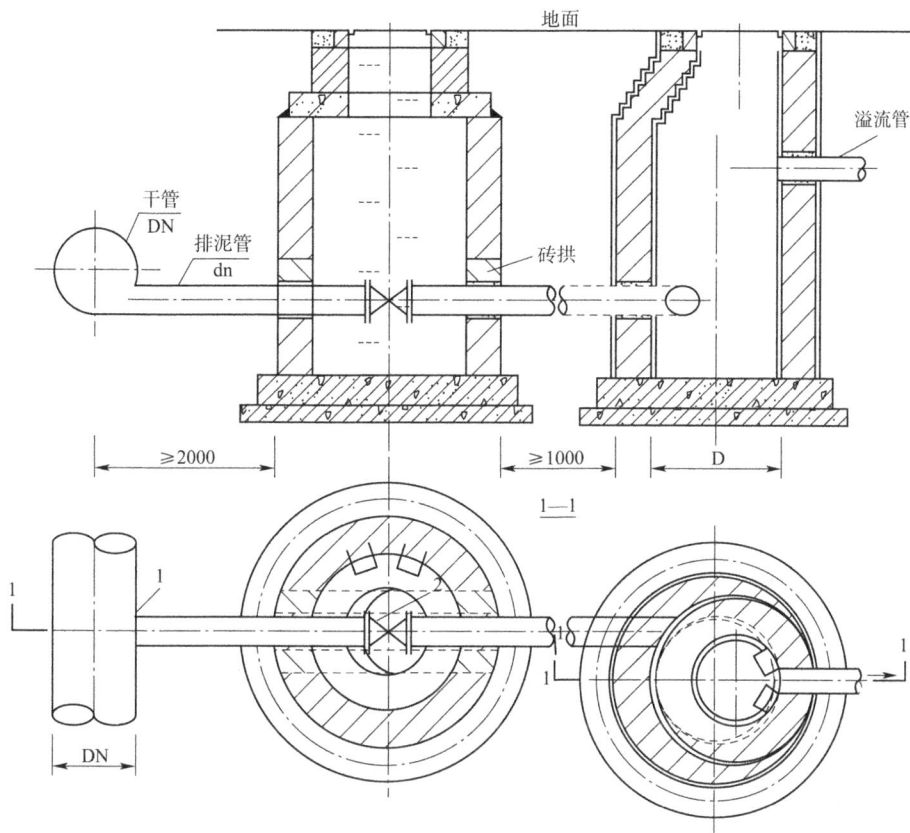

图 5-26　砖砌泄水阀安装图(单位尺寸:mm)

5.3　管网附属构筑物

5.3.1　阀门井

管网中的附件一般安装在阀门井内。为了降低造价,附件应布置紧凑。阀门井的平面尺寸取决于水管直径以及附件的种类和数量,但应满足阀门操作和安装拆卸各种附件所需的最小尺寸。井的深度由水管埋设深度确定。但是,井底到水管承口或法兰盘底的距离至少为0.1m,法兰盘和井壁的距离宜大于0.15m,从承口外缘到井壁的距离,应在0.3m以上,以便接口施工。

阀门井一般用砖砌,也可用钢筋混凝土建造。阀门井的形式根据所安装的附件类型、大小和路面材料而定。例如直径较小、位于人行道上或普通路面以下的阀门,可采用阀门套筒(图 5-27);但在寒冷地区,因阀杆易被渗漏的水冻住而影响开启,所以一般不采用阀门套筒。安装在道路下的大阀门,可采用如图 5-28 所示的阀门井。位于地下水位较高处的阀门井,井底和井壁应不透水,在水管穿越井壁处应保持足够的水密性。阀门井应有足够的抗浮稳定性。

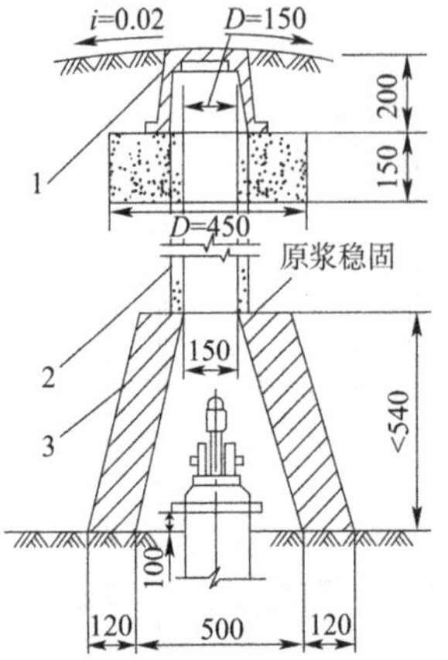

图 5-27 阀门套筒(尺寸单位:mm)
1-铸铁阀门套筒;2-混凝土管;3-砌砖井

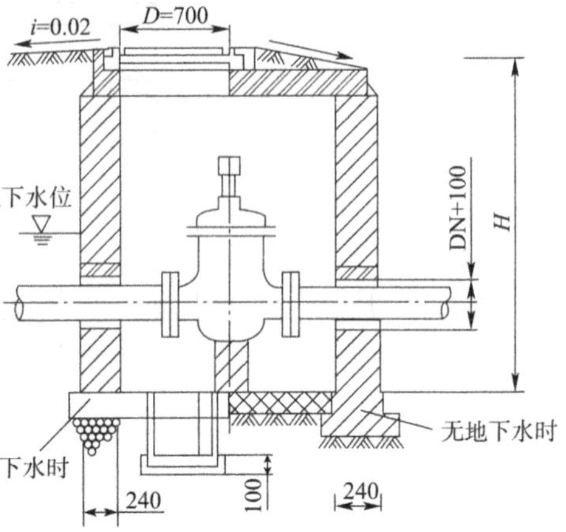

图 5-28 阀门井(尺寸单位:mm)

空气阀井安装通气管,确保空气排至井外;空气阀还有吸气功能,应防止管网受到二次污染。

对于在道路下配水干管上的空气阀井,空气阀进排气可用管道接至人行道边,露出地面,如图 5-29a)所示。对于在农田或绿带下配水干管上的空气阀井,可高出地面,如图 5-29b)所示。

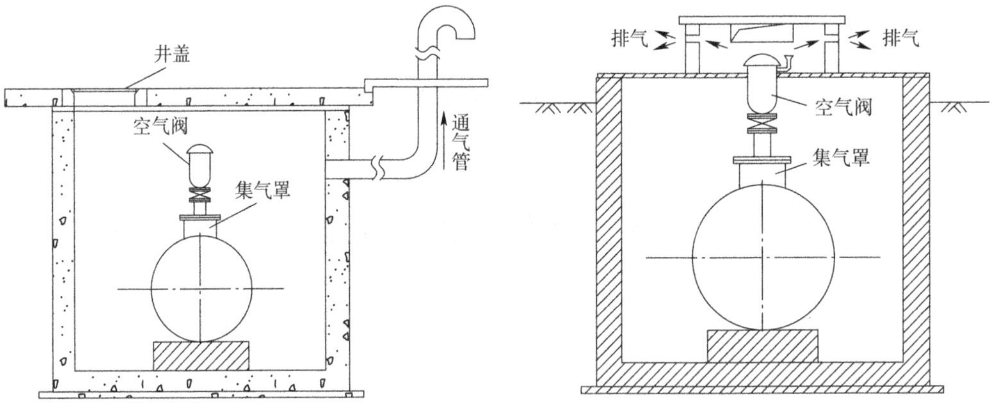

a) 道路下

b) 农田或绿带

图 5-29 空气阀井

5.3.2 支墩

承插式接口的管线,在弯管处、丁字管处、水管终端的盖板上以及渐缩管处,都会产生拉力,接口可能因此松动脱节而使管线漏水,因此在这些部位须设置支墩以承受拉力和防止事故。但当管径小于300mm 或转弯角度小于10°,且水压力不超过980kPa 时,因接口本身足以承受拉力,可不设支墩。

图 5-30 展示了水平方向弯管的支墩构造,图 5-31 展示了垂直向上弯管的支墩构造。支墩由砖、混凝土或浆砌块石砌成。

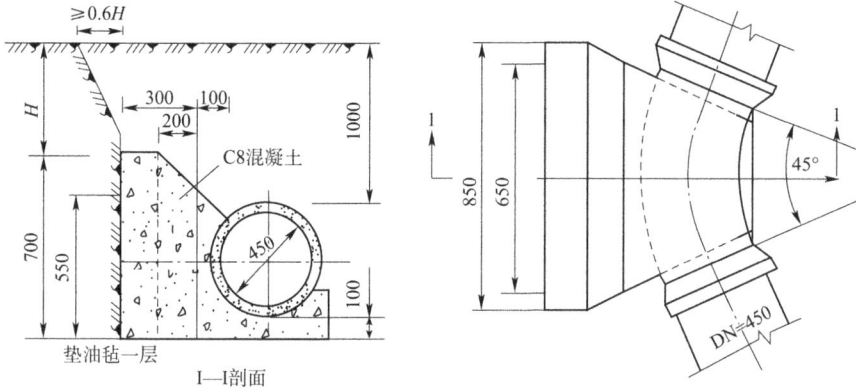

图 5-30 水平方向弯曲支墩(尺寸单位:mm)

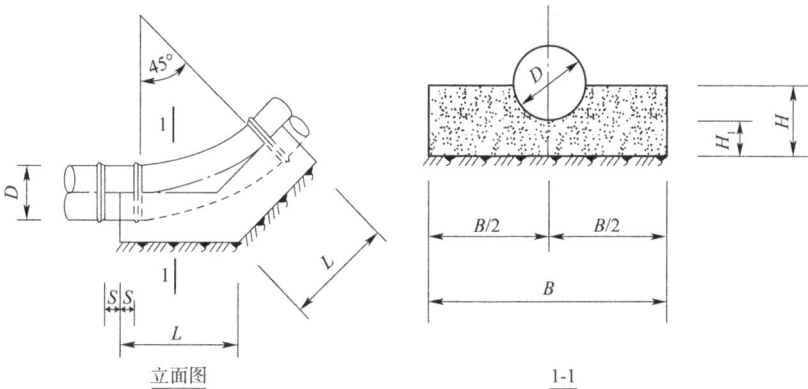

图 5-31 垂直向上弯管支墩

因管道的验收试验压力是大于平时工作压力的,故应根据管道验收试验时的工况进行支墩受力计算。

(1)水平三通处的支墩受力计算。

$$F = \frac{\pi D^2}{4}P_0 - k\pi D P_s \tag{5-4}$$

式中:P_0——管道验收试验压力(压强)(Pa 或 N/m^2);

P_s——接口允许承受摩擦力(以单位长度接口的允许值表示)(N/m);

D——管道直径(m);

k——为安全起见,设计抗拉强度的安全修正系数,$k < 1$。

若 P_s 单位为 N/m^2 时,式(5-4)改为:

$$F = \frac{\pi D^2}{4}P_0 - k\frac{\pi D^2}{4}P_s \tag{5-5}$$

(2)平弯管处的支墩受力计算。

$$F = 2 \times \left(\frac{\pi D^2}{4}P_0\right) \times \sin\frac{\alpha}{2} \tag{5-6}$$

式中:α——弯头角度。

【**例5-1**】 有一输水管道试验压力为 1.0MPa,承插接口允许承受摩擦力为 100000N/m,设计抗拉强度安全修正系数 $k = 0.8$,则 DN900 × 800 丁字管支墩承受的外推力是多少(丁字管支墩简图见图 5-32)?

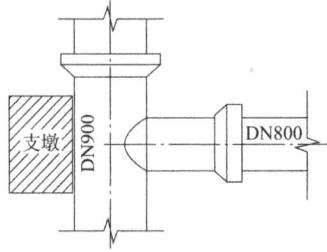

图 5-32 丁字管支墩简图

解:DN800 管道接口允许承受的摩擦力:

$$P_S = 0.8 \times 100000\text{N/m} \times \pi D = 0.8 \times 100000 \times 3.14 \times 0.8 = 200960(\text{N})$$

管道验收试验压力 $P_0 = \frac{\pi}{4} \times (0.8\text{m})^2 \times 1000000\text{N/m}^2 = 502655(\text{N})$

丁字管支墩承受的外推力 $R = P_0 - P_S = 502655 - 200960 = 301695(\text{N})$

5.3.3 管线穿越障碍物

给水管线通过铁路、公路和河谷时,必须采取一定的措施。

管线穿越铁路和公路时,穿越地点、方式和施工方法应按照有关部门的相关技术规范执行。根据穿越的铁路或公路的重要性,采取如下措施:穿越临时铁路或一般公路,或非主要路线且水管埋设较深时,可不设套管,但应尽量将铸铁管接口放在铁路两轨道之间,并用青铅接口,钢管则应有防腐措施;穿越较重要的铁路或交通频繁的公路时,水管须放在钢筋混凝土套管内,套管直径根据施工方法而定,大开挖施工时应比给水管直径大 300mm,顶管法施工时应较给水管的直径大 600mm。水管穿越铁路或公路时,管的顶部应在铁路路轨底或公路路面以下 1.2m 左右。管道穿越铁路时,两端应设检查井,井内设阀门或排水管等。

管线穿越河川、山谷时,可利用现有桥梁架设水管或敷设倒虹管、建造水管桥,具体方式可根据河道特性、通航情况、河岸地质地形条件、过河管材料和直径、施工条件选用。

给水管架设在现有桥梁下穿越河流最为经济,施工和检修比较方便,通常水管架在桥梁的人行道下。

倒虹管从河底穿越,其优点是隐蔽,不影响航运,但施工和检修不便。倒虹管设置一条或两条,在两岸应设阀门井。阀门井顶部标高应保证发生洪水时不被淹没。井内有阀门和排水管等。倒虹管顶在河床下的深度,一般不小于 0.5m,但在航道线范围内不应小于 1m。倒虹管一般用钢管,并须加强防腐措施。当管径小、距离短时可用铸铁管,但应采用柔性接口。倒虹管直径按流速大于不淤流速计算,通常小于上下游连接的管线直径,以降低造价和增加流速,减少管内淤积。

大口径水管质量大,架设在桥下有困难时或当地无现成桥梁可利用时,可建造水管桥,架空跨越河道。水管桥应有适当高度以免影响航运。架空管一般用钢管或铸铁管,为便于检修可以用青铅接口,也可采用承插式预应力钢筋混凝土管。在过桥水管或水管桥的最高点,应安装排气阀,并且在过桥水管两端设置伸缩接头。在冰冻地区应有适当的防冻措施。

钢管过河时,本身也可作为承重结构,称为拱管,施工简便,并可节省架设水管桥所需的支承材料。一般拱管的矢高和跨度比为 1/6 ~ 1/8,常用的是 1/8。拱管一般由每节长度为 1 ~ 1.5m 的短管焊接而成,焊接的要求较高,以免吊装时拱管下垂或开裂。拱管在两岸有支座,以承受作用在拱管上的各种作用力。

5.3.4　管网节点详图

设计管网时,须先在管网图上确定阀门、消火栓、排气阀等主要附件的位置,布置必须合理,然后选定节点上的管配件。

在施工图中应绘节点详图,在图中用标准符号绘出节点上的配件和附件,如消火栓、弯管、渐缩管、阀门等。特殊的配件也应在图中注明,便于加工。设在阀门井内的阀门和地下式消火栓应在图上表示。阀门的大小和形状应尽量统一,形式不宜过多。

节点详图不按比例绘制,但管线方向和相对位置须与管网总图一致,图的大小根据节点构造的复杂程度而定。

图 5-33 所示为节点详图示例,各节点详图上标明所需的阀门和配件。

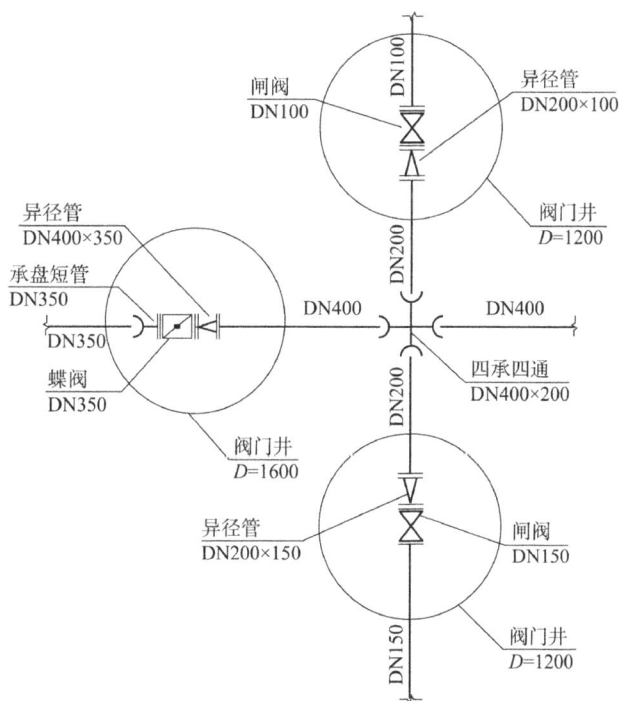

图 5-33　管网节点详图(尺寸单位:mm)

5.4　调节构筑物

调节构筑物用来调节管网内的流量,例如水塔和水池等。建于高地的水池,其作用和水塔相同,既能调节流量,又可保证管网所需的水压。当城市或工业区靠山或附近有高地时,可根据地形建造高地水池。如城市附近缺乏高地,或因高地离给水区太远,以致建造高地水池不经济时,可建造水塔。中小城镇和工矿企业等建造水塔以保证水压的情况并不少见。

5.4.1 水塔

水塔的构造如图 5-34 所示,主要由水柜(或水箱)、塔架、管道和基础组成。进、出水管可以合用,也可分别设置。进水管应设在水柜中间并延伸到水柜的高水位处,出水管可靠近水柜底,以保证水柜内的水流循环。为防止水柜溢水和将柜内存水放空,须设置溢水管和排水管,管径可和进、出水管相同。溢水管上不应设阀门。排水管从水柜底接出,排水管上设阀门,并接到溢水管上。

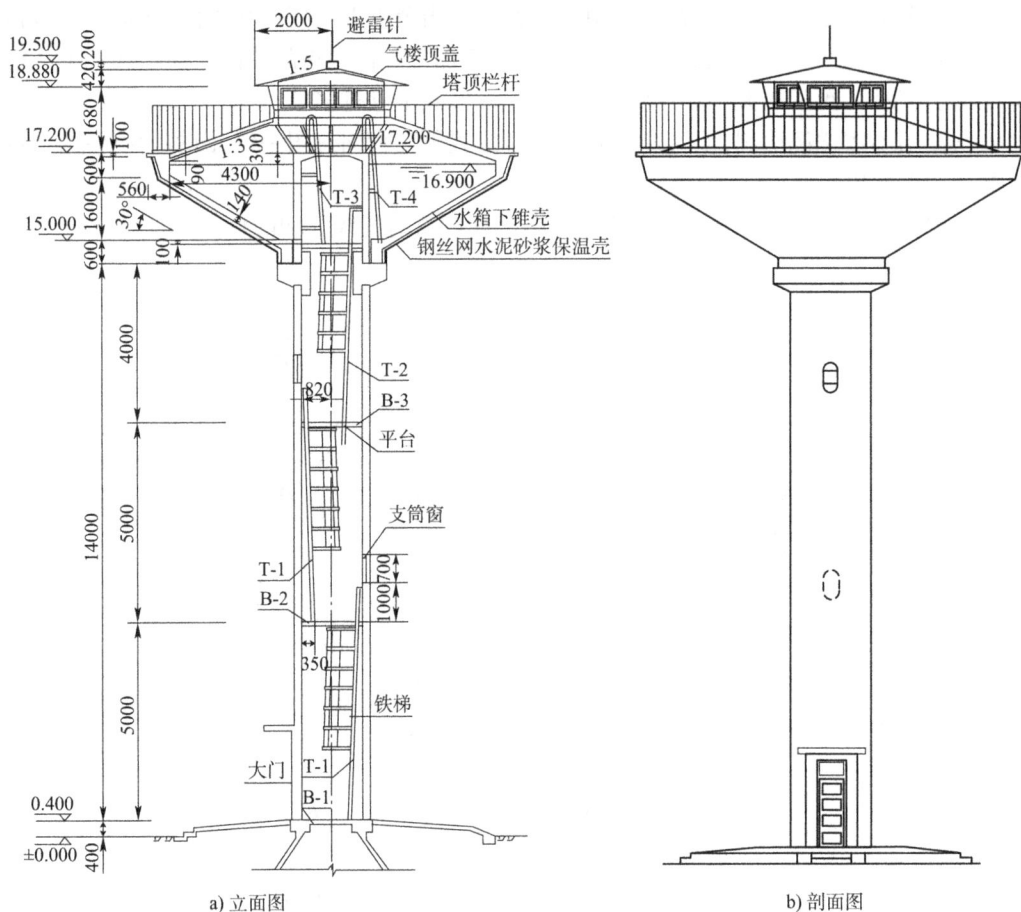

a) 立面图   b) 剖面图

图 5-34 某水塔构造(尺寸单位:mm;标高单位:m)

与水柜相连通的水管上应安装伸缩接头,这样当温度变化或水塔下沉时会有适当的伸缩余地。为观察水柜内的水位变化,应设浮标水位尺或电传水位计。水塔顶应有避雷设施。

水塔外露于大气中,应注意保温问题。因为钢筋混凝土水柜经过长期使用后,会出现微细缝,浸水后再加冰冻,裂缝会扩大,引发漏水。根据当地气候条件,可采取不同的水柜保温措施:在水柜壁上贴砌 8~10cm 的泡沫混凝土、膨胀珍珠岩等保温材料;在水柜外贴砌一砖厚的空斗墙;在水柜外再加保温外壳,外壳与水柜壁的净距不应小于 0.7m,内填保温材料。

水柜通常做成圆筒形,高度和直径之比约为 0.5~1.0。水柜不可过高,因为水位变化幅度大会增加水泵的扬程,动力消耗增加,且影响水泵效率。有些工业企业,由于各车间要求的水压不同,在同一水塔的不同高度放置水柜;或将水柜分成两格,以供应不同水质的水。

塔体用以支承水柜,常用钢筋混凝土、砖石或钢材建造。近年来也有采用装配式和预应力钢筋混凝土水塔。装配式水塔可以节约模板用量。塔体形状有圆筒形和支柱式。

水塔基础可根据地基情况采用单独基础、条形基础和整体基础。

砖石水塔的造价比较低,但施工费时,自重较大,宜建于地质条件较好地区。从就地取材的角度出发,砖石结构可和钢筋混凝土结合使用,即水柜采用钢筋混凝土结构,塔体采用砖石结构。

5.4.2 水池

给水工程中常用钢筋混凝土水池、预应力钢筋混凝土水池等,其中以钢筋混凝土水池使用最广,一般做成圆形或矩形,如图 5-35 所示。

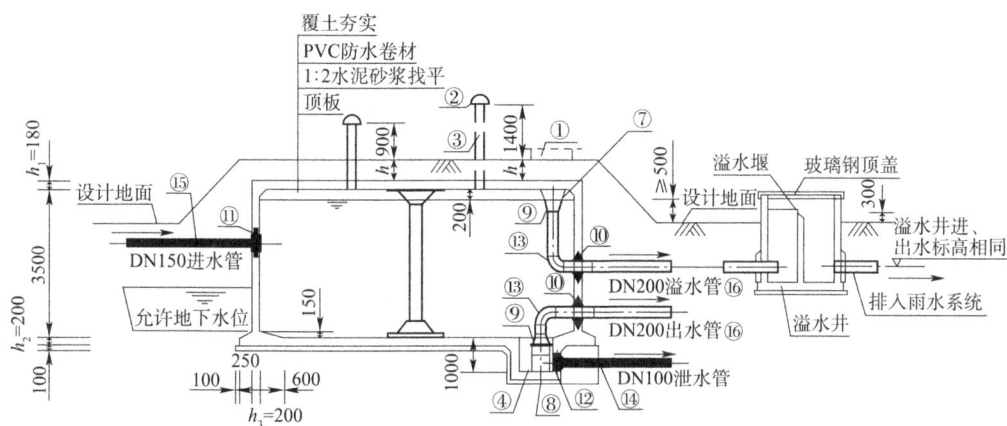

编号	名称	规格	材料	单位	数量	备注
①	检修孔	φ1000	—	只	1	
②	通风帽	φ1100	—	只	2	详见I-52
③	通风管	DN200	混凝土	根	2	详见I-52
④	吸水坑	B型	—	只	1	
⑤	爬梯	—	—	座	1	
⑥	水位传示仪	水深3300	—	套	1	
⑦	水管吊架	—	钢	副	1	详见I-49
⑧	喇叭口支架	—	钢	只	1	详见国标图02S403
⑨	喇叭口	DN200×300	钢	只	2	详见国标图02S403
⑩	刚性防水套管	DN200	钢	只	2	详见国标图02S404
⑪	刚性防水套管	DN150	钢	只	1	详见国标图02S404
⑫	刚性防水套管	DN100	钢	只	1	详见国标图02S404
⑬	钢制弯头	DN200×90°	钢	只	2	详见国标图02S403
⑭	钢管	DN100	钢	m	3	—
⑮	钢管	DN150	钢	m	2	—
⑯	钢管	DN200	钢	m	7	—
⑰	溢水井	—	—	座	1	详见I-53 A型、B型可任选

a) 剖面图

图 5-35

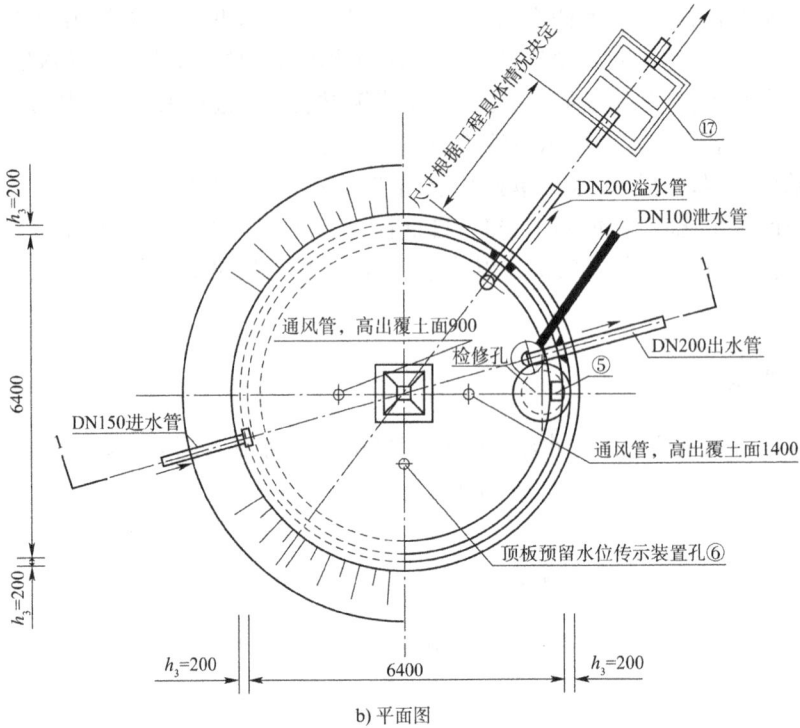

图 5-35 某圆形钢筋混凝土水池结构图(尺寸单位:mm)

水池应有单独的进水管和出水管,安装部位应保证池内水流的循环。此外应有溢水管,管径和进水管相同,管端有喇叭口,管上不设阀门。水池的排水管接到排水系统,管径一般按 2h 内将池水放空计算。容积在 100m³ 以上的水池,至少应设两个检修孔。为使池内自然通风,应设若干通风管,管顶高出水池覆土面 0.7m 以上。池顶覆土厚度视当地平均室外气温而定,一般在 0.5～1.0m 之间,气温低则覆土层应厚些。当地下水位较高、水池埋深较大时,覆土厚度需按抗浮要求决定。为便于观测池内水位,可装置浮标水位尺或水位传示仪。

预应力钢筋混凝土水池可做成圆形或矩形,它的水密性好,比钢筋混凝土水池节约造价。

近年来也有采用装配式钢筋混凝土水池。水池的柱、梁、板等构件事先预制,各构件拼装完毕后,外面再加钢箍,并加张力,接缝处喷涂砂浆防止漏水。

砖石水池具有节约木材、钢筋、水泥,能就地取材,施工简便等特点。我国中南、西南地区,盛产砖石材料,尤其是丘陵地带,地质条件好,地下水位低,砖石施工的经验也丰富,更宜于建造砖石水池。但这种水池的抗拉、抗渗、抗冻性能差,所以不宜用在湿陷性的黄土地区、地下水位过高地区或严寒地区。

5.5 管道基础

管道基础是指管道或支撑结构与地基之间经人工处理过的或专门建造的构筑物,其作用是将管道较为集中的荷载均匀分布,以减小对地基单位面积的压力。给水管道沟槽底部必须适当平整和压实,以便管道沿着长度方向具有连续固定的支撑。平整后的两侧应确保没有孔洞或凸起处,纵向坡度应正确。凸起处应削平,孔洞应用夯实的土填实。当沟槽底部较柔软或不稳定时,可采用干净、具有良好级配的材料铺垫。垫层中不应含有结块或冰冻土壤。

5.5.1 管道基础分类

一个完整的管道基础应由两部分组成,即管座和基础,如图 5-36 所示。设置管座的目的在于使基础和管道连成一个整体,以减小对地基的压力和对管道的反力。管座包围管道形成的中心角 α 越大,则基础所受的单位面积的压力和地基对管道作用的单位面积的反力越小。而基础下方的地基,承受管道和基础的重量、管内水的重量、管上部分土的荷载以及地面荷载。

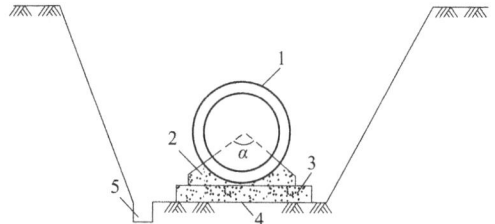

图 5-36 管道基础示意图
1-管道;2-管座;3-管基;4-地基;5-排水沟

室外给水管道基础常用的有天然基础、砂基础和混凝土基础三种,如图 5-37 所示。基础形式主要由设计人员根据地质情况、管材及管道接口形式等因素进行选定或设计。施工人员要严格按设计要求和施工规范进行施工。

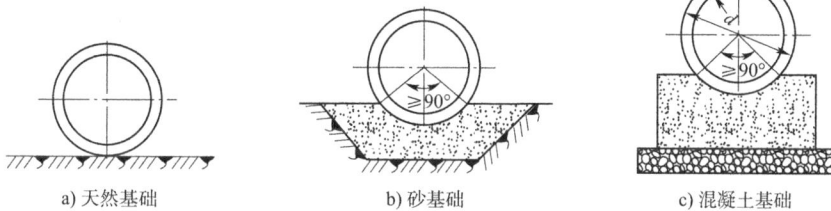

a) 天然基础 b) 砂基础 c) 混凝土基础

图 5-37 管道基础

(1)天然基础。

当土壤耐压较高和地下水位在槽底以下时,可直接用原土做基础。排水管道一般挖成弧形槽,称为弧形素土基础,但原状土地基不得超挖或扰动。如局部超挖或扰动时,应根据有关规定进行处理;岩石地基局部超挖时,应将基底碎渣全部清理,回填低强度等级混凝土或粒径 10 ~ 15mm 的砂石夯实。非永冻土地区,管道不得铺设在冻结的地基上;管道安装过程中,应防止地基冻胀。

(2)砂基础。

砂基础一般适用于原状地基为岩石(或坚硬土层)或采用橡胶圈柔性接口的管道。原状地基为岩石或坚硬土层时,管道下方应铺设砂垫层做基础,其厚度应符合表 5-9 的规定。

砂垫层厚度(单位:mm) 表 5-9

管道种类	垫层厚度		
	$D_0 < 500$	$500 < D_0 \leq 1000$	$D_0 > 1000$
柔性管道	≥100	≥150	≥200
柔性接口的刚性管道	150 ~ 200		

注:D_0 表示管径。

柔性管道的基础结构设计无要求时,宜铺设厚度不小于100mm的中粗砂垫层;软土地基宜铺垫一层厚度不小于150mm的沙砾或5~40mm粒径碎石,然后再铺设厚度不小于50mm的中、粗砂垫层。

对于柔性接口的刚性管道的基础结构,设计无要求时,一般土质地段可铺设砂垫层,亦可铺设25mm以下粒径碎石,然后再铺设20mm厚的砂垫层(中、粗砂),垫层总厚度应符合表5-10的规定。

柔性接口刚性管道砂石垫层总厚度(单位:mm)　　　　　　　表5-10

管径 D_0	垫层总厚度	管径 D_0	垫层总厚度	管径 D_0	垫层总厚度
300~800	150	900~1200	200	1350~1500	250

在铺设砂石基础前,应先对槽底进行检查,槽底标高及槽宽须符合设计要求,且不应有积水和软泥。管道有效支承角范围必须用中、粗砂填充并插捣密实,与管底紧密接触,不得用其他材料填充。

(3)混凝土基础。

混凝土基础一般用于土质松软的地基和刚性接口(对平口管、企口管采用钢丝网水泥砂浆抹带接口或现浇混凝土套环接口;对承插口管采用刚性填料接口)的管道上,下面铺一层100mm厚的碎石砂垫层。在砂垫层上安装混凝土基础的侧向模板时,应根据管道中心位置在坡度板上拉出中心线,用垂球和搭马(宽度与混凝土基础一致)控制侧向模板的位置。搭马在浇筑混凝土后方可拆除,随即清理保管。

5.5.2 湿陷性黄土地区的管道基础

湿陷性黄土地区管道基础形式应根据工程地质、地面荷载、施工条件、设计管径及管道埋深等情况确定。

(1)土垫层:在非自重湿陷性黄土场地应设150mm厚的土垫层,压实系数不小于0.95;在自重湿陷性黄土场地应设300mm厚的土垫层,分层夯实,压实系数不小于0.95。

(2)灰土垫层:在土垫层上设300mm厚的3:7灰土垫层,分层夯实,压实系数不小于0.95。

(3)混凝土垫层:使用混凝土管、铸铁管时,需要在灰土垫层上再设C20混凝土垫层。

(4)砂基础:塑料管、玻璃纤维夹砂管在灰土垫层上用中、粗砂做基础,其回填材料及密实度应符合相应的埋地塑料给水管道工程技术规程要求。砂石基础材料一般采用中、粗砂,亦可采用天然级配砂石、级配碎石、石屑等地方材料,但其最大粒径不大于25mm。

湿陷性黄土地区的管道基础示例如图5-38所示。

湿陷性黄土地区管道接口和管道支墩应满足下列要求:

(1)严密不漏水,并具有柔性。

(2)球墨铸铁管、PVC-U、PE冷水给水塑料管、预应力钢筋混凝土给水管均采用承插式橡胶圈接口。

(3)球墨铸铁管、PVC-U、PE冷水给水塑料管、预应力钢筋混凝土管等压力管道,在弯头、三通、堵头处应设支墩,且必须位置准确、牢固。管道支墩应在管道接口做完、管道位置固定后修筑。

（4）管道支墩的基础应在土垫层上设300mm厚3∶7灰土垫层,分层夯实压实系数不小于0.95。

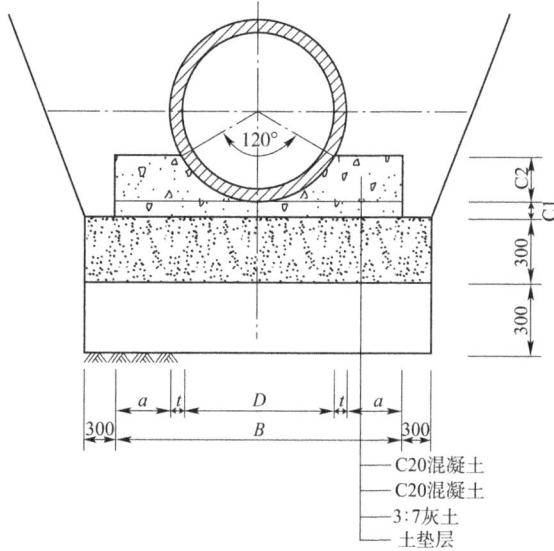

图5-38 管道基础示例(尺寸单位:mm)

【习题】

1. 常用给水管道材料有哪几种? 各有何特点? 哪些管材较有发展前途?

2. 铸铁管有哪些主要配件? 在何种情况下使用?

3. 阀门起什么作用? 有几种主要形式?

4. 排气阀和泄水阀应在哪些情况下设置?

5. 阀门井起什么作用? 它的大小和深度如何确定?

6. 哪些情况下水管要设支墩? 应放在哪些部位?

7. 水塔和水池应布置哪些管道?

第6章

管段流量、管径和水头损失计算

6.1 管网计算步骤

给水工程总投资中,输水管渠和管网费用(包括管道、阀门、附属设施等)占比很大,一般为 70%~80% 。因此必须进行多方案比较,以得到经济合理的、满足近期和远期用水需求的最佳方案。

新建和扩建的城镇管网按最高日最高时用水量计算,据此求出各管段的直径和水头损失、水泵扬程和水塔高度(当设置水塔时),并在此管径基础上,核算消防时、事故时、对置水塔系统在最高转输时各管段的流量和水头损失,以明确按最高用水时确定的管径和水泵扬程能否满足其他用水时的水量和水压要求。

管网的计算步骤:①根据城镇设计用水量和管网布置求出沿线流量和节点流量;②求管段计算流量;③确定各管段的管径和水头损失;④进行管网水力计算或优化计算;⑤确定水塔高度和水泵扬程。除了第④步在第7章和第9章介绍外,本章对上述计算步骤中的管段流量、管径和水头损失计算分别加以阐述。

无论是新建还是扩建或改建管网,计算步骤是相同的。但在管网扩建和改建的计算中,需对原有管网的水量水压现状进行深入的调查和测定,例如现有的节点流量、管道使用后的实际管径和管道阻力系数、因局部水压不足而需新铺水管或放大管径的管段位置等,才能使计算结果接近实际。

6.2 沿线流量和节点流量

前面讲过,管网计算时并不包括全部管线,而是只计算经过简化的干管网。计算前,先给出管网计算图,以表示简化后管网的节点、管段和环之间的相互衔接关系。图 6-1 所示的干管网,标有 1、2、3…8 的称为节点,它们包括:①水源节点,如泵站、水塔或高位水池等;②不同管径或不同材质的管线交接点;③两管段交点或集中向大用户供水的点。两节点之间的管线称为管段,按顺序标以[1]、[2]、[3]……例如管段[3],表示节点 3 和节点 4 之间的一条管段。管段顺序连接形成管线,如图中的管线 1—2—3—4—7—8 是指从泵站到水塔的一条管线。起点和终点重合的管线,如 2—3—6—5—2,称为管网的环,图中的环Ⅰ,因为不含其他环,所以称为基环。几个基环合成的环称为大环,如环Ⅰ、环Ⅱ合成的大环 2—3—4—7—6—5—2 就不再称为基环。对于多水源的管网,为了计算方便,有时将两个或多个水压已定的水源节点(泵站、水塔等)用虚线和虚节点 0 连接起来,也形成环,如图中的 1—0—8—7—4—3—2—1 形成的环,因实际上并不存在,所以叫作虚环。

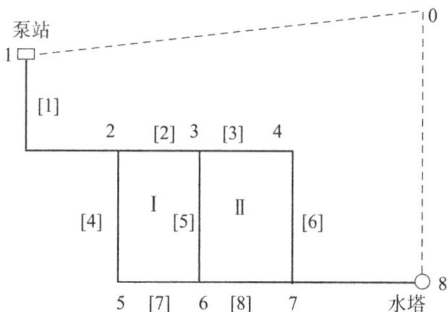

图 6-1 干管网

管网的沿线流量是指供给该管段两侧用户所需的水量。节点流量是从沿线流量折算得出的,并且假设是在该管段两端节点集中流出的流量。在管网水力计算过程中,首先需求出沿线流量和节点流量。

6.2.1 沿线流量

城镇给水管线,因干管和分配管上连接许多用户,沿管线配水,水管沿线既有工厂、机关、旅馆等大量用水的单位,也有数量很多但用水量较少的居民用水,情况比较复杂。干管配水情况如图 6-2 所示,沿线有数量较多的用户用水 q_1、q_2 等,也有分配管的流量 Q_1、Q_2 等,计算时往往加以简化,即假定用水量均匀分布在全部干管上,但不计集中于节点的大用户用水量,由此算出干管线单位长度的流量,叫作比流量。比流量的计算公式如下:

$$q_s = \frac{Q - \sum q}{\sum l} \tag{6-1}$$

式中:q_s——比流量[L/(s·m)];

    Q——管网设计用水量(L/s);

$\sum q$ ——大用户集中用水量总和(L/s);

$\sum l$ ——干管总长度(m),不包括穿越广场、公园等无建筑地区的管线长度;只有一侧配水的管线,长度按一半计算。

从式(6-1)可见,干管的总长度一定时,比流量随用水量的增减而变化,用水量大时比流量也大,而最高用水时和最大转输时的比流量并不相同,所以在管网计算时须按不同用水量情况分别计算比流量。城镇人口密度或房屋卫生设备条件不同的用水区,应该根据各区的用水量和干管线长度,分别计算其比流量。

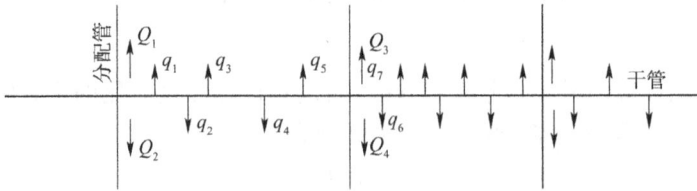

图 6-2 干管配水情况

由比流量可以求出各管段的沿线流量:

$$q_e = q_s l \tag{6-2}$$

式中:q_e——沿线流量(L/s);

　　　l——管线长度(m)。

整个管网的沿线流量总和 $\sum q_e$ 等于 $q_s \cdot \sum l$。从式(6-1)可知,$q_s \cdot \sum l$ 值等于管网供给的总用水量减去大用户集中用水总量。

6.2.2 节点流量

管网中任一管段的流量由两部分组成:一部分是沿该管段长度配水的沿线流量 q_e,另一部分是通过该管段输水到以后管段的转输流量 q_t。转输流量沿整个管段不变,而由于管段沿线配水,所以沿线流量顺水流方向逐渐减小,到管段末端只剩下转输流量 q_t。如图 6-3 所示,管段 1—2 起端 1 的流量等于转输流量 q_t 加沿线流量 q_e,到末端 2 只有转输流量 q_t。因此,从管段起点到终点的流量是变化的。

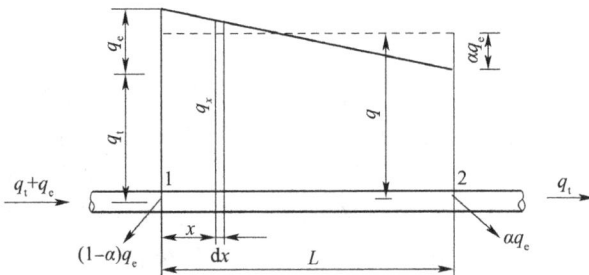

图 6-3 沿线流量折算成节点流量

q_e-沿线流量;q_t-转输流量;L-管段长度;q-折算流量;q_x-沿管线变化的流量;α-折算系数

按照用水量在全部干管上均匀分配的假定求出沿线流量,只是一种近似的方法。如上所述,每一管段的流量是沿管线变化的,对于流量变化的管段,难以确定管径和水头损失,所以有必要将沿线流量折算成从节点流出的流量,即节点流量,这样,沿管线不再有流量流出,即管段中的流量不再沿管线变化,就可根据折算的节点流量确定管径。

从沿线流量转化为节点流量的目的是求出一个沿一管段不变的折算流量 q,使折算流量 q 产生的水头损失等于实际上沿管线变化的流量 q_x 产生的水头损失。

从图 6-3 可得出,通过管段 1—2 任一断面上的流量为:

$$q_x = q_t + q_e \frac{L-x}{L} = q_e \left(\gamma + \frac{L-x}{L} \right) \tag{6-3}$$

式中：$\gamma = \dfrac{q_t}{q_e}$。

根据水力学原理，管段 dx 中的水头损失 dh 为：

$$dh = aq_e^n \left(\gamma + \frac{L-x}{L} \right)^n dx \tag{6-4}$$

式中：a——管道的比阻；

n——指数。

流量变化的管段 L 中的水头损失可表示为：

$$h = \int_0^L dh = \int_0^L aq_e^n \left(\gamma + \frac{L-x}{L} \right)^n dx \tag{6-5}$$

积分，得：

$$h = \frac{1}{n+1} aq_e^n \left[(\gamma+1)^{n+1} - \gamma^{n+1} \right] L \tag{6-6}$$

图 6-3 中的水平虚线表示沿线不变的折算流量 q：

$$q = q_t + \alpha q_e \tag{6-7}$$

式中：α——折算系数，是把沿线变化的流量折算成在管段两端节点流出的流量，即节点流量的系数。

折算流量所产生的水头损失为：

$$h = aLq^n = aLq_e^n (\gamma+\alpha)^n \tag{6-8}$$

按照沿线变化的流量和折算流量产生的水头损失相等的条件，即令式（6-6）等于式（6-8），可得出折算系数：

$$\alpha = \sqrt[n]{\frac{(\gamma+1)^{n+1} - \gamma^{n+1}}{n+1}} - \gamma \tag{6-9}$$

取水头损失公式的指数 $n=2$，代入式（6-9）并简化，得：

$$\alpha = \sqrt{\gamma^2 + \gamma + \frac{1}{3}} - \gamma \tag{6-10}$$

从式（6-10）可见，折算系数 α 只与 $\gamma(\gamma=q_t/q_e)$ 有关。在管网末端的管段，因转输流量 q_t 为零，则 $\gamma=0$，可得：

$$\alpha = \sqrt{\frac{1}{3}} = 0.577$$

如 $\gamma=100$，即转输流量远大于沿线流量的管段，折算系数 $\alpha=0.50$。

由此可见，因管段在管网中的位置不同，转输流量和沿线流量的比值 γ 不同，因此折算系数 α 值也不等。一般，在靠近管网起端的管段，因转输流量比沿线流量大得多，α 值接近 0.5；相反，靠近管网末端的管段，α 值大于 0.5。为便于管网计算，通常统一采用 $\alpha=0.5$，即将沿线流量折半作为管段两端的节点流量，在解决工程问题时，已足够精确。

因此，管网任一节点 i 的节点流量 q_i 为：

$$q_i = \alpha \sum q_e = 0.5 \sum q_e \tag{6-11}$$

71

即任一节点的节点流量等于与该节点相连各管段的沿线流量总和的一半。

城市管网中,工业企业等大用户所需流量,可直接作为接入大用户节点的节点流量。大型工业企业内的生产用水管网中,各车间用水量可直接作为节点流量。

这样,管网图上只有集中在节点的流量,包括由沿线流量折算的节点流量和大用户集中于节点的流量。大用户的集中流量可以在管网图相应的节点上单独注明,也可和节点流量加起来,在相应节点上注明总流量。一般在管网计算图的节点旁引出箭头,注明该节点的流量,以便于进一步计算。

【例6-1】 如图6-4所示管网,给水区的范围如虚线所示,比流量为q_s,求各节点的流量。

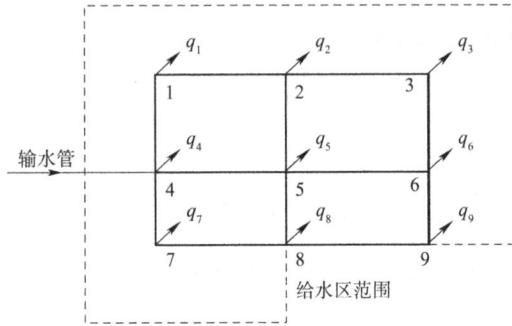

图6-4 节点流量计算

解:以节点3、5、8、9为例,节点流量如下:

$$q_3 = 0.5q_s(l_{2-3} + l_{3-6})$$

$$q_5 = 0.5q_s(l_{4-5} + l_{2-5} + l_{5-6} + l_{5-8})$$

$$q_8 = 0.5q_s\left(l_{7-8} + l_{5-8} + \frac{1}{2}l_{8-9}\right)$$

$$q_9 = 0.5q_s\left(l_{6-9} + \frac{1}{2}l_{8-9}\right)$$

因管段8—9单侧供水,求节点流量时,比流量按一半计算;也可以将该管段长度按一半计算。

6.3 管段计算流量

任一管段的计算流量实际上包括该管段两侧的沿线流量和通过该管段输送到以后管段的转输流量。为了初步确定每一管段的计算流量,必须按设计年限内最高日最高时用水量进行流量分配,得出各管段流量后,才能据此流量确定管径和进行水力计算,所以流量分配是管网计算中的一个重要环节。

求出管网的节点流量后,就可以进行管网的流量分配,分配到各管段的流量包括沿线流量和转输流量。

单水源的树状网中,从水源(二级泵站、高地水池等)供水到各节点,只有一个流向,任一管段发生事故时,该管段以后的地区就会断水,因此任一管段的计算流量等于该管段以后(顺水流方向)所有节点流量的总和,例如,图6-5中管段3—4的计算流量为:

$$q_{3-4} = q_4 + q_5 + q_8 + q_9 + q_{10}$$

管段4—8的流量为：

$$q_{4-8} = q_8 + q_9 + q_{10}$$

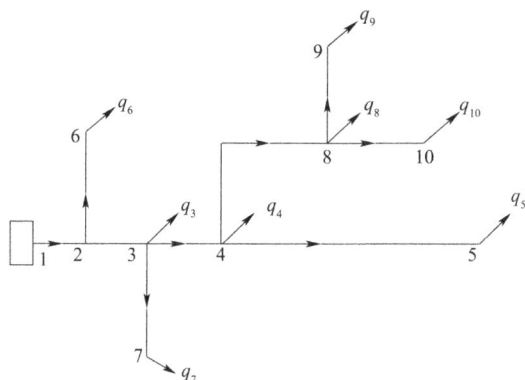

图6-5 树状网流量分配

树状网的流量分配比较简单，各管段的流量易于确定，并且每一管段只有唯一的流量值。

环状网的流量分配比较复杂，因各管段的流量与以后各节点流量没有直接的联系，并且在一个节点上连接几条管段，因此任一节点的流量包括该节点流量和流向以及流离该节点的几条管段的流量。所以环状网流量分配时，由于到任一节点的水流情况较为复杂，不可能像树状网一样，得到每一管段唯一的流量值。环状网分配流量时，必须保持每一节点的水流连续性，也就是流向任一节点的各管段流量必须等于流离该节点的各管段流量，以满足节点流量平衡的条件，可用式(6-12)表示：

$$q_i + \sum q_{ij} = 0 \qquad (6\text{-}12)$$

式中：q_i——节点 i 的节点流量(L/s)；

q_{ij}——节点 i 到节点 j 的管段流量(L/s)。

以下假定离开节点的管段流量为正，流向节点的管段流量为负。

以图6-6所示的节点5为例，离开节点的流量为 q_5、q_{5-6}、q_{5-8}，流向节点的流量为 q_{2-5}、q_{4-5}，因此，根据式(6-12)得：

$$q_5 + q_{5-6} + q_{5-8} - q_{2-5} - q_{4-5} = 0$$

同理，节点1处有：

$$-Q + q_1 + q_{1-2} + q_{1-4} = 0$$

或

$$Q - q_1 = q_{1-2} + q_{1-4}$$

可以看出，对节点1来说，即使进入管网的总流量 Q 和节点流量 q_1 已知，各管段的流量如 q_{1-2} 和 q_{1-4} 等，还可以有不同的分配方式，也就是有不同的管段流量。以图6-6中的节点1为例，如果在分配流量时，对其中的一条(例如管段1—2)分配很大的流量 q_{1-2}，而另一管段1—4分配很小的流量 q_{1-4}，为保持水流的连续性，$q_{1-2} + q_{1-4}$ 仍等于 $Q - q_1$，这时敷管费用虽然比较经济，但与安全供水的原则产生矛盾。因为当流量很大的管段1—2损坏，需要检修时，全部流量必须在管段1—4中通过，使该管段的水头损失过大，从而影响整个管网的供水量或水压，显然这样分配流量并不合适。

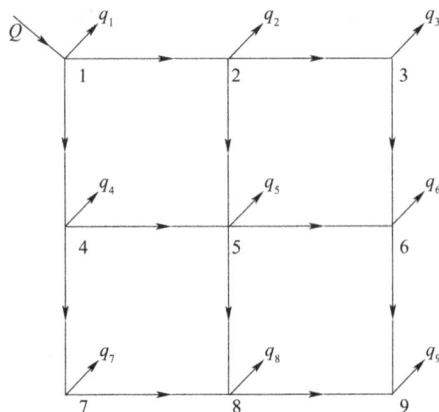

图6-6　环状网流量分配

环状网可以有许多流量分配方案,但是都应保证供给用户以所需的水量,并且满足节点流量平衡的条件。因为流量分配的不同,所以每一方案对应的管径有差异,管网总造价也不相等,但一般不会有明显的差别。

根据研究结果,在现有的管线造价指标下,环状网只能得到近似而不是优化的经济流量分配。如在流量分配时,使环状网中某些管段的流量为零,即将环状网改成树状网,才能得到最经济的流量分配,但是树状网并不能保证可靠供水。

从上述可知,进行环状网流量分配时,应同时考虑经济性和可靠性。经济性是指流量分配后得到的管径,应使设计年限内的管网建造费用和管理费用最少。可靠性是指能向用户不间断地供水,并且保证应有的水量、水压和水质。经济性和可靠性之间往往难以兼顾,一般只能在满足可靠性的要求下,力求管网造价最为经济。

环状网流量分配的步骤是:

①按照管网的主要供水方向,初步拟定各管段的水流方向,并选定整个管网的控制点。控制点是管网正常工作时和发生事故时必须保证最小服务水头的点,一般选在给水区内离二级泵站最远或地形较高之处。

②为了可靠供水,在二级泵站到控制点之间选定几条主要的干管线,在这些平行干管中尽可能均匀地分配流量,并且符合水流连续性,即满足节点流量平衡的条件。这样,当其中一条干管损坏,流量由其他干管转输时,不会使其他干管中的流量增加过多。

③与干管线垂直的连接管,其作用主要是沟通干管之间的流量,有时起输水作用,有时只是就近供水到用户,平时流量一般不大,只有在干管损坏时才转输较大的流量,因此连接管中可分配较少的流量。

由于实际管网的管线错综复杂,大用户位置不同,上述原则必须结合具体条件、分析水流情况加以运用。

多水源的管网,应由每一水源的供水量定出其大致供水范围,初步确定各水源的供水分界线,然后从各水源开始,循供水主流方向,使每一节点符合 $q_i + \sum q_{ij} = 0$ 的条件,并且考虑经济和安全供水,进行流量分配。位于分界线上各节点的流量,往往由几个水源同时供给,各水源供水范围内的全部节点流量加上分界线上由该水源供给的节点流量之和,应等于该水源的供水量。

环状网流量分配后即可得出各管段的计算流量,由此流量即可确定管径。

6.4 管径计算

确定管网中每一管段的管径是输水和配水系统设计计算的主要内容。管段的直径应按分配后的流量确定,因为流量和管径有以下关系:

$$q = Av = \frac{\pi D^2}{4} v \tag{6-13}$$

式中:q——管段流量(m^3/s);

A——水管断面面积(m^2);

v——流速(m/s);

D——管段直径(m)。

所以,各管段的管径可以按下式计算:

$$D = \sqrt{\frac{4q}{\pi v}} \tag{6-14}$$

从式(6-14)可知,管径不但管段流量有关,而且和流速的大小有关。如管段的流量已知但流速未定,管径还是无法确定,因此在流量分配后、确定管径时,必须先选定流速。

为了防止管网因为水锤现象出现事故,最大设计流速应限制在 $2.5 \sim 3m/s$ 范围内,在输送浑浊的原水时,为了避免水中悬浮物质在水管内沉积,最低流速通常不得小于 $0.6m/s$。可见,技术上允许的流速幅度是较大的。因此,须在上述流速范围内,根据当地的经济条件,考虑管网的造价和经营管理费用,来选定合适的流速。

从式(6-14)可以看出,流量已定时,管径和流速的平方根成反比。流量相同时,如果流速取得小,管径会相应增大,此时管网造价增加,可是管段中的水头损失却相应减小,因此水泵所需扬程可以降低,可以节约日常的输水电费。相反,如果流速大,管径虽然减小,管网造价有所下降,但因水头损失增大,日常的电费势必增加。因此,一般采用优化方法求得流速或管径的最优解,在数学上表现为求一定年限 t(称为投资偿还期)内管网造价和管理费用(主要是电费)之和最小的流速,称为经济流速,以此来确定管径。

经济流速和水管价格、施工费用、电价等有关。由于用水量变化,许多经济指标也随时变化,要计算管网造价和年管理费用,须做深入的调查和分析。

设 C 为一次投资的管网造价,M 为每年管理费用,则投资偿还期内 t 年的总费用 W_t 如式(6-15)所示。

$$W_t = C + Mt \tag{6-15}$$

每年管理费用 M 中包括电费 M_1 和折旧费(含大修费)M_2,后者和管网造价有关,可按管网造价的百分数计,由此得出:

$$W_t = C + (M_1 + M_2)t = C + \left(M_1 + \frac{p}{100}C\right)t \tag{6-16}$$

式中:p——每年的折旧和大修费用,一般以管网建造费用的百分数计(%)。

如以 1 年为基础求出年折算费用 W,即有条件地将造价折算为 1 年的费用,则得年折算费用公式为:

$$W = \frac{C}{t} + M = \left(\frac{1}{t} + \frac{p}{100}\right)C + M_1 \tag{6-17}$$

管网造价和管理费用都与管径有关。当流量已知时,则造价和管理费用与流速 v 有关,因此年折算费用既是流速 v 的函数,也是管径 D 的函数。流量一定时,如管径 D 增大(v 相应减小),则式(6-17)中管网造价和折旧费增多,而电费减少。年折算费用 W 和管径 D 及年折算费用 W 和流速 v 的关系,分别如图 6-7 和图 6-8 所示。

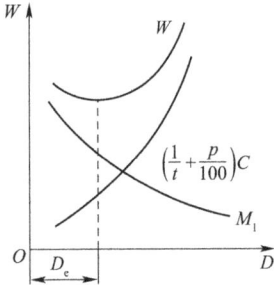

图 6-7　年折算费用和管径的关系　　　　图 6-8　年折算费用和流速的关系

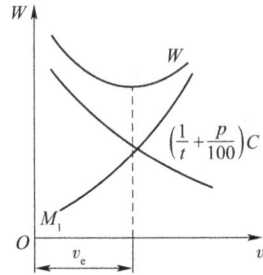

年折算费用 W 值随管径和流速的大小而变化,是一条下凹的曲线,对应于曲线最小纵坐标值的管径和流速,就是最经济的。从图 6-7 和图 6-8 可以看出,年折算费用最小的经济管径为 D_e,经济流速为 v_e。各城市的经济流速值应按当地条件,如水管材料和价格、施工费用、电价等确定,不宜直接套用其他城市的数据。此外,管网中各管段的经济流速也不一样,需根据管网图形、该管段在管网中的位置、该管段流量和占管网总流量的比例等决定。因为经济流速计算复杂,有时简便地应用界限流量表确定经济管径。第 10 章中将详细介绍输水管和管网的经济流速计算方法以及确定经济管径的方法。

给水管有标准管径,如 200mm、250mm 等,分档不多,按经济管径方法算出的不一定是标准管径,这时可选用相近的标准管径。

由于实际管网的复杂性,加之用水情况在不断变化,例如流量不断增长、管网逐步扩展,许多经济指标(如水管价格、电价等)也随时变化,理论上计算管网造价和年管理费用相当复杂且有一定的难度。在条件不具备时,设计中也可采用平均经济流速(表 6-1)来确定管径,得出近似的经济管径。

平均经济流速　　　　　　　　　　　　　　　　　　　　表 6-1

管径 D(mm)	平均经济流速(m/s)
$100 \leqslant D < 400$	0.6~0.9
$D \geqslant 400$	0.9~1.4

一般,大管径可取较大的平均经济流速,小管径可取较小的平均经济流速。

以上是指水泵供水时的经济管径确定方法,在求经济管径时考虑了抽水所需的电费。而在重力供水时,由于水源水位高于给水区所需水压,两者的高差可使水在管内靠重力流动。此时,各管段的经济管径或经济流速可按输水管渠和管网通过设计流量时的总水头损失等于或略小于可以利用的水位差来确定。

6.5 水头损失计算

在给水管网计算中,主要考虑沿管线长度的水头损失,即沿程水头损失。至于配件和附件(如弯管、渐缩管和阀门等)的局部水头损失,因和沿管线长度的水头损失相比很小,通常忽略不计。

6.5.1 流量和水头损失的关系

给水管网任一管段两端节点的水压和该管段水头损失之间有下列关系:

$$H_i - H_j = h_{ij} \tag{6-18}$$

式中:H_i、H_j——分别为从某一基准面算起的管段起端 i 和终端 j 的总水头(m);

h_{ij}——管段 $i—j$ 的水头损失(m)。

根据均匀流流速公式,混凝土管(渠)和水泥砂浆内衬金属管的流速和水力坡降可按下式计算:

$$v = C \sqrt{Ri} \tag{6-19}$$

或

$$i = \frac{v^2}{C^2 R} = \frac{2g}{C^2 R} \cdot \frac{v^2}{2g} = \frac{8g}{C^2 D} \cdot \frac{v^2}{2g} = \frac{\lambda}{D} \cdot \frac{v^2}{2g} \tag{6-20}$$

式中:v——管段的平均流速(m/s);

C——谢才系数;

R——管道的水力半径(m),圆管为 $R = D/4$;

i——单位管段长度的水头损失,或水力坡降;

D——水管内径(m);

g——重力加速度(m/s^2);

λ——阻力系数,$\lambda = 8g/C^2$。

式(6-20)也可用流量 q 表示,从式(6-20)得水力坡降为:

$$i = \frac{\lambda}{D} \cdot \frac{q^2}{\left(\frac{\pi}{4} D^2\right)^2 2g} = \frac{8\lambda q^2}{\pi^2 g D^5} = \frac{8g}{C^2} \cdot \frac{8q^2}{\pi^2 g D^5} = \frac{64}{\pi^2 C^2 D^5} q^2 = a q^2 \tag{6-21}$$

式中:a——比阻,$a = \dfrac{64}{\pi^2 C^2 D^5}$。

沿程水头损失公式的指数形式为:

$$h = kl \frac{q^n}{D^m} = a l q^n = s q^n \tag{6-22}$$

式中:k、n、m——参数,其值根据所用水头损失公式确定;

l——管段长度(m);

s——管段摩阻(s^2/m^5),$s = al$。

令式(6-22)中的 $n = 2$,并据 $h = il$ 的关系即得式(6-21)。

6.5.2 常用水头损失公式

管网计算时常用的水头损失公式如下。

6.5.2.1 管(渠)道总水头损失

宜按下式计算：

$$h_z = h_y + h_j \tag{6-23}$$

式中：h_z——管(渠)道总水头损失(m)；

h_y——管(渠)道沿程水头损失(m)；

h_j——管(渠)道局部水头损失(m)。

6.5.2.2 输配水管道沿程水头损失

输配水管道水流流态基本处在紊流过渡区和粗糙区，水流阻力与水的黏滞力、水流速度、管壁粗糙度有关，不同管材内壁光滑度差异较大，进行管道水力计算时一般根据不同品种的管材选择不同的水力计算公式。

管(渠)道沿程水头损失宜按下列公式计算。

(1)塑料管及采用塑料内衬的管道。

塑料管和采用塑料内衬的管道，管内壁较光滑，水流一般处在紊流过渡区，水力计算采用半理论半经验的达西公式[式(6-24)]；其中，公式中 λ 采用柯尔勃洛克-怀特紊流过渡区公式[式(6-25)]进行计算。

$$h_y = \lambda \cdot \frac{l}{d_j} \cdot \frac{v^2}{2g} \tag{6-24}$$

$$\frac{1}{\sqrt{\lambda}} = -2\lg\left(\frac{\Delta}{3.7d_j} + \frac{2.51}{Re\sqrt{\lambda}}\right) \tag{6-25}$$

式中：λ——沿程阻力系数；

l——管段长度(m)；

d_j——管道计算内径(m)；

v——过水断面平均流速(m/s)；

g——重力加速度(m/s^2)；

Δ——当量粗糙度；

Re——雷诺数。

(2)混凝土管(渠)及采用水泥砂浆内衬的管道。

混凝土管及采用水泥砂浆内衬的管道，管内壁较粗糙，水流一般处在紊流粗糙区，水力计算宜采用谢才经验公式：

$$h_y = \frac{v^2}{C^2 R}l \tag{6-26}$$

$$C = \frac{1}{n}R^y \tag{6-27}$$

式中：C——谢才系数(m$^{1/2}$/s)；

R——水力半径(m)；

n——管壁粗糙系数，混凝土管和钢筋混凝土管一般采用 0.013 ~ 0.014；

y——指数，$y = 2.5\sqrt{n} - 0.13 - 0.75(\sqrt{n} - 0.10)\sqrt{R}$。

管道水力计算时，y 也可取 1/6，即 C 按公式 $C = R^{\frac{1}{6}}/n$ 计算。

（3）输配水管道。

输配水管道水力计算常采用海曾-威廉公式，该公式适用于管壁较光滑、水流处于紊流过渡区的管道。

管网水力平差计算宜选用海曾-威廉公式：

$$h_y = \frac{10.67 q^{1.852}}{C_h^{1.852} d_j^{4.87}} l \tag{6-28}$$

式中：q——设计流量（m^3/s）；

C_h——海曾-威廉系数。

同式（6-25），Δ（当量粗糙度）、n（管壁粗糙系数）、C_h（海曾-威廉系数）可采用水力物理模型试验检测相关参数值，经推算获得；没有试验值时，可根据管道的管材种类，按附表 11 选用。

6.5.2.3 管（渠）道局部水头损失

管（渠）道局部水头损失可根据管道水流的边界条件，按照相关实测的局部水头阻力系数计算。管线水平向和竖向顺直时，局部水头损失一般占沿程水头损失的 5% ~ 10%。计算公式如下：

$$h_j = \sum \zeta \frac{v^2}{2g} \tag{6-29}$$

式中：ζ——管（渠）道局部水头阻力系数，可根据水流边界形状、大小、方向的变化等选用。

6.6 输水管渠计算

从水源到城镇水厂的输水管渠设计流量，应按最高日平均时供水量加水厂自用水量确定。长距离输水时，输水管渠的设计流量应计入管渠漏失水量。

从水厂向管网输水的管道设计流量，当管网内有调节构筑物时，应按最高日最高时用水条件下由水厂所负担供应的水量确定；当无调节构筑物时，应按最高日最高时供水量确定。上述输水管渠，如供应消防用水时，还应包括消防补充水量或消防流量。

输水管渠计算的任务是确定管径和水头损失。确定大型输水管渠的尺寸时，应考虑到具体埋设条件、管材、附属构筑物数量和特点、平行敷设的输水管渠条数等，通过方案比较确定。

6.6.1 重力式压力输水管

水源在高地时（例如取用蓄水库水时），若水源水位和水厂内处理构筑物水位的高差足够，可利用水源水位向水厂重力输水，这时无须设置一级泵站。

重力供水时，水源输水量 Q 和位置水头 H 为已知，可据此选定管渠材料、大小和平行敷设的管线数。水管材料可根据计算内压和埋管条件决定。平行敷设的管渠条数，应从可靠性要求和建造费用两方面来比较，除了多水源供水或有水池可以调节水量的情况外，如用一条管渠输水，则发生事故时，在修复期内会完全停水；如增加平行敷设的管渠数，当其中一条损坏时，虽然可以提高事故时的供水量，但是建造费用将增加。

以下研究重力供水时，由几条平行敷设管线组成的重力输水管系统在事故时所能供应的流量。设水源水位标高为 Z,输水管输水至水处理构筑物的水位标高为 Z_0,两者的水位差 $H = Z - Z_0$ 称位置水头,该水头用于克服输水管的水头损失。

因此经济管径 D 为:

$$D = \left(\frac{kQ^2 l}{H}\right)^{1/m} \tag{6-30}$$

式中:k、m——分别为水头损失计算公式中的系数和指数。

输水管可由不同管径的管段组成,设计时输水管的总水头损失 $\sum h$ 应等于或小于 H。

假定输水量为 Q,平行的输水管线有两条,设平行管线的直径和长度相同,则每条管线的流量为 $Q/2$,该系统的水头损失 h 为:

$$h = s\left(\frac{Q}{2}\right)^2 = \frac{s}{4}Q^2 \tag{6-31}$$

式中:s——每条管线的摩阻 $[s^2 /(L^2 \cdot m)]$。

当一条管线损坏时,该系统中另一条管线的水头损失 h_a 为:

$$h_a = s\left(\frac{Q_a}{2-1}\right)^2 = sQ_a^2 \tag{6-32}$$

式中:Q_a——一条管线损坏时须保证的流量或允许的事故流量。

因为重力输水系统的位置水头已定,正常时和事故时的水头损失都等于位置水头,即 $h = h_a = Z - Z_0$,但是正常时输水系统的摩阻 s 和事故时输水系统的摩阻 s_a 却不相等,即 $s \neq s_a$,由式(6-31)、式(6-32)得事故时流量为:

$$Q_a = 0.5Q$$

这样,事故流量只有正常时供水量的一半。如只有一条输水管,则 $Q_a = 0$,即事故时流量为零,不能保证不间断供水。

实际上,为提高供水可靠性,常采用使造价增加不多的方法,即在平行管线之间用连接管相接。当管线某段损坏时,无须整条管线全部停止工作,而只需用阀门关闭损坏的一段进行检修,采用这种措施可以提高事故时的流量。图 6-9a) 表示有连接管时两条平行管线正常工作时的情况。图 6-9b) 表示一段输水管损坏时的情况。设平行管线数为2,连接管数为2,则正常工作时输水系统的水头损失为:

$$h = s(2 + 1)\left(\frac{Q}{2}\right)^2 = \frac{3}{4}s Q^2 \tag{6-33}$$

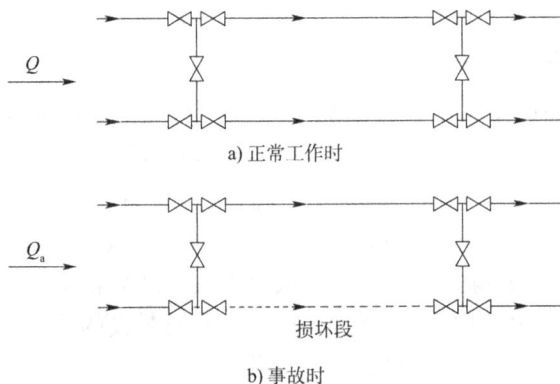

a) 正常工作时

b) 事故时

图 6-9　重力输水系统

任何一段损坏时水头损失为：

$$h_a = s\left(\frac{Q_a}{2}\right)^2 \times 2 + s\left(\frac{Q_a}{2-1}\right)^2 = \left(\frac{s}{2}+s\right)Q_a^2 = \frac{3}{2}s\,Q_a^2 \tag{6-34}$$

因此得出事故时和正常工作时的流量比例为：

$$\frac{Q_a}{Q} = \alpha = \sqrt{\frac{3/4}{3/2}} = \sqrt{\frac{1}{2}} = 0.7 \tag{6-35}$$

城镇的事故用水量规定为设计水量的70%，即 $\alpha = 0.7$，所以，为保证输水管损坏时的事故流量，可敷设两条平行管线，并用连接管将平行管线分段。

许多长距离输水工程，因投资大，也有采用一条输水管加末端水池的方案，既满足事故时的用水要求，又具有较好的经济效益。在分期建设时，这一方案比较实际。

6.6.2　压力式输水管

在管网计算中，一般用近似的抛物线方程表示定速离心泵的扬程和流量关系，称为水泵特性方程，如下：

$$H_p = H_b - sQ^n \tag{6-36}$$

式中：H_p——水泵扬程（m）；

H_b——水泵流量为零时的虚总扬程（m）；

s——水泵摩阻 $[(s/L)^2 \cdot m]$；

Q——水泵流量（m^3/s）；

n——水头损失计算公式中的指数。

为确定水泵的 H_b 和 s 值，可在离心泵特性曲线上的高效率范围内任选两点，例如图6-10中所示的1、2两点，将 Q_1、Q_2、H_1、H_2 和流量为零时的水泵虚总扬程 H_b 值代入式(6-36)中，得：

$$H_1 = H_b - sQ_1^2$$
$$H_2 = H_b - sQ_2^2$$

解得：

$$s = \frac{H_1 - H_2}{Q_2^2 - Q_1^2} \tag{6-37}$$

$$H_b = H_1 + sQ_1^2 = H_2 + sQ_2^2 \tag{6-38}$$

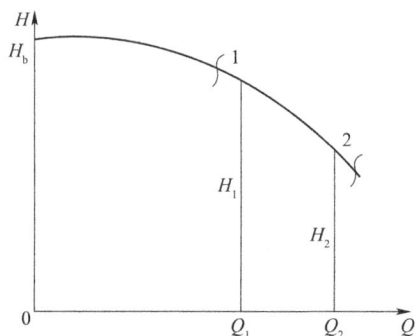

图6-10　求离心泵特性方程

当 n 台同型离心泵并联工作时，应绘制并联水泵的特性曲线，再按照上述方法求出并联时

离心泵的 s 和 H_b 值。此时水泵摩阻系数为 s/n^2，H_b 和一台水泵时相同。

水泵供水时，输水管流量 Q 受到水泵扬程的影响。反之，输水量变化也会影响输水管的水压。因此，水泵供水时的实际流量应由水泵特性曲线 $H_p = f(Q)$ 和输水管特性曲线 $H_0 + \sum h = f(Q)$ 联合求出，H_0 为水泵静扬程。

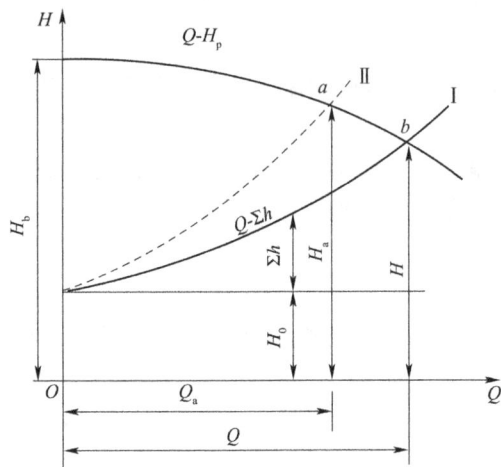

图 6-11 水泵和输水管特性曲线

图 6-11 所示为水泵特性曲线 $Q\text{-}H_p$ 和输水管特性曲线 $Q\text{-}\sum h$ 的联合工作情况。Ⅰ 为输水管正常工作时的 $Q\text{-}\sum h$ 特性曲线，Ⅱ 为事故时的特性曲线。当输水管任一段损坏，关闭局部阀门进行检修时，管线阻力增大，使水泵和输水管特性曲线从正常工作时的 b 点移到 a 点，a 点横坐标即表示事故时流量 Q_a。水泵供水时，为保证输水管线损坏时应有的事故流量，可将输水管分段，计算方法如下：

在网前水塔的情况下，设输水管接入水塔。这时，输水管损坏只影响进入水塔的水量，直到水塔放空无水时，才会影响管网用水量。

输水管特性曲线 $Q\text{-}\sum h$ 可表示为：

$$H = H_0 + (s_p + s_d)Q^2 \tag{6-39}$$

设两条不同直径的输水管，用连接管分成 n 段，则任一段损坏时的水泵扬程为：

$$H_a = H_0 + \left(s_p + s_d - \frac{s_d}{n} + \frac{s_1}{n}\right)Q_a^2 \tag{6-40}$$

式中：H_0——水泵静扬程（m），等于水塔水位和泵站吸水井水位的高差；

n——输水管分段数，输水管之间只有一条连接管时，分段数为 2，余类推；

Q——正常时流量（L/s）；

Q_a——事故时流量（L/s）；

s_p——泵站内部管线的摩阻 $[\text{m} \cdot \text{s}^2/\text{L}^2]$；

s_d——两条输水管的当量摩阻，按下式计算：

$$s_d = \frac{s_1 s_2}{(\sqrt{s_1} + \sqrt{s_2})^2} \tag{6-41}$$

式中：s_1、s_2——输水管的摩阻 $[\text{s}^2/(\text{L}^2 \cdot \text{m})]$。

连接管的长度与输水管相比很短，其阻力可忽略不计，所增加的费用不多。

水泵特性曲线 $Q\text{-}H_p$ 为：

$$H_p = H_b - sQ^2 \tag{6-42}$$

输水管任一段损坏时的水泵特性方程为：

$$H_a = H_b - sQ_a^2 \tag{6-43}$$

式中：H_b——水泵流量为零时的虚总扬程（m）；

s——水泵摩阻。

联立式(6-39)和式(6-42),解得正常时的水泵输水量为:

$$Q = \sqrt{\frac{H_b - H_0}{s + s_p + s_d}} \quad (6-44)$$

从式(6-44)看出,因 H_0、s、s_p 已定,故 H_b 减小或输水管当量摩阻 s_d 增大,均可使水泵流量减小。

联立式(6-40)和式(6-43),解得事故时的水泵输水量为:

$$Q_a = \sqrt{\frac{H_b - H_0}{s + s_p + s_d + (s_1 - s_d)\frac{1}{n}}} \quad (6-45)$$

由式(6-44)和式(6-45),可得事故时和正常时的流量比例为:

$$\frac{Q_a}{Q} = \alpha = \sqrt{\frac{s + s_p + s_d}{s + s_p + s_d + (s_1 - s_d)\frac{1}{n}}} \quad (6-46)$$

按事故用水量为设计水量的70%,即 $\alpha = 0.7$ 的要求,一般压力输水管有两条连接管即可。

【例6-2】 某市从水源泵站到水厂敷设两条铸铁输水管,每条输水管长度为12400m,管径分别为 DN250(比阻 2.752×10^{-6} s²/L²)和 DN300(比阻 1.025×10^{-6} s²/L²),如图 6-12 所示。

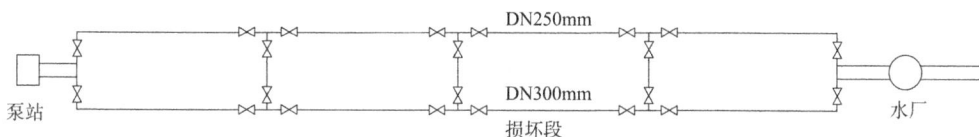

图6-12 输水管分段

水泵静扬程为40.0m,水泵特性曲线方程为:$H_p = 141.3 - 0.0026Q^2$。

泵站内管线的摩阻为 $s_p = 0.00021$[m·s²/L²]。假定 DN300mm 输水管的一段损坏,试求事故流量为70%设计流量时的分段数,以及正常时和事故时的流量比。

解:DN250 管段摩阻 $s_1 = 2.752 \times 10^{-6} \times 12400 = 0.034$(m·s²/L²)

DN300 管段摩阻 $s_2 = 1.025 \times 10^{-6} \times 12400 = 0.013$(m·s²/L²)

两条输水管当量摩阻:

$$s_d = \frac{s_1 \times s_2}{(\sqrt{s_1} + \sqrt{s_2})^2} = \frac{0.034 \times 0.013}{(\sqrt{0.034} + \sqrt{0.013})^2} = 0.005(\text{m·s}^2/\text{L}^2)$$

$\alpha = 70\%$。

分段数 n 为:

$$n = \frac{(s_1 - s_d)\alpha^2}{(s + s_p + s_d)(1 - \alpha^2)} = \frac{(0.034 - 0.005) \times 0.7^2}{(0.0026 + 0.00021 + 0.005)(1 - 0.7^2)} = 3.6$$

取分段数 $n = 4$。

事故流量 Q_a 为:

$$Q_a = \sqrt{\frac{H_b - H_0}{s + s_p + s_d + (s_1 - s_d)\frac{1}{n}}} = \sqrt{\frac{141.3 - 40.0}{0.0026 + 0.00021 + 0.005 + (0.034 - 0.005) \times \frac{1}{4}}} = 82.0(\text{L/s})$$

正常流量 Q 为：

$$Q = \sqrt{\frac{H_b - H_0}{s + s_p + s_d}} = \sqrt{\frac{141.3 - 40.0}{0.0026 + 0.00021 + 0.005}} = 113.9(\text{L/s})$$

事故时和正常时的流量比为：

$$\alpha = \frac{Q_a}{Q} = \frac{82.0}{113.9} = 0.72 = 72\%$$

大于规定的 $\alpha = 70\%$ 的要求。

说明：①s 为水泵摩阻，式(6-37)提供了计算方法；

②s_p 是管线摩阻，题干中已给出；

③H_b 是水泵流量为零时的虚总扬程，题干中水泵特性曲线方程中已经给出；

④H_0 是水泵静扬程，题干中已经给出。

【习题】

1. 输水管渠定线时应考虑哪些方面？

2. 从沿线流量求节点流量的折算系数 α 是如何导出的？α 值一般在什么范围？

3. 为什么管网计算时必须先求出节点流量？如何根据用水量求节点流量？

4. 为什么要分配流量？分配流量时应考虑哪些要求？

5. 环状网和树状网的管段流量分配有什么不同？

6. 什么叫年折算费用？分析它和管径与流速的关系。

7. 什么叫经济流速？平均经济流速一般是多少？

8. 城市给水管网如图 6-13 所示，管段长度和水流方向见图 6-13，比流量为 0.05L/(s·m)，节点7有一集中流量20L/s，其余节点无集中流量，求各节点的流量。

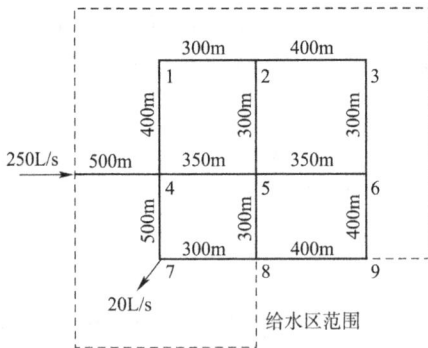

图 6-13 习题 8 附图

第7章

管网水力计算

7.1 概 述

城市新建给水管网与改建、扩建管网的计算,既有相似之处,又有较大差别。因为新建城镇以前并无管网,而更新改造、扩建的管网是在现有管网基础上进行的,为节约投资,既要充分发挥原有管网设施的作用,又要根据扩大的供水规模,进行既有管网的改建和新管网的扩建,以达到整个管网相互协调的目的。

对于改建和扩建的管网,因现有管线遍布在街道下,不但管线多,而且不同管径交接,其计算比新设计管网更为困难。原因在于生活和生产用水量不断增长、水管结垢或腐蚀等,使计算结果易于偏离实际,这时必须对现实情况进行调查研究,调查用水量、不同材料管道的阻力系数和实际管径、管网水压分布等。计算的管线越多,则调查和计算的工作量越大。

管网各管段的管径和水泵扬程按设计水平年最高日最高时的用水量和水压要求进行水力计算。但是,用水量是逐步增长的,也是经常变化的。为了校核所定的管径和水泵能否满足不同供水情况下的要求,就需进行其他用水量条件下的计算,以确保经济、合理、安全地供水。不同供水情况下的管网校核,有时需将管网中按最高日最高时用水量算出的个别管段的直径适当放大,有时可能需要另选合适的水泵。

管网的核算应考虑以下要求。

(1)消防时的流量和水压要求。

消防关系到人民群众安居乐业,涉及全社会的安全和利益,是构建和谐社会的重要保障。给水管网消防时的核算,是以最高时用水量计算确定的管径为基础,按最高时用水量增加消防流量(见附表5)进行流量分配,求出消防时的管段流量和水头损失。计算时只是在控制点增加一个集中的消防流量。当同时有两处失火时,则可从经济和安全等方面考虑,将消防流量一处放在控制点,另一处放在离二级泵站较远或靠近大用户和工业企业的节点。虽然消防时的水头比最高用水时所需服务的水头要小得多,但因消防时通过管网的流量增大,各管段的水头损失相应增加,按最高用水时确定的水泵扬程有可能不能满足消防需要,这时就须放大个别管段的直径,以减小水头损失。个别情况下,因最高用水时和消防时的水泵扬程相差很大,须设专用消防泵供消防时使用。

(2)最大转输时的流量和水压要求。

设对置水塔的管网,在最高用水时,由泵站和水塔同时向管网供水,但在一天内泵站供水量大于用水量的时间里,多余的水经过管网送入水塔内贮存,因此这种管网还应按最大转输时流量来核算,以确定水泵扬程能否将水送进水塔。核算时节点流量须按最大转输时的用水量另行计算。因节点流量随用水量的变化成比例地增减,所以最大转输时的各节点流量应按下式计算:

$$最大转输时节点流量 = \frac{最大转输时用水量}{最高时用水量} \times 最高用水时该节点的流量 \qquad (7\text{-}1)$$

然后按最大转输时的流量进行分配和计算,方法和最高用水时相同。

(3)最不利管段发生故障时的事故用水量和水压要求。

管网主要管线损坏时必须及时检修,在检修时间内供水量允许减少。一般,按最不利管段损坏而需断水检修的条件核算事故时的流量和水压是否满足供水要求。至于事故时应有的流量,在城镇取设计用水量的70%(对于树状网,当某条管段发生事故时,会使得后续管段直接停水,所以不进行事故校核),工业企业的事故流量按有关规定。

经核算不符合流量和水压要求时,应在技术上采取措施。如当地给水管理部门有较强的检修力量、损坏的管段能迅速修复且断水产生的损失较小时,事故时的管网核算要求可适当降低。

7.2　树状网计算

城镇给水和工业企业给水在建设初期往往采用树状网,以后随着城镇的发展和用水量的增多,根据需要逐步连接成环状网。树状网的计算比较简单,主要原因是树状网中每一管段的流量容易确定,只要在每一节点满足节点流量平衡条件,无论从二级泵站起顺水流方向推算或从控制点起向二级泵站方向推算,都能得出唯一的管段流量,或者可以说树状网只有唯一的流量分配。任一管段的流量确定后,即可按经济流速求出管径,并求得水头损失。此后,选定一条干线,例如从二级泵站到控制点的任一条干管线,将此干线上各管段的水头损失相加,求出干线的总水头损失,即可计算二级泵站所需扬程或水塔所需的高度。这里,控制点的选择很重要,以保证该点水压达到最小服务水头时,整个管网不会出现水压不足地区。如果控制点选择不当而出现某些地区水压不足的情况时,应重新选定控制点进行计算,以保证所需的水压。

干线计算后,得出干线上各节点包括接出支线处节点的水压标高(等于节点的地面标高加该节点水压)。因此,在计算树状网的支线时,起点的水压标高已知,而支线终点的水压标高等于终点的地面标高与最小服务水头之和。支线起点和终点的水压标高差除以支线长度,即得支线的水力坡降,再根据支线每一管段的流量,并参照此水力坡降,选定相近的标准管径。

【例7-1】 某城镇供水区用水人口为31250人,最高日用水定额为150L/(人·d),要求最小服务水头为200kPa(20m)。节点4接某工厂,工业用水量为400m³/d,该工厂采用两班制。均匀用水时变化系数为1.6。城市地形平坦,地面标高为5.00m,由球墨铸铁管组成的管网布置如图7-1所示。

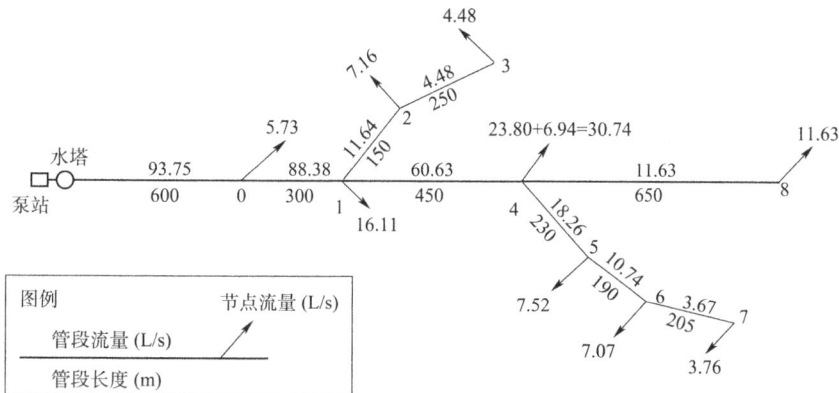

图7-1 树状网计算图

解:(1)总用水量。

该城镇最高日最高时生活用水量为:

$$0.15 \times 31250 \times 1.6 = 7500 (m^3/d) = 312.5 (m^3/h) = 86.81 (L/s)$$

工业用水集中于节点4流出,流量为:

$$400 \div 16 = 25 (m^3/h) = 6.94 (L/s)$$

总水量为:

$$\sum Q = 86.81 + 6.94 = 93.75 (L/s)$$

(2)管线总长度。

$\sum L = 3025m$,其中水塔到节点0的管段为输水管,两侧无用户。

(3)比流量。

$$q_s = \frac{93.75 - 6.94}{3025 - 600} = 0.0358 [L/(m \cdot s)]$$

(4)沿线流量。

沿线流量为比流量乘以管长,见表7-1。

沿线流量计算　　　　　　　　　　　　　　　　　表 7-1

管段	管段长度(m)	沿线流量(L/s)
0—1	300	10.74
1—2	150	5.37
2—3	250	8.95
1—4	450	16.11
4—8	650	23.27
4—5	230	8.23
5—6	190	6.80
6—7	205	7.34
合计	2425	86.81

(5)节点流量。

节点流量见表7-2。

节点流量计算　　　　　　　　　　　　　　　　　表 7-2

节点	沿线流量折算节点流量(L/s)	节点集中流量(L/s)	节点总流量(L/s)
0	$0.5 \times 10.74 = 5.37$		5.37
1	$0.5 \times (10.74 + 5.37 + 16.11) = 16.11$		16.11
2	$0.5 \times (5.37 + 8.95) = 7.16$		7.16
3	$0.5 \times 8.95 = 4.48$		4.48
4	$0.5 \times (16.11 + 23.27 + 8.23) = 23.80$	6.94	30.74
5	$0.5 \times (8.23 + 6.80) = 7.52$		7.52
6	$0.5 \times (6.80 + 7.34) = 7.07$		7.07
7	$0.5 \times 7.34 = 3.67$		3.67
8	$0.5 \times 23.27 = 11.63$		11.63
合计	86.81	6.94	93.75

注:保留小数点后两位。

因城市用水区地形平坦,控制点选在离泵站最远的节点8。干管各管段的水力计算见表7-3。管径按平均经济流速(表6-1)确定。管段水头损失按海曾-威廉公式(式6-28)计算,系数 C 取130。

干管水力计算　　　　　　　　　　　　　　　　　表 7-3

干管	流量(L/s)	流速(m/s)	管径(mm)	管段长度(m)	水头损失(m)
水塔—0	93.75	0.75	400	600	0.84
0—1	88.38	0.70	400	300	0.38

续上表

干管	流量(L/s)	流速(m/s)	管径(mm)	管段长度(m)	水头损失(m)
1—4	60.63	0.86	300	450	1.14
4—8	11.63	0.66	150	650	2.27
					$\sum h = 4.63$

(6)干管各支管接出处节点的水压标高。

$$节点 4:20.00 + 5.00 + 2.27 = 27.27(m)$$
$$节点 1:27.27 + 1.14 = 28.41(m)$$
$$节点 0:28.41 + 0.38 = 28.79(m)$$
$$水塔:28.79 + 0.84 = 29.63(m)$$

各支线的允许水力坡降等于支线允许的水头损失除以支线总长度,得出:

$$i_{1-3} = \frac{28.41 - (20 + 5)}{150 + 250} = \frac{3.41}{400} = 0.0085$$

$$i_{4-7} = \frac{27.27 - (20 + 5)}{230 + 190 + 205} = \frac{2.27}{625} = 0.0036$$

参照允许的水力坡降和流量选定支线各管段的管径时,应注意市售标准管径的规格,还应注意支线各管段水头损失之和不得大于允许的水头损失,例如支线 4—5—6—7 的总水头损失为 1.64m,见表 7-4,而允许的水头损失按支线起点和终点的水压标高差计算,为 2.27m,符合要求,否则须调整管径重新计算,直到满足水压要求为止。由于标准管径的规格不多,可供选择的管径有限,所以调整的次数不多。

支线管水力计算   表 7-4

管段	流量(L/s)	管径(mm)	管段长度(m)	水力坡降 i	水头损失 h(m)
1—2	11.64	150	150	0.0035	0.52
2—3	4.48	100	250	0.0043	1.07
4—5	18.26	200	230	0.0020	0.46
5—6	10.74	150	190	0.0030	0.57
6—7	3.67	100	205	0.0030	0.61

(7)求水塔高度和水泵扬程。

按式(3-8)得水塔水柜底高于地面的高度为:

$$H_{塔} = 20.00 + 5.00 + 2.27 + 1.14 + 0.38 + 0.84 - 5.00 = 24.63(m)$$

水塔建于水厂内,靠近泵站,因此水泵扬程为:

$$H_{泵} = 5.00 + 24.63 + 3.00 - 4.70 + 4.00 = 31.93(m)$$

上式中,3.00m 为水塔柜的水深,4.70m 为泵站吸水井最低水位标高,4.00m 为泵站内部和泵站到水塔的管线总水头损失。

将计算结果标记于管网水力计算图中,如图 7-2 所示。

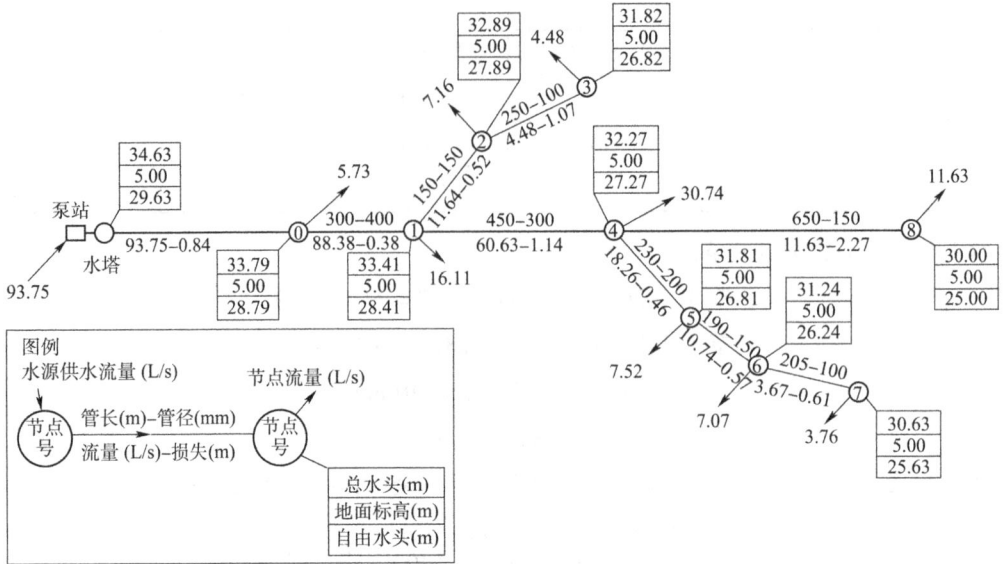

图 7-2　管网水力计算图

7.3　环状管网计算基础

7.3.1　管网计算基础方程

管网计算目的在于求出各水源节点(如泵站、水塔等)的供水量、各管段中的流量和管件以及全部节点的水压。

首先,应分析环状网水力计算的条件。对于任何环状网,管段数 P、节点数 J(包括泵站、水塔等水源节点)和环数 L 之间存在下列关系:

$$P = J + L - 1 \tag{7-2}$$

如图 7-3 所示的环状网,共有 13 条管段、10 个节点和 4 个基环,符合式(7-2)的关系。又如图 7-4 所示的管网,在高峰供水时,泵站 1 和水塔 9 同时向管网供水,可视为多水源环状网。泵站 1 和水塔 9 都是节点,计算时可增加虚管段 0—1 和 0—9,构成虚环,这样就将多水源的管网改为只由虚节点 0 供水的单水源管网。可以看出,所增加的虚环数等于增加的虚管段数减1。这样,该环状网共有 14 条管段(包括 2 条虚管段)、10 个节点(包括虚节点 0)和 5 个环(其中一个为虚环),仍满足式(7-2)的关系。

对于树状网,因环数 $L = 0$,所以 $P = J - 1$,即树状网的管段数等于节点数减1。由此可以看出,要将环状网转化为树状网,需要去掉 L 个管段,即每环去除一条管段,管段去除后节点数保持不变。因为每环所去除的管段可以不同,所以同一环状网因去除的管段不同,可以转变成为不同形式的树状网。

管网计算前,节点流量、管段长度、管径和阻力系数等为已知,需要求解的是管网各管段的流量或水压,所以 P 个管段就有 P 个未知数。由式(7-2)可知,环状网计算时必须列出 $J + L - 1$ 个方程,才能求出 P 个管段的流量。

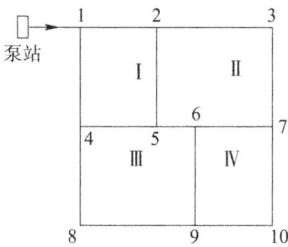

图 7-3　环状网的管段数、节点数和环数的关系

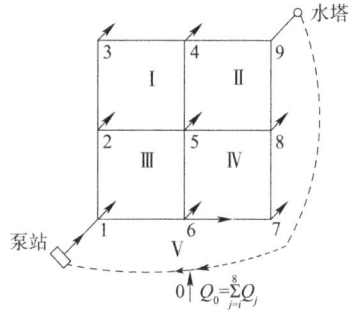

图 7-4　多水源管网

7.3.2　计算原理

管网计算的原理是基于质量守恒和能量守恒,得出连续性方程和能量方程。

所谓连续性方程,就是对管网中任一节点来说,流向该节点的流量必须等于从该节点流出的流量,即质量守恒。在式(6-12)中已表达了这一关系,管段流量 q_{ij} 值的符号可以任意假定,这里采用离开节点的管段流量为正、流向节点的管段流量为负的规定。连续性方程是和流量成一次方关系的线性方程。如管网有 J 个节点,只可以写出类似于式(6-12)的独立方程 $J-1$ 个,因为其中任一方程可从其余方程导出:

$$\begin{cases} (q_i + \sum q_{ij})_1 = 0 \\ (q_i + \sum q_{ij})_2 = 0 \\ \cdots \\ (q_i + \sum q_{ij})_{J-1} = 0 \end{cases} \tag{7-3}$$

式中:　　q_i——节点 i 的流量(L/s);

$1,2,3,\cdots,J$——管网各节点编号;

q_{ij}——从节点 i 到节点 j 的管段流量(L/s)。

能量方程表示管网每一环中各管段的水头损失总和等于零的关系,即能量守恒。这里规定,每环中水流顺时针方向的管段水头损失为正,逆时针方向的为负。由此可得出 L 个环的独立方程:

$$\begin{cases} \sum (h_{ij})_{\mathrm{I}} = 0 \\ \sum (h_{ij})_{\mathrm{II}} = 0 \\ \cdots \\ \sum (h_{ij})_{L} = 0 \end{cases} \tag{7-4}$$

式中:Ⅰ,Ⅱ,$\cdots$,L——管网各环的编号;

h_{ij}——从节点 i 到节点 j 的管段水头损失(m)。

水头损失用指数公式 $h = sq^n$ 表示时,则式(7-5)可写成:

$$\begin{cases} \sum (s_{ij}q_{ij}^n)_{\text{I}} = 0 \\ \sum (s_{ij}q_{ij}^n)_{\text{II}} = 0 \\ \quad \cdots \\ \sum (s_{ij}q_{ij}^n)_{L} = 0 \end{cases} \tag{7-5}$$

管段压降方程表示管段流量和水头损失的关系,可以从式(6-18)和式(6-22)导出:

$$q_{ij} = (h_{ij}/s_{ij})^{1/n} = \left(\frac{H_i - H_j}{s_{ij}} \right)^{1/n} \tag{7-6}$$

将式(7-6)代入连续性方程式(6-12)中,得到流量和水头损失的关系如下:

$$q_i = \sum_1^N \left[\pm \left(\frac{H_i - H_j}{s_{ij}} \right)^{1/n} \right] \tag{7-7}$$

式中:H_i、H_j——分别为节点 i 和节点 j 对某一基准点的水压;

s_{ij}——管段摩阻;

N——连接该节点的管段数。

中括号内的正负号可根据进出该节点的各管段流量方向而定,这里假定流离节点的管段流量为正,流向节点的管段流量为负。

7.3.3 计算方法分类

给水管网计算实质上是联立求解连续性方程、能量方程和管段压降方程。

在管网水力计算时,根据求解的未知数是管段流量还是节点水压,可以分为解环方程、解节点方程和解管段方程三类,在具体求解过程中可采用不同的算法,常用的有哈代-克罗斯(Hardy-Cross)法和牛顿-拉夫森(Newton-Raphson)迭代法。两者的计算方法基本相同,前者是在每个环中调整流量,而后者是在管网中所有环同时调整流量、水压,收敛速度更快。在求环校正流量 Δq_i(环方程组)或节点水压校正值 ΔH_i(节点方程组)时,所用计算公式不同。

7.3.3.1 解环方程

管网经流量分配后,各节点已满足连续性方程,可是由该流量求出的管段水头损失并不同时满足 L 个环的能量方程,为此必须将各管段的流量反复调整,直到满足能量方程,从而得出各管段的流量和水头损失。

环状网中,环数少于节点数和管段数,所以环方程数最少,因而成为手工计算时的主要方法。

7.3.3.2 解节点方程

解节点方程是在假定每一节点水压的条件下,应用连续性方程以及管段压降方程,通过计算调整,求出每一节点的水压。节点的水压已知后,即可以从任一管段两端节点的水压差得出该管段的水头损失,进一步从流量和水头损失之间的关系算出管段流量。

解节点方程是计算机求解管网计算问题时应用最广的一种算法。

7.3.3.3 解管段方程

该法是应用连续性方程和能量方程,求得各管段流量和水头损失,再根据已知节点水压求出其余各节点水压。大中城市的给水管网,管段数多达百条甚至数千条,需借助计算机才能快速求解。

管段方程组的解法是将 L 个非线性的能量方程转化为线性方程组,计算时要求管段的水头损失近似满足下式:

$$h = \left[s_{ij} q_{ij}^{(0)n-1} \right] q_{ij} = r_{ij} q_{ij} \tag{7-8}$$

式中:s_{ij}——水管摩阻;

$q_{ij}^{(0)}$——管段的初次假设流量,简称初设流量;

r_{ij}——系数。

因连续性方程为线性,将能量方程化为线性后,共计有 $L + J - 1$ 个线性方程,即可用线性代数法求解。因为初设流量 $q_{ij}^{(0)}$ 一般并不等于待求的管段流量 q_{ij},所得结果往往不会是精确解,所以必须对初设流量加以调整。设第一次调整后的流量是 $q_{ij}^{(1)}$,重新计算各管段的摩阻 s_{ij},检查是否符合能量方程,如此反复计算,直到前后两次计算所得的管段流量之差小于允许误差时为止,即得 q_{ij} 的解。该法不需要初步分配流量,第一次迭代时可设 $s_{ij} = r_{ij}$,也就是说全部初始流量 $q_{ij}^{(0)}$ 可等于1,经过两次迭代后,流量可采用以前两次解的 q_{ij} 平均值。

7.4 环方程组解法

7.4.1 环方程组解法

环状网在初步分配管段流量时,已经符合连续性方程 $q_i + \sum q_{ij} = 0$ 的要求。但在选定管径和求得各管段水头损失以后,每环往往不能满足能量方程 $\sum h_{ij} = 0$ 或 $\sum s_{ij} q_{ij}^n = 0$ 的要求。因此解环方程的环状网计算过程,就是在按初步分配流量确定的管径基础上,重新分配各管段的流量,反复计算,直到同时满足连续性方程和能量方程时为止,这一计算过程称为管网平差。换言之,平差就是求解 $J - 1$ 个线性连续性方程和 L 个非线性能量方程,以得出 P 个管段的流量。一般情况下,不能用直接法求解非线性能量方程组,而须用逐步近似法求解。

解环方程有多种算法,常用的解法是牛顿-拉夫森迭代法和哈代-克罗斯法。L 个非线性能量方程可表示为:

$$\begin{cases} F_1(q_1, q_2, q_3 \cdots, q_h) = 0 \\ F_2(q_g, q_{g+1}, \cdots, q_j) = 0 \\ \qquad \cdots \\ F_L(q_m, q_{m+1}, \cdots, q_p) = 0 \end{cases} \tag{7-9}$$

式中:h——第一个环中最大的管段序号;

g——第二个环中第一个管段序号;

j——第二个环中最大的管段序号;

m——第 L 个环中第一个管段序号;

p——第 L 个环中最大的管段序号数。

方程数等于环数,即每环一个方程,它包括该环的各管段流量。式(7-9)包含了管网中的全部管段流量。函数 F 有相同形式的 $\sum s_i |q_i|^{n-1} q_i$ 项,两环公共管段的流量同时出现在两邻环的方程中。

求解的过程是:分配流量,得出各管段的初设流量 $q_i^{(0)}$ 的值,分配时须满足节点流量平衡的要求,据此流量按经济流速选定管径,求出管段的水头损失;此时,每环如不满足能量方程,则对初步分配的管段流量 $q_i^{(0)}$ 加以校正流量 Δq_i,再将 $q_1^{(0)} + \Delta q_i$ 代入式(7-9)中计算,目的是使初步分配的管段流量逐步趋近于实际流量。代入式(7-9),得:

$$\begin{cases} F_1(q_1^{(0)} + \Delta q_1, q_2^{(0)} + \Delta q_2, \cdots, q_h^{(0)} + \Delta q_h) = 0 \\ F_2(q_g^{(0)} + \Delta q_g, q_{g+1}^{(0)} + \Delta q_{g+1}, \cdots, q_j^{(0)} + \Delta q_j) = 0 \\ \cdots \\ F_L(q_m^{(0)} + \Delta q_m, q_{m+1}^{(0)} + \Delta q_{m+1}, \cdots, q_p^{(0)} + \Delta q_p) = 0 \end{cases} \tag{7-10}$$

将函数 F 展开,保留线性项,得:

$$\begin{cases} F_1(q_1^{(0)}, q_2^{(0)}, \cdots, q_h^{(0)}) + \left(\dfrac{\partial F_1}{\partial q_1} \Delta q_1 + \dfrac{\partial F_1}{\partial q_2} \Delta q_2 + \cdots + \dfrac{\partial F_1}{\partial q_p} \Delta q_h \right) = 0 \\ F_2(q_g^{(0)}, q_{g+1}^{(0)}, \cdots, q_j^{(0)}) + \left(\dfrac{\partial F_2}{\partial q_g} \Delta q_g + \dfrac{\partial F_2}{\partial q_{g+1}} \Delta q_{g+1} + \cdots + \dfrac{\partial F_2}{\partial q_p} \Delta q_j \right) = 0 \\ \cdots \\ F_L(q_m^{(0)}, q_{m+1}^{(0)}, \cdots, q_p^{(0)}) + \left(\dfrac{\partial F_1}{\partial q_m} \Delta q_m + \dfrac{\partial F_1}{\partial q_{m+1}} \Delta q_{m+1} + \cdots + \dfrac{\partial F_L}{\partial q_p} \Delta q_p \right) = 0 \end{cases} \tag{7-11}$$

式(7-11)中的第一项和式(7-9)形式相同,只是用流量 $q_i^{(0)}$ 代替 q_i。因为两者都是能量方程,所以均表示各环在初步分配流量时的管段水头损失代数和,或称为闭合差 $\Delta h_i^{(0)}$:

$$\sum h_i^{(0)} = \sum s_i |q_i^{(0)}|^{n-1} q_i^{(0)} = \Delta h_i^{(0)} \tag{7-12}$$

闭合差 $\Delta h_i^{(0)}$ 越大,说明初步分配流量和实际流量相差越大。

式(7-11)中,未知量是校正流量 $\Delta q_i (i = 1, 2, \cdots, L)$,它的系数是 $\dfrac{\partial F_i}{\partial q_i}$,即相应环对 q_i 的偏导数。初步分配的流量 $q_i^{(0)}$,相应系数为 $ns_i(q_i^{(0)})^{n-1}$。

由上述步骤求得的是 L 个线性的 Δq_i 方程组,而不是 L 个非线性的 q_i 方程组。

$$\begin{cases} \Delta h_1 + ns_1 [q_1^{(0)}]^{n-1} \Delta q_1 + ns_2 [q_2^{(0)}]^{n-1} \Delta q_2 + \cdots + ns_h [q_h^{(0)}]^{n-1} \Delta q_h = 0 \\ \cdots \\ \Delta h_L + ns_m [q_m^{(0)}]^{n-1} \Delta q_m + ns_{m+1} [q_{m+1}^{(0)}]^{n-1} \Delta q_{m+1} + \cdots + ns_p [q_p^{(0)}]^{n-1} \Delta q_p = 0 \end{cases} \tag{7-13}$$

综上所述,管网计算的任务是解 L 个线性的 Δq_i 方程,每一方程表示一个环的校正流量,求解的是满足能量方程时的校正流量 Δq_i。由于初步分配流量时已经符合连续性方程,所以求解以上线性方程组时,必然同时满足 $J-1$ 个连续性方程。此后即可用迭代法来解。

为了求解线性方程组(7-13),可以采用校正流量 Δq_i 调整各环的管段流量的迭代方法。现以图 7-5 的 4 环管网为例,说明解环方程组的方法。

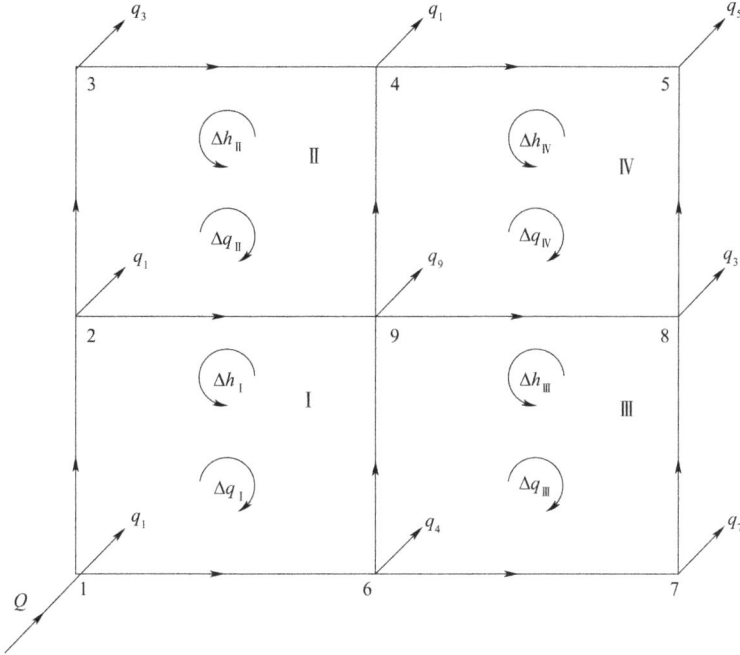

图 7-5　环状网的校正流量计算

设初步分配的管段流量为 q_{ij},取水头损失公式 $h = sq^n$ 中的 $n=2$,4 环管网可写出 4 个能量方程,以求解 4 个未知的校正流量 Δq_{I}、Δq_{II}、Δq_{III}、Δq_{IV}:

$$\begin{cases} s_{1-2}(q_{1-2}+\Delta q_{\text{I}})^2 + s_{2-9}(q_{2-9}+\Delta q_{\text{I}}-\Delta q_{\text{II}})^2 - \\ \quad s_{6-9}(q_{6-9}-\Delta q_{\text{I}}+\Delta q_{\text{III}})^2 - s_{1-6}(q_{1-6}-\Delta q_{\text{I}})^2 = 0 \\ s_{2-3}(q_{2-3}+\Delta q_{\text{II}})^2 + s_{3-4}(q_{3-4}+\Delta q_{\text{II}})^2 - s_{4-9}(q_{4-9}- \\ \quad \Delta q_{\text{II}}+\Delta q_{\text{IV}})^2 - s_{2-9}(q_{2-9}+\Delta q_{\text{I}}-\Delta q_{\text{II}})^2 = 0 \\ s_{6-9}(q_{6-9}-\Delta q_{\text{I}}+\Delta q_{\text{III}})^2 + s_{9-8}(q_{9-8}+\Delta q_{\text{III}}-\Delta q_{\text{IV}})^2 - \\ \quad s_{8-7}(q_{8-7}-\Delta q_{\text{III}})^2 - s_{6-7}(q_{6-7}-\Delta q_{\text{III}})^2 = 0 \\ s_{4-9}(q_{4-9}-\Delta q_{\text{II}}+\Delta q_{\text{IV}})^2 + s_{4-5}(q_{4-5}+\Delta q_{\text{IV}})^2 - \\ \quad s_{5-8}(q_{5-8}-\Delta q_{\text{IV}})^2 - s_{9-8}(q_{9-8}-\Delta q_{\text{IV}}+\Delta q_{\text{III}})^2 = 0 \end{cases} \tag{7-14}$$

校正流量 Δq_i 的大小和符号,可在解方程组时得出。

将式(7-14)按二项式定理展开,并略去 Δq_i^2 项,整理后得环 I 的方程如下:

$$\left[s_{1-2}q_{1-2}^2 + s_{2-9}q_{2-9}^2 - s_{1-6}q_{1-6}^2 - s_{6-9}q_{6-9}^2 + 2\left(\sum sq\right)_{\text{I}}\Delta q_{\text{I}} \right] - 2s_{2-9}q_{2-9}\Delta q_{\text{II}} - 2s_{6-9}q_{6-9}\Delta q_{\text{III}} = 0 \tag{7-15}$$

上式括号内为初步分配流量条件下,环 I 各管段的水头损失代数和,称为闭合差 Δh_i。因此得出下列线性方程组:

$$\begin{cases} \Delta h_{\mathrm{I}} + 2\sum(sq)_{\mathrm{I}}\Delta q_{\mathrm{I}} - 2s_{2-9}q_{2-9}q_{\mathrm{II}} - 2s_{6-9}q_{6-9}q_{\mathrm{III}} = 0 \\ \Delta h_{\mathrm{II}} + 2\sum(sq)_{\mathrm{II}}\Delta q_{\mathrm{II}} - 2s_{2-9}q_{2-9}q_{\mathrm{I}} - 2s_{4-9}q_{4-9}q_{\mathrm{IV}} = 0 \\ \Delta h_{\mathrm{III}} + 2\sum(sq)_{\mathrm{III}}\Delta q_{\mathrm{III}} - 2s_{6-9}q_{6-9}q_{\mathrm{I}} - 2s_{9-8}q_{9-8}q_{\mathrm{IV}} = 0 \\ \Delta h_{\mathrm{IV}} + 2\sum(sq)_{\mathrm{IV}}\Delta q_{\mathrm{IV}} - 2s_{4-9}q_{4-9}q_{\mathrm{II}} - 2s_{9-8}q_{9-8}q_{\mathrm{III}} = 0 \end{cases} \tag{7-16}$$

式中：Δh_i——闭合差,等于该环内各管段水头损失的代数和；

$\sum(sq)_i$——该环内各管段的$|sq|$值总和。

解得每环的校正流量公式如下：

$$\begin{cases} \Delta q_{\mathrm{I}} = \dfrac{1}{2\sum(sq)_{\mathrm{I}}}(2s_{2-9}q_{2-9}\Delta q_{\mathrm{II}} + 2s_{6-9}q_{6-9}\Delta q_{\mathrm{III}} - \Delta h_{\mathrm{I}}) \\ \Delta q_{\mathrm{II}} = \dfrac{1}{2\sum(sq)_{\mathrm{II}}}(2s_{2-9}q_{2-9}\Delta q_{\mathrm{I}} + 2s_{4-9}q_{4-9}\Delta q_{\mathrm{IV}} - \Delta h_{\mathrm{II}}) \\ \Delta q_{\mathrm{III}} = \dfrac{1}{2\sum(sq)_{\mathrm{III}}}(2s_{6-9}q_{6-9}\Delta q_{\mathrm{I}} + 2s_{9-8}q_{9-8}\Delta q_{\mathrm{IV}} - \Delta h_{\mathrm{III}}) \\ \Delta q_{\mathrm{IV}} = \dfrac{1}{2\sum(sq)_{\mathrm{IV}}}(2s_{4-9}q_{4-9}\Delta q_{\mathrm{II}} + 2s_{9-8}q_{9-8}\Delta q_{\mathrm{III}} - \Delta h_{\mathrm{IV}}) \end{cases} \tag{7-17}$$

解线性Δq_i方程组有多种方法,本质上都要求以最小的计算工作量达到所需的精度。

从式(7-17)可看出,任一环的校正流量Δq_i由两部分组成：一部分是受到邻环影响的校正流量,如式(7-17)括号中的前两项所示,另一部分是消除本环闭合差Δh_i的校正流量。这里不考虑通过邻环传过来的其他各环的校正流量的影响,例如图7-5的环Ⅲ,只计及邻环Ⅰ和Ⅳ通过公共管路7—9、9—8传过来的校正流量Δq_{I}和Δq_{IV},而不计环Ⅱ校正时对环Ⅲ所产生的影响。

如果忽视环与环之间的相互影响,即每环调整流量时不考虑邻环的影响,而将式(7-17)中邻环的校正流量略去不计,可使运算简化。当水头损失公式$h = sq^n$中的$n = 2$时,可导出基环的校正流量公式：

$$\begin{cases} \Delta q_{\mathrm{I}} = -\dfrac{\Delta h_{\mathrm{I}}}{2\sum(sq)_{\mathrm{I}}} \\ \Delta q_{\mathrm{II}} = -\dfrac{\Delta h_{\mathrm{II}}}{2\sum(sq)_{\mathrm{II}}} \\ \Delta q_{\mathrm{III}} = -\dfrac{\Delta h_{\mathrm{III}}}{2\sum(sq)_{\mathrm{III}}} \\ \Delta q_{\mathrm{IV}} = -\dfrac{\Delta h_{\mathrm{IV}}}{2\sum(sq)_{\mathrm{IV}}} \end{cases} \tag{7-18}$$

写成通式：

$$\Delta q_i = -\frac{\Delta h_i}{2\sum|s_{ij}q_{ij}|} \tag{7-19}$$

在水头损失公式中的$n \neq 2$情况下,校正流量公式为：

$$\Delta q_i = -\frac{\Delta h_i}{n\sum|s_{ij}q_{ij}^{n-1}|} \tag{7-20}$$

上式中,Δh_i是该环各管段的水头损失代数和,分母总和项内是该环所有管段 $s_{ij}q_{ij}^{n-1}$ 绝对值之和。

采用海曾-威廉公式时,$n = 1.852\left(s_{ij} = \dfrac{10.67l}{C^{1.852}D^{4.87}}\right)$,则:

$$\Delta q_i = -\frac{\Delta h_i}{1.852\sum|s_{ij}q_{ij}^{0.852}|} \tag{7-21}$$

每次校正时,可在管网图上注明闭合差 Δh_i 和校正流量 Δq_i 的方向与大小。校正流量 Δq_i 的方向和闭合差 Δh_i 的方向相反,闭合差 Δh_i 为正时,用顺时针方向的箭头表示,反之用逆时针方向的箭头表示。

以图7-6的管网为例,设由初步分配流量求出的两环闭合差都是正,即:

$$\begin{cases} \Delta h_{\mathrm{I}} = (h_{1-2} + h_{2-5}) - (h_{1-4} + h_{4-5}) > 0 \\ \Delta h_{\mathrm{II}} = (h_{2-3} + h_{3-6}) - (h_{2-5} + h_{5-6}) > 0 \end{cases} \tag{7-22}$$

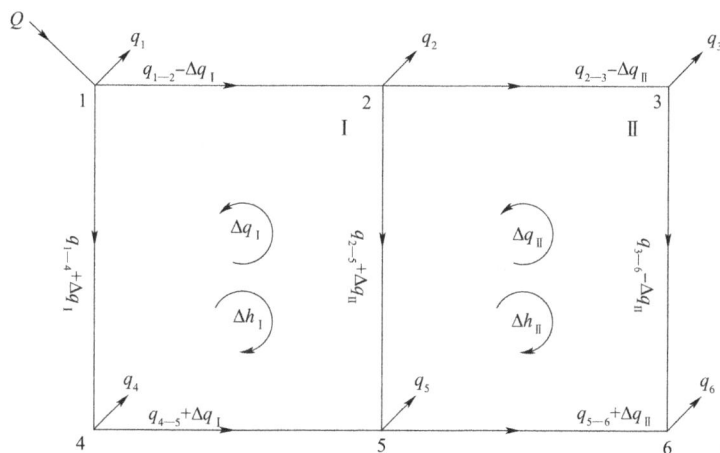

图7-6 两环管网的流量调整

在图7-6中,闭合差 Δh_{I} 和 Δh_{II} 用顺时针方向的箭头表示,因闭合差 Δh_{I} 的方向是正,所以校正流量 Δq_i 的方向为负,在图上 Δq_i 用逆时针方向的箭头表示。

根据式(7-19),校正流量为:

$$\begin{cases} \Delta q_{\mathrm{I}} = -\dfrac{\Delta h_{\mathrm{I}}}{2(s_{1-2}q_{1-2} + s_{2-5}q_{2-5} + s_{1-4}q_{1-4} + s_{4-5}q_{4-5})} \\[3mm] \Delta q_{\mathrm{II}} = -\dfrac{\Delta h_{\mathrm{II}}}{2(s_{2-3}q_{2-3} + s_{3-6}q_{3-6} + s_{2-5}q_{2-5} + s_{5-6}q_{5-6})} \end{cases} \tag{7-23}$$

调整管段的流量时,在环 I 内,因管段 1—2 和管段 2—5 的初步分配流量与 Δq_{I} 方向相反,须减去 Δq_{I},管段 1—4 和管段 4—5 则加上 Δq_{I};在环 II 内,管段 2—3 和管段 3—6 的流量须减去 Δq_{II},管段 2—5 和管段 5—6 则加上 Δq_{II}。因公共管段 2—5 同时受到环 I 和环 II 校正流量的影响,调整后的流量为 $q_{2-5} = q_{2-5} - \Delta q_{\mathrm{I}} + \Delta q_{\mathrm{II}}$。由于初步分配流量时已经符合节点流量平衡条件,即满足了连续性方程,所以每次调整流量时能自动满足此条件。

流量调整后,各环的闭合差将减小,如仍不符要求的精度,应根据调整后的流量求出新的校正流量,继续平差。在平差过程中,某一环的闭合差可能改变符号,即从顺时针方向改为逆时针方向,或相反,有时闭合差的绝对值反而增大,这是因为推导校正流量公式时略去了 Δq_i^2

项以及各环相互影响。

综上所述,可得应用哈代-克罗斯法求解环方程组的步骤如下。

(1)根据城镇的供水情况,拟定环状网各管段的水流方向,除了水源和控制点外,按每一节点满足 $q_i + \sum q_{ij} = 0$ 的条件,并考虑供水可靠性要求进行流量分配,得初步分配的管段流量 $q_{ij}^{(0)}$。这里 i、j 表示管段两端的节点编号。

(2)由 $q_{ij}^{(0)}$ 和界限流量表确定各管段的管径,计算水头损失 $h_{ij}^{(0)} = s_{ij}(q_{ij}^{(0)})^n$。

(3)假定各环内水流顺时针方向管段中的水头损失为正,逆时针方向管段中的水头损失为负,计算该环内各管段的水头损失代数和 $\sum h_{ij}^{(0)}$,如 $\sum h_{ij}^{(0)} \neq 0$,其差值即为第一次闭合差 $\Delta h_i^{(0)}$。如 $\sum h_i^{(0)} > 0$,说明顺时针方向管段中初步分配的流量多了些,逆时针方向管段中分配的流量少了些;反之,如 $\sum h_i^{(0)} < 0$,则顺时针方向管段中初步分配的流量少了些,而逆时针方向管段中的流量多了些。

(4)计算每环内各管段的 $|s_{ij}q_{ij}^{(0)}|$ 及其总和 $\sum |s_{ij}q_{ij}^{(0)}|$,按式(7-19)求出校正流量。如闭合差为正,则校正流量为负,反之则校正流量为正。

(5)校正流量 Δq_i 的符号以顺时针方向为正,以逆时针方向为负。凡是流向和校正流量 Δq_i 方向相同的管段,加上校正流量;否则,减去校正流量。据此调整各管段的流量,得第一次校正的管段流量:

$$q_{ij}^{(1)} = q_{ij}^{(0)} + \Delta q_s^{(0)} - \Delta q_n^{(0)} \tag{7-24}$$

式中:$\Delta q_s^{(0)}$——本环的校正流量;

$\Delta q_n^{(0)}$——邻环的校正流量。

按此流量再行计算,如闭合差尚未达到允许的精度,再从第(2)步起按每次调整后的流量反复计算,直到每环的闭合差达到要求为止。手工计算时,每环闭合差要求小于0.5m,大环闭合差小于1.0m。应用计算机计算时,闭合差可以达到任何要求的精度,但可考虑采用0.01~0.05m。

当各环闭合差均小于允许值时,管网各管段的流量和水头损失即可确定,各节点的水压也可从已知水压加以推算。

【例7-2】 按最高日最高时用水量219.8L/s计算如图7-7所示的环状网,节点流量见表7-5。采用水泥内衬的铸铁管,水头损失按海曾-威廉公式计算,系数 C 取130。

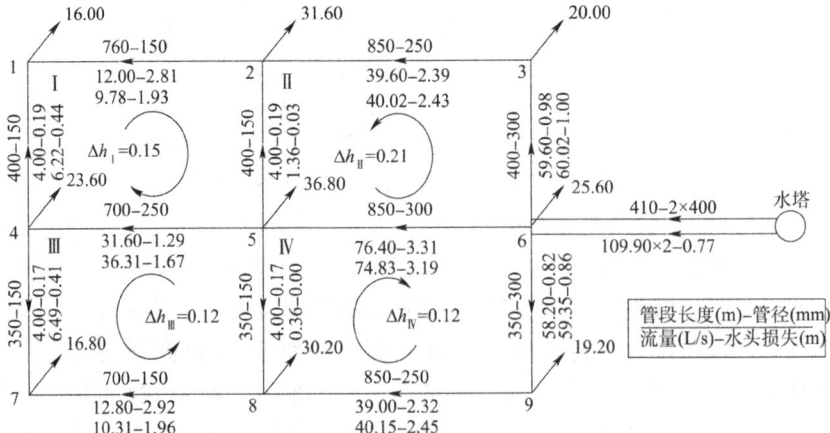

图7-7 环状网计算(最高用水时)

节点流量表 表 7-5

节点	1	2	3	4	5	6	7	8	9	总计
节点流量(L/s)	16.0	31.6	20.0	23.6	36.8	25.6	16.8	30.2	19.2	219.8

解:根据用水情况,拟定各管段的水流方向如图 7-7 所示。按照最短路线供水原则,并考虑可靠性的要求进行流量分配。这里,流向节点的流量取负号,离开节点的流量取正号。分配时每一节点应满足 $q_i + \sum q_{ij} = 0$ 的条件。几条平行的干线,如 3—2—1、6—5—4 和 9—8—7,大致分配相近的流量。与干管垂直的连接管,因平时流量较小,所以分配较少的流量。由此得出每一管段的计算流量。

管径按界限流量确定。该城的经济因素为 $f = 0.8$,则单独管段的折算流量为:

$$q_0 = \sqrt[3]{f} \times q_{ij} = 0.93 q_{ij}$$

例如管段 5—6,折算流量为 $0.93 \times 76.4 = 71.1(\text{L/s})$,从界限流量表得管径为 350mm,考虑到市场供应的规格,选用 300mm。至于干管之间的连接管管径,考虑到干管事故时连接管中可能通过较大的流量,以及消防流量的需要,将连接管 2—5、5—8、1—4、7—4 的管径适当放大为 150mm。

每一管段的管径确定后,即可求出水力坡降,该值乘以管段长度即得水头损失,水头损失除以流量即为 $s_{ij}q_{ij}$ 值。

计算时应注意两环之间的公共管段,如 2—5、4—5、5—6 和 5—8 等管段的流量校正。以管段 5—6 为例,初步分配流量为 76.4L/s,但同时受到环Ⅱ和环Ⅳ校正流量的影响,环Ⅱ的第一次校正流量为 -0.42L/s,校正流量的方向与管段 5—6 的流向相反,环Ⅳ的校正流量为 1.15L/s,方向也和管段 5—6 的流向相反,因此第一次调整后的管段流量为:

$$76.4 - 0.42 - 1.15 = 74.83(\text{L/s})$$

计算结果见图 7-7 和表 7-6。

环状网计算表(最高用水时) 表 7-6

环号	管段	管长 (m)	管径 (mm)	初步分配流量 流量 q (L/s)	初步分配流量 水头损失 h (m)	初步分配流量 $\lvert sq^{0.852}\rvert$	第一次校正 流量 q (L/s)	第一次校正 水头损失 h (m)
Ⅰ	1—2	760	150	-12.00	-2.81	234.17	-12.00 + 2.22 = -9.78	-1.93
	1—4	400	150	4.00	0.19	47.50	4.00 + 2.22 = 6.22	0.44
	2—5	400	150	-4.00	-0.19	47.50	-4.00 + 2.22 + 0.42 = -1.36	-0.03
	4—5	700	250	31.60	1.29	40.82	31.60 + 2.22 + 2.49 = 36.31	1.67
	—	—	—	—	-1.52	369.99	—	0.15
	—	—	—	$\Delta q_1 = \dfrac{1.52 \times 1000}{1.852 \times 369.99} = 2.22$			—	—
Ⅱ	2—3	850	250	-39.60	-2.39	60.35	-39.6 - 0.42 = -40.02	-2.43
	2—5	400	150	4.00	0.19	47.50	4.0 - 0.42 - 2.22 = 1.36	0.03
	3—6	400	300	-59.60	-0.98	16.44	-59.60 - 0.42 = -60.02	-1.00
	5—6	850	300	76.40	3.31	43.32	76.40 - 0.42 - 1.15 = 74.83	3.19

环号	管段	管长 (m)	管径 (mm)	初步分配流量			第一次校正	
				流量 q (L/s)	水头损失 h (m)	$\lvert sq^{0.852}\rvert$	流量 q (L/s)	水头损失 h (m)
—	—	—	—	—	0.13	167.61		−0.21
				$\Delta q_{II}=\dfrac{-0.13\times1000}{1.852\times167.61}=-0.42$			—	—
III	4—5	700	250	−31.60	−1.29	40.82	−31.60−2.49−2.22=−36.31	−1.67
	4—7	350	150	−4.00	−0.17	42.50	−4.00−2.49=−6.49	−0.41
	5—8	350	150	4.00	0.17	42.50	4.00−2.49−1.15=0.36	0.00
	7—8	700	150	12.80	2.92	228.13	12.80−2.49=10.31	1.96
	—	—	—	—	1.63	353.95	—	−0.12
				$\Delta q_{III}=\dfrac{-1.63\times1000}{1.852\times353.95}=-2.49$			—	—
IV	5—6	850	300	−76.40	−3.31	43.32	−76.40+1.15+0.42=−74.83	−3.19
	6—9	350	300	58.20	0.82	14.09	58.20+1.15=59.35	0.86
	5—8	350	150	−4.00	−0.17	42.50	−4.00+1.15+2.49=−0.36	0.00
	8—9	850	250	39.00	2.32	59.49	39.00+1.15=40.15	2.45
—	—	—	—	—	−0.34	159.40		0.12
				$\Delta q_{IV}=\dfrac{0.34\times1000}{1.852\times159.40}=1.15$			—	—

注:环中顺时针方向的管段流量为正,逆时针方向的为负;海曾-威廉公式详见式(6-28);$\lvert sq^{0.852}\rvert=h/q$。

经过一次校正后,各环闭合差均小于0.5m,大环6—3—2—1—4—7—8—9—6的闭合差为:

$$\sum h = -h_{6-3}-h_{3-2}-h_{2-1}+h_{1-4}-h_{4-7}+h_{7-8}+h_{8-9}+h_{6-9}$$
$$= -1.00-2.43-1.93+0.44-0.41+1.96+2.45+0.86=-0.06(\text{m})$$

各环闭合差均小于允许值,可满足要求,计算到此完毕。

从水塔到管网的输水管共两条,每条的计算流量为$\dfrac{1}{2}\times219.8=109.9(\text{L/s})$,每条长度为410m,选定输水管管径为400mm,计算的水头损失为 $h=0.77\text{m}$。

水塔高度由距水塔较远且地形较高的控制点1确定,控制点地面标高85.60m,水塔处地面标高88.53m,所需服务水压为28m,从水塔到控制点的水头损失取6—3—2—1 和 6—9—8—7—4—1 两条干线的平均值(注意管段流向),因此水塔水柜底的高度为85.60+28.00+$\dfrac{1}{2}\times(5.36+5.30)+0.77-88.53=31.17(\text{m})$,取32m。

根据式(3-12)算出水塔的水柜容积,并确定水柜的高度,水塔高度即为水柜底部标高加水柜高度,另加水柜的安全水位。

计算得到各节点的水压标高后,即可在管网平面图上用插值法按比例绘出等水压线。从节点水压减去地面标高得出各节点的自由水压,可在管网平面图上绘出等水压线和等自由水压线。图7-8为管网等水压线示例。

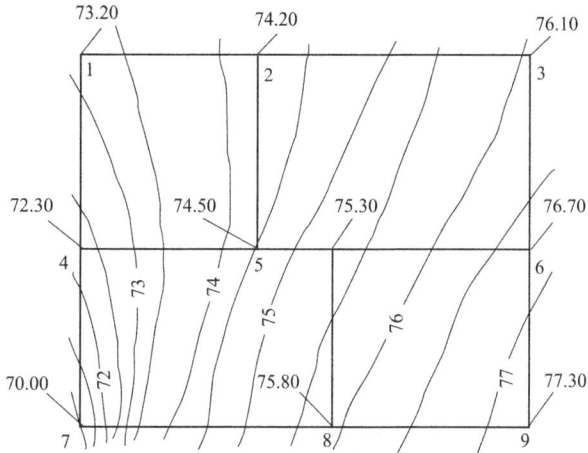

图 7-8 管网等水压线(标高单位:m)

7.4.2 电算求解

管网计算数据量大,传统的手算法步骤烦琐,费时费力。随着计算机技术的迅速发展,特别是计算速度的提高和内存容量的扩大,可以在数秒至数分钟内求得有数千管段和节点的大型管网的计算结果。目前,已有多种给水管网计算软件包,各具特色。尽管解法不同,但都是对连续性方程、能量方程和管段压降方程进行联立求解。下面介绍最常用的哈代-克罗斯法解环方程的电算程序设计,并提供 C++语言编写的源程序。

7.4.2.1 管网编号及属性提取

管段数据包括起始节点号、终止节点号(根据初步假定的管段流向确定)、管长(m)、管径(m)、管段流量(L/s)、所属环号 IO(本环)、所在环号 JO(邻环)。每个管段共有 7 个属性(数据),见表 7-7。每个属性均采用数组形式储存,数组数量即为管段个数,数组的下标代表管段的顺序号。

管段属性   表 7-7

序号	管段属性	定义数组	说明
1	起始节点号	int B[P]	根据管网节点统一编号来提取数据。P 为管段总数
2	终止节点号	int E[P]	根据初步假定的管段流向确定,起始节点到终止节点
3	管长(m)	float L[P]	按比例尺在图纸上量取
4	管径(mm)	floatD[P]	开始代入公称直径,后变换为计算内径(m)参与运算,计算结束时再变换为公称直径输出
5	管段流量(L/s)	float Q[P]	初时存放初分流量的绝对值,参与计算后存放校正后的管段流量(带正负号,原则:按流向顺正逆负)
6	所属环号 IO(本环)	int IO[P]	取整数。当管段为枝状管时,IO 取 0(此时 JO 亦为 0);当管段仅属于一个环时,IO 为该环号(此时 JO 为 0)。当管段是两环之间的公共管段时,IO 取两环号的小号数值(带正负号,原则:按流向顺正逆负)
7	所在环号 JO(邻环)	int JO[P]	取 0 或正整数。当管段不是两环之间的公共管段时,JO 为 0。是公共管段时,JO 取两环号的大号数值

以例 7-2 举例,节点编号、环号及管段水流方向如图 7-9 所示,则 14 个管段的环号见表 7-8。

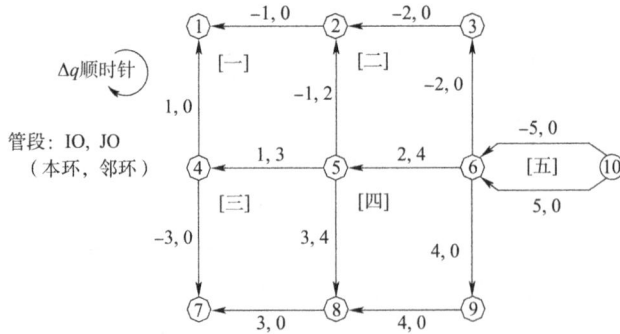

图 7-9　环状管网的节点编号、环编号及管段水流方向示意

环状管网的属性统计　　　　　　　　　　　　　表 7-8

序号	起始节点号	终止节点号	所属环号 IO(本环)	所在环号 JO(邻环)	识别流向的环号
1	2	1	−1	0	[一]
2	4	1	1	0	
3	5	2	−1	2	
4	5	4	1	3	
5	6	3	−2	0	[二]
6	3	2	−2	0	
7	6	5	2	4	
8	4	7	−3	0	[三]
9	8	7	3	0	
10	5	8	3	4	
11	6	9	4	0	[四]
12	9	8	4	0	
13	10	6	−5	0	[五]
14	10	6	5	0	

　　管段所属环号的作用是便于程序自动识别该管段和哪个环相关联,判定是否参与该环的闭合差计算、校正流量计算和流量校正计算。

　　7.4.2.2　计算框图及设计变量说明

　　计算框图见表 7-9。

哈代-克罗斯法解环方程程序及算法框图　　　　　　　表 7-9

模块功能	程序及算法		说明
输入原始数据	输入管段数 M、环数N、输入各管段 L、D、q、IO、JO值		变量说明、输入原始数据,赋初值
	ok=0　　各环校正流量:dq=0		
原始数据处理	for(k=1; k<=M; k++)		—
	w[k]=3.14/4*D[k]*D[k]		计算管段过水断面面积
	s1[k]=10.67*L[K]/C$^{1.852}$/D[k]$^{4.87}$		计算管段摩阻
	q[k]=(IO[k]<0)? -q[k]:q[k]		根据流向确定初始流量正负号

模块功能	程序及算法	说明
校正各管段流量,计算校正后的管段水头损失	a1: ok=ok+1	统计校正次数
	for(k=1; k<=M; k++)	对所有管段做校正计算
	q[k]=q[k]+dq[|IO[k]|]-dq[JO[k]]	校正管段流量(加本、减邻)
	v[k]=q[k]/1000/w[k]	计算流速
	h[k]=s[k]*q[k]*|q[k]|$^{0.852}$	求流量校正后的管段水头损失
计算管网各环闭合差及校正流量	for(i=1; i<=N; i++)	计算各环闭合差、矫正流量
	dh[i]=0; sq[i]=0	环闭合差dh赋初值0
	for(k=1; k<=M; k++)	判断管段是否隶属于i号环
	Yes　　　　　IO[k]=i　　　　　No	查验:k号管段是否在i号环上(判断管段的2个环号是否等于i)
	dh[i]=dh[i]+h[k] 〔Yes |JO[k]|==i No〕 dh[i]=dh[i]-h[k]	计算i号环的闭合差
	sq[i]=sq[i]+|s[k]*q[k]$^{0.852}$|	计算i号环内各管段|sq|的累加和
	dq[i]=-dh[i]/1.852/sq[i]	计算i号环的校正流量
判断闭合差是否满足要求	for(i=1; i<=N; i++)	检查各环闭合差
	Yes　　　　　|dh[i]|<0.01　　　　　No	环闭合差dh不满足精度要求时转向语句a1
	goto a1	
输出结果	输出计算结果	输出结果

对部分变量的说明如下:

①A 为符号常量,定义程序中用到的一维数组的大小。

②P、LOOP 为整型变量,存放管段个数、环的个数。

③ok 为整型变量,存放环状管网平差校正计算次数。

④i、k 为整型变量,临时存放管段顺序号或环的顺序号。

⑤xs 为精度实形变量,存放管段初分流量折算值。在程序计算原始数据模块时,要对所有管段的初分流量(满足连续性方程的假定流量)乘以 xs。当计算“最高时”和“最高时 + 消防”这两个工况时,xs = 1,参与计算的管段初分流量不变。当计算“事故时”工况时,xs = 0.7,使参与计算的管段初分流量统一乘以 70%,而不必重新分配(或假定)管网事故时各管段的初分流量,直接使用“最高时”工况的原始数据,从而减小数据准备工作量。

⑥D 为单精度实形一维数组,定义大小范围 A。开始存放管段公称直径 DN。当计算“事故时”工况时,对假定因事故中断的管段,设定其管径为 10(相当于该管退出工作),对应取 xs = 70%,而不必重新假定事故时管段的初分流量,从而节省工作量。

管网计算数据量大,屏幕输入方式容易出错,操作困难,屏幕输出方式因屏幕滚动太快,对计算结果的阅读非常不便,因此采用易于操作和使用的文件形式。程序中使用了一个指针变量。

⑦F 为包含 10 个元素的一维字符数组,存放原始数据(或计算结果)文件名,文件名由用户自定。

⑧Fp 为指针变量,存放指向原始数据(或计算结果)文件的指针。对原始数据文件来说,使用文件方式为只读,语句是 fp = fopen(F,"r")。对计算结果文件,使用文件方式为只写,语句是 fp = fopen(F,"w")。

原始数据文件先按最高日最高时工况编制。对“最高时 + 消防”和“事故时”工况进行校核计算时,仅需对最高时数据文件的部分数据(如 xs、D、q)略做修改,就可转换为所需的计算数据文件。对"最大转输时"工况,也可修改最高时数据,但修改较多。如果同时转输的水塔(或高位水池)数量较多时,应重新编制最大转输时数据文件。不同工况下数据文件的编制见表 7-10。

不同工况下数据文件的编制　　　　　　　　　　　　　　　　表 7-10

计算工况	最高时	最高时 + 消防	事故时
管段初分流量折算值 xs	1	1	0.7
管段计算内径	不变	不变	模拟断管,暂定为 10
管段初分流量 q	不变	给指定承担消防流量转输的管段叠加同流向的消防集中流量	不变
其他数据	保持不变		

7.4.2.3 算例及程序清单

以例 7-2 为例,编制电算程序进行管网平差计算,要求每环的闭合差小于 0.001m。

将原始数据文件命名为"DAT1",按最高日最高时工况编制数据文件。

编制源程序如下:

```
#include <math.h>
#include <stdio.h>
#define A 200
main()
{ int B[A],E[A],IO[A],JO[A],ok=0,i,k,P,LOOP;
  double L[A],D[A],q[A],Dq[A]={0},h[A],Dh[A],sq[A],s[A],w[A],v[A],xs,Ch;
  FILE * fp;   char F[20];
  printf(" Please input DATA file name... ");
  scanf("% s",F);   fp=fopen(F,"r");
  fscanf(fp,"% d% d% lf% lf",&P,&LOOP,&Ch,&xs);
  printf("  Pipe=% d  Loop=% d  Ch=% 4.0f  xs=% 3.1f\n",P,LOOP,Ch,xs);
  printf(" ----------------------------\n");
  printf(" No. from to  L(m)  D(mm)  q^(L/s)  IO  JO");
  printf(" \n----------------------------");

  for(k=1;k<=P;k++)
{ fscanf(fp,"% d% d% lf% lf% lf% d% d",&B[k],&E[k],&L[k],&D[k],&q[k],&IO[k],&JO[k]);
  JO[k]=abs(JO[k]);
  printf("\n% 2d:% 4d--% 2d% 8.1f% 7.0f% 8.2f% 5d% 4d",
                        k,B[k],E[k],L[k],D[k],q[k],IO[k],JO[k]);}
fclose(fp);
printf(" \n----------------------------");

printf("\n Please input 1 to continue... "); scanf("% s",F);

for(k=1;k<=P;k++)
{ q[k]=(IO[k]<0)? -xs* q[k]:xs* q[k];
```

```
if(D[k]< =290) D[k]=D[k]-1;
D[k]=D[k]/1000; q[k]=q[k]/1000;
w[k]=3.14/4* D[k]* D[k];
s[k]=10.67* L[k]/pow(Ch,1.852)/pow(D[k],4.87);  }

a1:ok + +; printf("\n OK =% d",ok); if(ok >10000) goto a2;

for(k =1;k < =P;k + +)
{ q[k]=q[k]+Dq[abs(IO[k])]-Dq[JO[k]];
  h[k]=s[k]* q[k]* pow(fabs(q[k]),.852);  }

for(i =1;i < =LOOP;i + +)
 { Dh[i]=0; sq[i]=0;
   for(k =1;k < =P;k + +) if(abs(IO[k])= =i||JO[k]= =i)
                            { Dh[i]=(JO[k]= =i)? Dh[i]-h[k]:Dh[i]+h[k];
                               sq[i]=sq[i]+s[k]* pow(fabs(q[k]),.852); }
   Dq[i]= -Dh[i]/1.852/sq[i]; }
 for(i =1;i < =LOOP;i + +) if(fabs(Dh[i]) >1e -4) goto a1;

a2:printf("\n Please input result file name ... ");
scanf("% s",F);   fp =fopen(F,"w");
fprintf(fp,"  Pipe =% d  Loop =% d  Ch =% 4.0f   xs =% 3.1f   OK =% d\n",P,LOOP,Ch,xs,ok);
fprintf(fp,"-----------------------------------\n");
fprintf(fp,"No_  from to  L(m)  D(mm)  q(L/s)   h(m)   v(m/s)   IO  JO");
fprintf(fp,"\n -----------------------------------");

for(k =1;k < =P;k + +)
{ v[k]=fabs(q[k])/w[k];
  if(q[k]* IO[k] > =0)
  fprintf(fp,"\n% 3d#% 4d - -% 2d% 6.0f% 7d% 9.2f% 8.2f% 7.2f% 5d% 4d",
    k,B[k],E[k],L[k],10* (int)(D[k]* 100 +.5),1000* q[k],h[k],v[k],IO[k],JO[k]);
  else
  fprintf(fp,"\n* % 2d#% 4d - -% 2d% 6.0f% 7d% 9.2f% 8.2f% 7.2f% 5d* % 3d RD",
    k,E[k],B[k],L[k],10* (int)(D[k]* 100 +.5),1000* q[k],h[k],v[k], -IO[k],JO
[k]); }
  fprintf(fp,"\n -----------------------------\n");
  for(i =1;i < =LOOP;i + +) { fprintf(fp,"  Dh[% d]=% 7.4fm    ",i,Dh[i]);
              if(fmod(i,2)= =0) fprintf(fp,"\n"); } fclose(fp); }
```

原始数据文件如下:

```
14  5  130  1.0
2 1  760  150  12    -1 0
4 1  400  150  4      1 0
5 2  400  150  4     -1 2
```

```
5   4  700  250   31.6     1  3
6   3  400  300   59.6    -2  0
3   2  850  250   39.6    -2  0
6   5  850  300   76.4     2  4
4   7  350  150    4      -3  0
8   7  700  150   12.8     3  0
5   8  350  150    4       3  4
6   9  350  300   58.2     4  0
9   8  850  250   39       4  0
10  6  410  400  319.8    -5  0
10  6  450  400  100       5  0
```

```
    Pipe = 14    Loop = 5    Ch = 130xs = 1.0    OK = 10
    -------------------------------------------------------

    No_ from to  L(m)   D(mm)   q(L/s)    h(m)   v(m/s)   IO  JO
    -------------------------------------------------------
     1#   2 -- 1   760    150    -9.92    -2.04    0.57   -1   0
     2#   4 -- 1   400    150     6.08     0.43    0.35    1   0
     3#   5 -- 2   400    150    -2.32    -0.07    0.13   -1   2
     4#   5 -- 4   700    250    36.01     1.68    0.74    1   3
     5#   6 -- 3   400    300   -59.19    -0.97    0.84   -2   0
     6#   3 -- 2   850    250   -39.19    -2.39    0.81   -2   0
     7#   6 -- 5   850    300    76.03     3.29    1.08    2   4
     8#   4 -- 7   350    150    -6.33    -0.41    0.36   -3   0
     9#   8 -- 7   700    150    10.47     2.08    0.60    3   0
    10#   5 -- 8   350    150     0.90     0.01    0.05    3   4
    11#   6 -- 9   350    300    58.97     0.84    0.83    4   0
    12#   9 -- 8   850    250    39.77     2.45    0.82    4   0
    13#  10 -- 6   410    400  -215.17    -2.68    1.71   -5   0
    14#  10 -- 6   450    400   204.63     2.68    1.63    5   0
    -------------------------------------------------------

    Dh[1] = 0.0000m      Dh[2] = -0.0001m
    Dh[3] = -0.0000m     Dh[4] = 0.0000m
    Dh[5] = 0.0000m
```

该城镇人口为 4 万人,同一时间发生的火灾次数为 2 次,一次灭火用水量 25L/s,现进行消防核算,假定火灾发生在节点 4、节点 5,在这两个节点分别增加一个集中消防流量 25L/s,则 4 号节点的流量 $Q_4 = 23.6 + 25 = 48.6(L/s)$,5 号节点的流量 $Q_5 = 36.8 + 25 = 61.8(L/s)$,这时,假定管段 10—6—5—4 参与消防流量的转输(图 7-10),对应管段(共 3 个)需在原初分流量上叠加相同流向的消防集中流量。

$q_{10-6} = 100 + 25 + 25 = 150(L/s)$,$q_{6-5} = 76.4 + 25 + 25 = 126.4(L/s)$,$q_{5-4} = 31.6 + 25 = 56.6(L/s)$。

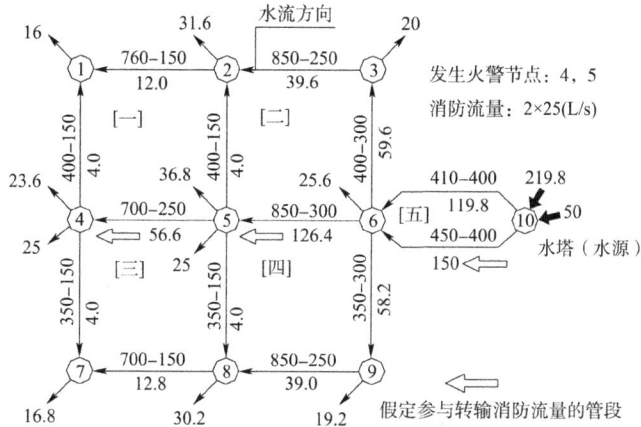

图 7-10 管网计算图(最高时加消防)

发生火警节点：4，5
消防流量：2×25(L/s)

水塔（水源）

假定参与转输消防流量的管段

消防时的数据文件内容为(为阅读方便,在三处修改的数字处加粗)：

```
14   5   130   1.0
2  1   760   150    12      -1  0
4  1   400   150    4        1  0
5  2   400   150    4       -1  2
5  4   700   250    56.6     1  3
6  3   400   300    59.6    -2  0
3  2   850   250    39.6    -2  0
6  5   850   300    126.4    2  4
4  7   350   150    4       -3  0
8  7   700   150    12.8     3  0
5  8   350   150    4        3  4
6  9   350   300    58.2     4  0
9  8   850   250    39       4  0
10 6   410   400    319.8   -5  0
10 6   450   400    150      5  0
```

计算结果为：

```
Pipe = 14    Loop = 5    Ch = 130    xs = 1.0    OK = 14
-------------------------------------------------------
No_  from to  L(m)   D(mm)   q(L/s)    h(m)   v(m/s)  IO  JO
-------------------------------------------------------
  1#   2 - - 1   760    150    -13.95   -3.84   0.80   -1  0
  2#   4 - - 1   400    150      2.05    0.06   0.12    1  0
* 3#   2 - - 5   400    150      5.65    0.38   0.32   1*  2 RD
  4#   5 - - 4   700    250     52.70    3.40   1.08    1  3
  5#   6 - - 3   400    300    -71.20   -1.37   1.01   -2  0
  6#   3 - - 2   850    250    -51.20   -3.91   1.05   -2  0
  7#   6 - - 5   850    300    102.01    5.66   1.44    2  4
  8#   4 - - 7   350    150     -2.05   -0.05   0.12   -3  0
  9#   8 - - 7   700    150     14.75    3.92   0.85    3  0
```

```
*  10#  8 - - 5   350    150    -6.84   -0.47   0.39   -3*   4 RD
   11#  6 - - 9   350    300    70.99    1.19   1.00         4  0
   12#  9 - - 8   850    250    51.79    4.00   1.06         4  0
   13# 10 - - 6   410    400  -240.80   -3.30   1.92   -5    0
   14# 10 - - 6   450    400   229.00    3.30   1.82    5    0
---------------------------------------------------------------
Dh[1] = 0.0001m    Dh[2] = -0.0000m
Dh[3] = -0.0001m   Dh[4] = 0.0000m
Dh[5] = -0.0000m
```

现进行事故时校核。假定事故断管为 6—3 管段,该管段序号为 5,则事故时的数据文件内容为(为阅读方便,在两处修改的数字下加了下划线):

```
14   5  130  0.7
 2   1  760  150   12    -1  0
 4   1  400  150    4     1  0
 5   2  400  150    4    -1  2
 5   4  700  250   31.6   1  3
 6   3  400   10   59.6  -2  0
 3   2  850  250   39.6  -2  0
 6   5  850  300   76.4   2  4
 4   7  350  150    4    -3  0
 8   7  700  150   12.8   3  0
 5   8  350  150    4     3  4
 6   9  350  300   58.2   4  0
 9   8  850  250   39     4  0
10   6  410  400  319.8  -5  0
10   6  450  400  100     5  0
```

事故时管网校核计算结果为:

```
 Pipe =14   Loop =5   Ch = 130   xs =0.7   OK =15
---------------------------------------------------------------
No  from to  L(m)  D(mm)  q(L/s)   h(m)    v(m/s)  IO  JO
---------------------------------------------------------------
*  1#  1 - - 2   760    150     8.53    1.54    0.49    1*   0 RD
   2#  4 - - 1   400    150    19.73    3.84    1.13    1    0
   3#  5 - - 2   400    150   -27.57   -7.13    1.58   -1    2
   4#  5 - - 4   700    250    36.81    1.75    0.76    1    3
   5#  6 - - 3   400     10    -0.02  -11.29    0.35   -2    0 断管
*  6#  2 - - 3   850    250    13.98    0.35    0.29    2*   0 RD
   7#  6 - - 5   850    300    82.33    3.81    1.17    2    4
   8#  4 - - 7   350    150    -0.55   -0.00    0.03   -3    0
   9#  8 - - 7   700    150    11.21    2.36    0.64    3    0
```

```
* 10#   8 -- 5   350    150    -7.81     -0.60  0.45   -3*  4 RD
  11#   6 -- 9   350    300    53.59      0.71  0.76    4   0
  12#   9 -- 8   850    250    40.15      2.50  0.82    4   0
  13#  10 -- 6   410    400  -150.62     -1.38  1.20   -5   0
  14#  10 -- 6   450    400   143.24      1.38  1.14    5   0
-----------------------------------------------------------
Dh[1] = -0.0000m    Dh[2] = -0.0001m
Dh[3] = -0.0001m    Dh[4] = -0.0001m
Dh[5] = -0.0000m
```

管段序号前带"＊"号者,表示管段水流方向发生改变(即与初始假定方向相反)。如果把事故模拟断管剔除,则减少一个环,需重新对管网进行环编号,重新编制事故时数据文件,这样上机前的准备工作量大些,但校正计算次数会减少。

7.4.3 多水源管网

许多大中城市,由于用水量的增长,往往逐步发展成为多水源(将泵站、水塔、高位水池等也看作水源)的给水系统。多水源管网的计算原理虽然和单水源时相同,但有其特点。因这时每一水源的供水量随着供水区用水量、水源的水压以及管网中的水头损失而变化,从而存在各水源之间的供水量分配问题。

由于城市地形和保证供水区水压的需要,水塔可能布置在管网末端的高地上,这样就形成对置水塔的给水系统。它和网前水塔工作情况不同,如图 7-11 所示的对置水塔系统,可以有两种工作情况:①最高用水时,管网用水由泵站和水塔同时供给,即成为多水源管网,两者有各自的供水区,在供水区的分界线上水压最低,根据管网计算结果,可得出两水源的供水分界线经过 8、12、5 等节点,如图 7-11a)中虚线所示;②最大转输时,在一天内有若干小时因二级泵站供水量大于用水量,多余的水通过管网转输入水塔贮存,这时工作情况类似于单水源管网,不存在供水分界线。

管网计算时可应用虚环的概念,将多水源管网转化成为单水源管网。所谓虚环是将各水源与虚节点之间用虚线连接成环。如图 7-11 所示,由虚节点 0 (各水源供水量的汇合点)、该点到泵站和水塔的虚管段以及泵站到水塔之间的实管段(例如泵站—1—2—3—4—5—6—7—水塔的管段)组成虚环。于是多水源的管网可看成是只从虚节点 0 供水的单水源管网,表示按某一基准面算起的水泵扬程或水塔高度。

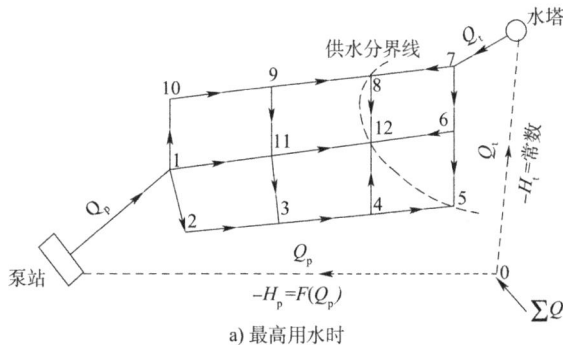

a) 最高用水时

图 7-11

109

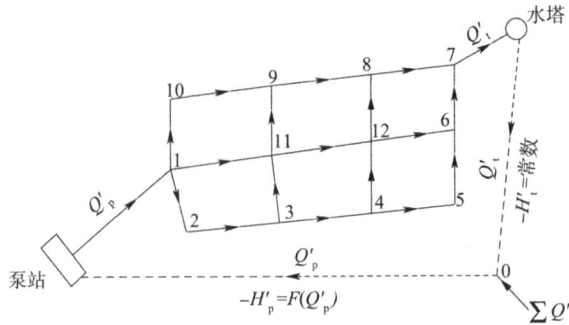

b) 最大转输时

图 7-11　对置水塔的工作情况

从上可见,两水源时可形成一个虚环;同理,三水源时可构成两个虚环。虚环数等于水源数(包括泵站、水塔等)减 1。

虚节点 0 的位置可以任意选定,其水压可假设为零。从虚节点 0 流向泵站的流量 Q_p 即为泵站的供水量。在最高用水时,水塔也供水到管网,此时虚节点 0 到水塔的流量 Q_t 即为水塔供水量。

最高用水时虚节点 0 的流量平衡条件为:

$$Q_p + Q_t = \sum Q \tag{7-25}$$

也就是各水源供水量之和等于管网的最高时用水量 $\sum Q$。

针对水压 H 的符号,做如下规定:流向虚节点的管段,水压为正;流离虚节点的管段,水压为负。因此,由泵站供水的虚管段,水压 H 的符号常为负。

最高用水时虚环的水头损失平衡条件为:

$$-H_p + \sum h_p - \sum h_t - (-H_t) = 0 \tag{7-26}$$

或

$$H_p - \sum h_p + \sum h_t - H_t = 0 \tag{7-27}$$

式中:H_p——最高用水时的泵站水压(m);

$\sum h_p$——从泵站到分界线上控制点的任一条管线的总水头损失(m);

$\sum h_t$——从水塔到分界线上控制点的任一条管线的总水头损失(m);

H_t——水塔的水位标高(m)。

最大转输时,泵站的流量为 Q_p,经过管网,以转输流量 Q'_t 从水塔经过虚管段流向虚节点 0。

最大转输时的虚节点流量平衡条件为:

$$Q'_p = Q'_t + \sum Q' \tag{7-28}$$

式中:Q'_p——最大转输时的泵站供水量(L/s);

Q'_t——最大转输时进入水塔的流量(L/s);

$\sum Q'$——最大转输时管网用水量(L/s)。

这时,虚环的水头损失平衡条件为:

$$-H'_p + \sum h' + H'_t = 0 \tag{7-29}$$

或

$$H'_p - \sum h' - H'_t = 0 \qquad (7\text{-}30)$$

式中:H'_p——最大转输时的泵站水压(m);

$\sum h'$——最大转输时从泵站到水塔任一管线的水头损失(m);

H'_t——最大转输时的水塔水位标高(m)。

对置水塔管网的水头损失平衡条件如图 7-12 所示。

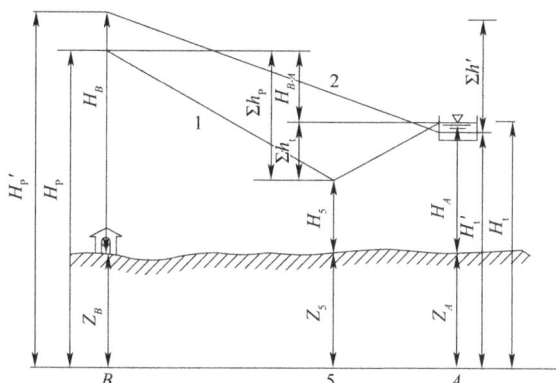

图 7-12 对置水塔管网的水头损失平衡条件

1-最高用水时;2-最大转输时

多水源环状网的计算考虑了泵站、管网和水塔的联合工作情况。这时,除了 $J-1$ 个节点的 $q_i + \sum q_{ij} = 0$ 方程以外,还有 L 个环的 $\sum s_{ij} q_{ij}^n = 0$ 方程和 $S-1$ 个虚环方程,其中 S 为水源数。

管网计算时,将虚环和实环看作整体,即不分虚环和实环同时计算。闭合差和校正流量的计算方法与单水源管网相同。如虚环的闭合差 Δh 为正,则校正流量 Δq 为负,以逆时针方向表示,因此调整流量后,泵站的流量减小,水塔的流量加大,实管段中的流量和水头损失随之增大,同时虚管段的流量和 $s_p Q_p^2$ 也增大,使水泵扬程 $H_p = H_0 - s_p Q_p^2$ 减小,因而闭合差减小。虚环和实环同时平差时,流量(Q_p 和 Q_t)重新分配,直到闭合差小于允许值为止,即得水塔和泵站的实际流量分配。

管网计算结果应满足下列条件:①进出每一节点的流量(包括虚流量)总和等于零,即满足连续性方程 $q_i + \sum q_{ij} = 0$;②每环(包括虚环)各管段的水头损失代数和为零,即满足能量方程 $\sum s_{ij} q_{ij}^n = 0$;③各水源供水至分界线处的水压应相同,就是说从各水源到分界线上控制点的沿线水头损失之差应等于水源的水压差,如式(7-27)和式(7-29)所示。

7.5 节点方程组解法

7.5.1 节点方程组解法

节点方程是用节点水压 H(或两节点之间管段的水头损失)表示管段流量 q 的管网计算方

法。在计算之前,先拟定各节点的水压,并满足能量方程 $\sum h_{ij}=0$ 的条件。管网平差的目的是使节点 i 连接的各管段流量满足连续性方程,即 $J-1$ 个 $q+\sum s_{ij}^{-\frac{1}{2}}h_{ij}^{\frac{1}{2}}=0$ 的条件。

应用水头损失公式 $h_{ij}=s_{ij}q_{ij}^2$ 时,管段流量 q_{ij} 和水头损失 h_{ij} 之间的关系为:

$$q_{ij}=s_{ij}^{-\frac{1}{2}}\left|h_{ij}\right|^{-\frac{1}{2}}h_{ij} \tag{7-31}$$

或

$$q_{ij}=s_{ij}^{-\frac{1}{2}}\left|H_i-H_j\right|^{-\frac{1}{2}}(H_i-H_j) \tag{7-32}$$

节点方程的解法是将式(7-32)代入 $J-1$ 个连续性方程中:

$$q_i+\sum\left(\frac{H_i-H_j}{s_{ij}}\right)^{\frac{1}{2}}=0 \tag{7-33}$$

并以节点 H_i 为未知量解方程,得出各节点的水压。

计算时,环中各管段的水头损失 h_{ij} 已经满足能量方程 $\sum h_{ij}=0$ 的条件,然后求出各管段的流量 q_{ij},并核算该节点的 $q+\sum s_{ij}^{-\frac{1}{2}}h_{ij}^{\frac{1}{2}}$ 值是否等于零;如不等于零,则求出节点水压校正值 ΔH_i:

$$\Delta H_i=\frac{-2\Delta q_i}{\sum\dfrac{1}{\sqrt{s_{ij}h_{ij}}}}=\frac{-2(q_i+\sum q_{ij})}{\sum\dfrac{1}{\sqrt{s_{ij}h_{ij}}}} \tag{7-34}$$

当水头损失公式为 $h=sq^n$ 时,节点的水压校正值为:

$$\Delta H_i=\frac{-\Delta q_i}{\dfrac{1}{n}\sum\left(s_{ij}^{-\frac{1}{n}}h_{ij}^{-\frac{1}{n}}\right)} \tag{7-35}$$

式中:Δq_i——任一节点的流量闭合差,负号表示初步拟定的节点水压使正向管段的流量过大。

求出各节点的水压校正值 ΔH_i 后,据此修改节点的水压,由修正后的 H_i 值求得各管段的水头损失,计算相应的流量,反复计算,以逐步接近实际的流量和水头损失,直至满足连续性方程和能量方程为止。

应用哈代-克罗斯迭代法求解节点方程组时,与解环方程组时相似,步骤如下:

(1)根据泵站和控制点的水压标高,假定各节点的初始水压,所假定的水压越符合实际情况,则计算时收敛越快。

(2)由 $h_{ij}=H_i-H_j$ 和 $q_{ij}=\left(\dfrac{h_{ij}}{s_{ij}}\right)^{\frac{1}{2}}$ 的关系式求得管段流量。

(3)假定流向节点的管段流量和水头损失为负、离开节点的管段流量和水头损失为正,验算每一节点上的各管段流量是否满足连续性方程,即流向和流离该节点的流量代数和是否等于零,如不等于零,则按式(7-35)求出校正水压 ΔH_i。

(4)除了水压已定的节点外,按水压校正值 ΔH_i 校正每一节点的水压,根据新的水压,重复上述步骤,直到所有节点上的管段流量代数和达到预定的精确度为止。计算机计算时,精确度可取 $0.01\sim0.05\mathrm{L/s}$。

(5)平差完毕,求出管段流量和节点自由水压。

7.5.2 电算求解

本节介绍利用解节点方程法的多水源管网水力计算的电算程序设计,并结合例7-3给出电算程序。

7.5.2.1 单元矩阵

供水管网的水力计算必须满足水力平衡条件。由于管网分枝管路多,同时由多个水源供水,且每个水源泵站的出流量随其水压、水位及运行水泵型号的不同而变化,导致配水管网中各管段流量及水头损失难以确定。通过引入节点水压边界条件并迭代求解管网整体矩阵方程-对称正定线性方程组,可大幅度提高计算效率,并为管网优化设计奠定基础。

有限元法认为,供水管网由有限个管段所组成,每一管段可视为一个单元元素,对其进行数学分析,可列出单元矩阵方程;然后各单元矩阵相加,集合成整体矩阵方程,求解整体矩阵方程可得出各管段流量、水头损失及各节点水压。对于管网中任一管段 ij,这个管段中有流量 q_{ij} 从 i 点流向 j 点或者有流量 q_{ji} 从 j 点流向 i 点,则有:

$$\begin{cases} h_{ij} = H_i - H_j = \dfrac{10.67 q_{ij}^{1.852} L_{ij}}{C_{ij}^{1.852} d_{ij}^{4.87}} \\ h_{ji} = H_j - H_i = -h_{ij} \end{cases} \tag{7-36}$$

由上式可知:

$$q_{ij} = \frac{C_{ij}^{1.852} d_{ij}^{4.87}}{10.67 L_{ij} |q_{ij}^{0.852}|}(H_i - H_j) \tag{7-37}$$

令

$$C_{ij} = \frac{C_{ij}^{1.852} d_{ij}^{4.87}}{10.67 L_{ij} |q_{ij}^{0.852}|} \tag{7-38}$$

令常数项

$$\frac{C_{ij}^{1.852} d_{ij}^{4.87}}{10.67 L_{ij}} = s_{ij} \tag{7-39}$$

则

$$C_{ij} = \frac{s_{ij}}{|q_{ij}^{0.852}|} \tag{7-40}$$

$$\begin{cases} q_{ij} = C_{ij}(H_i - H_j) \\ q_{ji} = -q_{ij} = C_{ij}(H_j - H_i) \end{cases} \tag{7-41}$$

式中:H_i——节点 i 处的水压值(m);
H_j——节点 j 处的水压值(m);
L_{ij}——管段 ij 的长度(m);
h_{ij}——管段 ij 的水头损失(m)。

水泵节点处理:水泵高效区特性方程为 $H = H_x - s_x Q^2$。将泵体折合成虚管段,虚管段摩阻为 s_x,管段起始节点相当于虚高位水池,其水位为清水池水位加 H_x。

水泵当量虚管段水力平衡的单元矩阵方程:设虚管段 ij 中有流量 Q_{ij}(水泵流量)从虚节点 i(虚高位水池)流向节点 j,管段水头损失 h_{ij} 与节点水压 H_i、H_j、管段流量 q_{ij}(即水泵流量 Q)、

摩阻 s_{ij}（即水泵虚摩阻 s_x）之间的水力平衡方程为：

$$h_{ij} = H_i - H_j = s_{ij}q_{ij}^2 = s_x Q^2 \tag{7-42}$$

由式（7-42）可知，$q_{ij} = \dfrac{1}{s_{ij}|q_{ij}|}(H_i - H_j)$，令 $C_{ij} = \dfrac{1}{s_{ij}|q_{ij}|}$，则：

$$\begin{cases} q_{ij} = C_{ij}(H_i - H_j) \\ q_{ji} = -q_{ij} = C_{ij}(H_j - H_i) \end{cases} \tag{7-43}$$

也可以用矩阵形式表示为：

$$\begin{bmatrix} C_{ij} & -C_{ij} \\ -C_{ij} & C_{ij} \end{bmatrix} \begin{Bmatrix} H_i \\ H_j \end{Bmatrix} = \begin{Bmatrix} q_{ij} \\ q_{ji} \end{Bmatrix} \tag{7-44}$$

上式即为管段 i—j 的单元矩阵方程式。

7.5.2.2 单元矩阵的扩展

各个单元矩阵方程集合为整体矩阵方程时，须把单元矩阵的维数扩展到与整体矩阵相同。设管网节点总数为 n，则单元矩阵应变为 $n \times n$ 维方阵。以图7-13为例，管网中管段2—5的单元矩阵扩展为：

$$\begin{bmatrix} 0 & 0 & 0 & 0 & 0 & 0 \\ 0 & C_{25} & 0 & 0 & -C_{25} & 0 \\ 0 & 0 & 0 & 0 & 0 & 0 \\ 0 & 0 & 0 & 0 & 0 & 0 \\ 0 & -C_{25} & 0 & 0 & C_{25} & 0 \\ 0 & 0 & 0 & 0 & 0 & 0 \end{bmatrix} \begin{Bmatrix} H_1 \\ H_2 \\ H_3 \\ H_4 \\ H_5 \\ H_6 \end{Bmatrix} = \begin{Bmatrix} 0 \\ q_{25} \\ 0 \\ 0 \\ q_{52} \\ 0 \end{Bmatrix} \tag{7-45}$$

其中，$\{\boldsymbol{H}\} = \{H_1, H_2, \cdots, H_6\}^{\mathrm{T}}$ 为节点水压向量矩阵，$\{\boldsymbol{q}\}_{ij} = \{0, q_{25}, 0, 0, q_{52}, 0\}^{\mathrm{T}}$ 为管段2—5单元矩阵方程的流量向量矩阵。

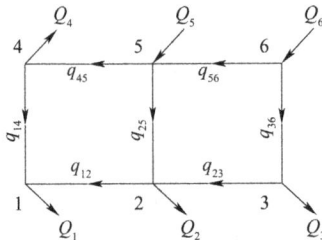

图7-13 某两环管网

同上分析，可得出其余各管段单元矩阵方程的扩展形式。

7.5.2.3 整体矩阵

整体矩阵为各单元子矩阵的系数矩阵相加，各单元向量矩阵相加。设整体矩阵方程为：

$$[\boldsymbol{A}]\{\boldsymbol{H}\} = \{\boldsymbol{q}\} \tag{7-46}$$

其中：

$$[\boldsymbol{A}] = \sum_{\substack{ij=1 \\ ij \in U}}^{P} [\boldsymbol{A}]_{ij} \tag{7-47}$$

式中：P——单元总数（子矩阵数），为管网管段总数；

$[A]_{ij}$——单元子矩阵的系数矩阵；

U——管网的管段集合。

图7-13中管网管段总数为7，则 $U = \{1{-}2, 2{-}3, 1{-}4, 2{-}5, 3{-}6, 4{-}5, 5{-}6\}$。

整体矩阵方程的流量向量矩阵为：

$$\{q\} = \sum_{\substack{ij=1 \\ ij \in U}}^{P} \{q\}_{ij} \tag{7-48}$$

式中：$\{q\}_{ij}$——单元矩阵的向量矩阵。

以图7-13的管网为例，整体矩阵的系数矩阵为：

$$[A] = \sum_{\substack{ij=1 \\ ij \in U}}^{7} [A]_{ij} = \begin{bmatrix} C_{12}+C_{14} & -C_{12} & 0 & -C_{14} & 0 & 0 \\ -C_{12} & C_{12}+C_{23}+C_{25} & -C_{23} & 0 & -C_{25} & 0 \\ 0 & -C_{23} & C_{23}+C_{36} & 0 & 0 & -C_{36} \\ -C_{14} & 0 & 0 & C_{14}+C_{45} & -C_{45} & 0 \\ 0 & -C_{25} & 0 & -C_{45} & C_{25}+C_{45}+C_{56} & -C_{56} \\ 0 & 0 & -C_{36} & 0 & -C_{56} & C_{36}+C_{56} \end{bmatrix}$$

$$\tag{7-49}$$

整体系数矩阵 $[A]$ 具有以下三个特点：①管网的每一条管段对该矩阵元素有4处贡献，相应于管段 ij，在 A_{ii} 和 A_{jj} 上累加 C_{ij}，在 A_{ij} 和 A_{ji} 上累加 $-C_{ij}$；②主对角线上的元素 $A_{ii} = \sum_{ij \in V_i} C_{ij}$；非对角线上的元素分两种情况，当 $ij \in U$ 时，$A_{ij} = A_{ji} = -C_{ij}$，而当 $ij \notin U$ 时，$A_{ij} = A_{ji} = 0$；③系数矩阵为一对称正定矩阵。

图7-13的管网中，各单元向量矩阵相加可集合为整体向量矩阵：

$$\{q\} = \sum_{\substack{ij=1 \\ ij \in U}}^{7} \{q\}_{ij} = \begin{Bmatrix} q_{12}+q_{14} \\ q_{23}+q_{25}+q_{21} \\ q_{36}+q_{32} \\ q_{45}+q_{41} \\ q_{56}+q_{52}+q_{54} \\ q_{63}+q_{65} \end{Bmatrix} \tag{7-50}$$

显然，式(7-50)子矩阵向量的相加实质为与各节点相邻的管段流量累加和，它必然满足：

$$\sum_{ij \in V_i} q_{ij} + Q_i = 0 \qquad i = 1, 2, \cdots, n \tag{7-51}$$

式中：n——管网节点总数；

V_i——与节点 i 相邻的管段集合；图7-13的管网中，管网的节点总数为6，与各节点相邻的管段集合分别为：$V_1 = \{1{-}2, 1{-}4\}$，$V_2 = \{2{-}3, 2{-}5, 1{-}2\}$，$V_3 = \{2{-}3, 3{-}6\}$，$V_4 = \{1{-}4, 4{-}5\}$，$V_5 = \{4{-}5, 2{-}5, 5{-}6\}$，$V_6 = \{5{-}6, 3{-}6\}$；

q_{ij}——通过管段 ij 的流量(L/s)；

Q_i——节点 i 的节点流量(L/s)。若水流流向 i 节点，流量为正；若水流流离 i 节点，流量为负。

则式(7-50)变为：

$$\{\boldsymbol{q}\} = \{-Q_1, -Q_2, -Q_3, -Q_4, Q_5, Q_6\}^{\mathrm{T}} \tag{7-52}$$

7.5.2.4 整体矩阵求解

因整体系数矩阵为奇异矩阵,必须确定边界条件,矩阵才有定解。可把水源节点已知水压值 H_5、H_6 引入。设水源个数为 W,即可引入 W 个节点水压边界条件。为方便矩阵运算求解,水源节点应编排在节点顺序的末尾。

系数矩阵 $\boldsymbol{A}$ 是 n 阶对称正定矩阵。可采用 Cholesky 分解法(亦称平方根法)求解对称正定线性方程组。Cholesky 分解法是把一个对称正定的矩阵表示成一个下三角矩阵 $\boldsymbol{U}$ 和其转置的乘积的分解,即 $\boldsymbol{A} = \boldsymbol{U}\boldsymbol{U}^{\mathrm{T}}$,可由下面的公式递推计算,再依次解两个三角形方程组 $\boldsymbol{U}\boldsymbol{Y} = \boldsymbol{Q}$ 和 $\boldsymbol{U}^{\mathrm{T}}\boldsymbol{H} = \boldsymbol{Y}$,从而求得原方程组的解 $\boldsymbol{H}$(节点总水头):

$$\begin{bmatrix} a_{11} & a_{12} & \cdots & a_{1n} \\ a_{21} & a_{22} & & a_{2n} \\ \vdots & & \ddots & \vdots \\ a_{n1} & a_{n2} & \cdots & a_{nn} \end{bmatrix} \overset{\text{分解}}{\Longleftrightarrow} \begin{bmatrix} u_{11} & 0 & \cdots & 0 \\ u_{21} & u_{22} & & 0 \\ \vdots & & \ddots & \vdots \\ u_{n1} & u_{n2} & \cdots & u_{nn} \end{bmatrix} \cdot \begin{bmatrix} u_{11} & u_{12} & \cdots & u_{1n} \\ 0 & u_{22} & \cdots & u_{2n} \\ \vdots & & \ddots & \vdots \\ 0 & 0 & \cdots & u_{nn} \end{bmatrix} \tag{7-53}$$

则 $\boldsymbol{AH} = \boldsymbol{Q}$ 为:

$$\begin{bmatrix} u_{11} & 0 & \cdots & 0 \\ u_{21} & u_{22} & & 0 \\ \vdots & & \ddots & \vdots \\ u_{n1} & u_{n2} & \cdots & u_{nn} \end{bmatrix} \cdot \underbrace{\begin{bmatrix} u_{11} & u_{12} & \cdots & u_{1n} \\ 0 & u_{22} & & u_{2n} \\ \vdots & & \ddots & \vdots \\ 0 & 0 & \cdots & u_{nn} \end{bmatrix} \cdot \begin{bmatrix} H_1 \\ H_2 \\ \vdots \\ H_n \end{bmatrix}}_{\text{令等于}Y} = \begin{bmatrix} Q_1 \\ Q_2 \\ \vdots \\ Q_n \end{bmatrix} \tag{7-54}$$

转化为:

$$\underbrace{\begin{bmatrix} u_{11} & 0 & \cdots & 0 \\ u_{21} & u_{22} & & 0 \\ \vdots & & \ddots & \vdots \\ u_{n1} & u_{n2} & \cdots & u_{nn} \end{bmatrix}}_{\text{已知}} \cdot \underbrace{\begin{bmatrix} y_1 \\ y_2 \\ \vdots \\ y_n \end{bmatrix}}_{\text{未知}} = \underbrace{\begin{bmatrix} Q_1 \\ Q_2 \\ \vdots \\ Q_n \end{bmatrix}}_{\text{已知}} \tag{7-55}$$

可解出 $\boldsymbol{Y}$,再由

$$\underbrace{\begin{bmatrix} u_{11} & u_{12} & \cdots & u_{1n} \\ 0 & u_{22} & & u_{2n} \\ \vdots & & \ddots & \vdots \\ 0 & 0 & \cdots & u_{nn} \end{bmatrix}}_{\text{已知}} \cdot \underbrace{\begin{bmatrix} H_1 \\ H_2 \\ \vdots \\ H_n \end{bmatrix}}_{\text{未知}} = \underbrace{\begin{bmatrix} y_1 \\ y_2 \\ \vdots \\ y_n \end{bmatrix}}_{\text{已知}} \tag{7-56}$$

可解出 $\boldsymbol{H}$。

而在消防工况、事故工况校核计算中,这两种工况下泵站运行水泵型号已选定,水塔高度也确定,水源节点(水厂送水泵站、水塔或高位水池)总水头为已知。

高位水池或水塔节点总水头为其水位标高,送水站总水头为吸水池水位标高与运行水泵虚总扬程之和。

但是在水源节点出水量未知的情况下,应用如下方程:

$$\begin{bmatrix} u_{11} & 0 & \cdots & 0 \\ u_{21} & u_{22} & & 0 \\ \vdots & & \ddots & \vdots \\ u_{n1} & u_{n2} & \cdots & u_{nn} \end{bmatrix} \cdot \begin{bmatrix} y_1 \\ y_2 \\ \vdots \\ y_n \end{bmatrix} = \begin{bmatrix} Q_1 \\ Q_2 \\ \vdots \\ Q_n \end{bmatrix} \tag{7-57}$$

假定两个水源节点,因节点 Q_{n-1}、Q_n 未知,导致 y_{n-1}、y_n 暂无解而未知。

但由于水源节点总水头 H_{n-1}、H_n 已知,可避免盲区,通过以下回代,反求出其余节点水压:

$$\begin{bmatrix} u_{11} & u_{12} & \cdots & u_{1n} \\ 0 & u_{22} & & u_{2n} \\ \vdots & & \ddots & \vdots \\ 0 & 0 & \cdots & u_{nn} \end{bmatrix} \cdot \begin{bmatrix} H_1 \\ H_2 \\ \vdots \\ H_n \end{bmatrix} = \begin{bmatrix} y_1 \\ y_2 \\ \vdots \\ y_n \end{bmatrix} \tag{7-58}$$

待求出全部节点水压后,即可推求节点水源的供水(或转输)流量。

电算程序框图如图 7-14 所示。

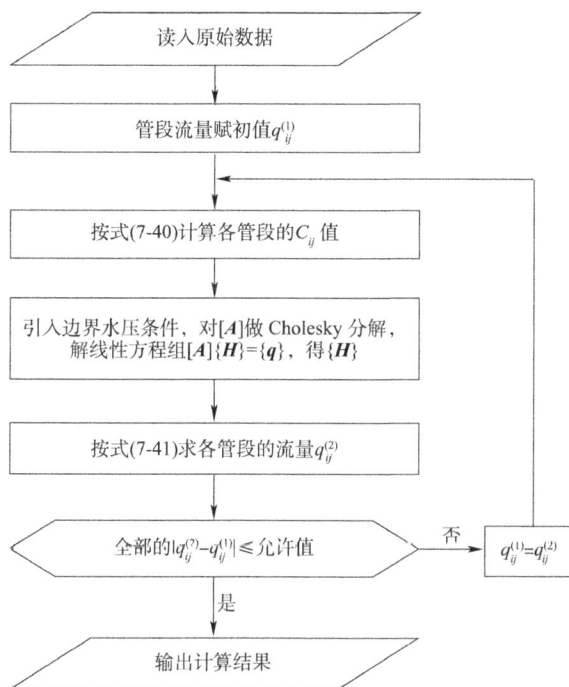

图 7-14 电算程序框图

【例 7-3】 最高时多水源管网计算。

某城市给水管网由东水厂送水泵站、西水厂送水泵站和水塔供水。全城地形平坦,地面标高按 15.00m 计,水塔处的地面标高为 17.5m。设计水量为 50000m³/d,最高时用水量占最高日用水量的 5.92%,即 822L/s。初步设计,最高时东水厂供 32% 的水量,西水厂供 60% 的水量,经两条直径相同、长度相近的输水管道连接到管网,水塔供给 8% 的水量。节点流量如图 7-15 所示,要求的最小服务水头为 24m。送水泵站水泵尚未选型,水塔设计高度待定。

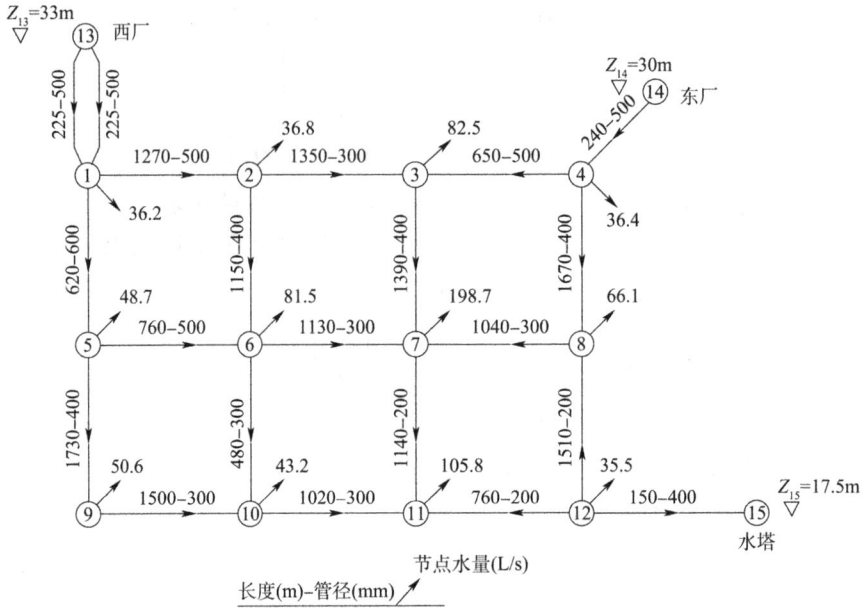

图 7-15　最高时多水源管网计算

解：下面给出用 C＋＋语言的编写的计算程序。

```
#include <math.h>
  #include <stdio.h>
  #define U 100
  voidchol(double a[U][U], double d[U], int n, int w)
{ int i,j,k;
  a[1][1] = sqrt(fabs(a[1][1]));
  for(j=2;j<=n;j++) a[1][j] = a[1][j]/a[1][1];
  for(i=2;i<=n;i++)
{ for(j=2;j<=i;j++) a[i][i] = a[i][i] - a[j-1][i]* a[j-1][i];
    a[i][i] = sqrt(fabs(a[i][i]));
    if(i!=n) { for(j=i+1;j<=n;j++)
            { for(k=2;k<=i;k++) a[i][j] = a[i][j] - a[k-1][i]* a[k-1][j];
            a[i][j] = a[i][j]/a[i][i]; } } }
  d[1] = d[1]/fabs(a[1][1]);
  for(i=2;i<=n-w;i++)
{ for(k=2;k<=i;k++) d[i] = d[i] - a[k-1][i]* d[k-1]; d[i] = d[i]/a[i][i]; }
  for(k=n-w+1;k>=2;k--)
{ for(i=k;i<=n;i++) d[k-1] = d[k-1] - a[k-1][i]* d[i];
    d[k-1] = d[k-1]/a[k-1][k-1]; } }

main()
{ int BB[U],EE[U],B[U],E[U],N[U],i,j,r,n,G,J,W,P,kzd,ok;
  float L[U],D[U],Q[U],Z[U],s[U],c[U],hmin,h0,v;
  double h[U],H[U],q[U],q1[U],C[U],K[U][U];
  charR[10];   FILE * fp;
```

```
printf(" Please input DATA file name... ");
scanf("% s",R);   fp =fopen(R,"r");
fscanf(fp,"% d % d % d % d % f",&G,&J,&W,&P,&h0);
for(i =1;i < =P;i + +) fscanf(fp,"% d % d % f",&BB[i],&EE[i],&s[i]);
for(i =P +1;i < =G;i + +) fscanf(fp,"% d % d % f % f % f",
                          &BB[i],&EE[i],&L[i],&D[i],&c[i]);
for(i =1;i < =J;i + +) fscanf(fp,"% d % f % f",&N[i],&Q[i],&Z[i]);
fclose(fp);

for(i =1;i < =J -W;i + +)
{ printf("\n Node:% d   Q =% f   Z =% f",N[i],Q[i],Z[i]); Q[i] =Q[i]/1000; }
for(i =J -W+1;i < =J;i + +)
{ H[i] =Q[i]; printf("\n Node:% d   H =% f   Z =% f",N[i],H[i],Z[i]); }
scanf("% s",R);

for(i =1;i < =G;i + +)
{ q[i] =.25* 3.14* D[i]* D[i];
  for(r =1;r < =J;r + +){ if(N[r] = =BB[i]) B[i] =r; if(N[r] = =EE[i]) E[i] =
r; }
  if(i < =P) printf("BB -EE:% 2d - -% 2d   B -E:% 2d - -% 2d% 7.2f \n",
                    BB[i],EE[i],B[i],E[i],s[i]);
  if(i >P) { if(D[i] <0.3) D[i] =D[i] -.001;
           s[i] =pow(c[i],1.852)* pow(D[i],4.87)/10.67/L[i];
           printf("BB -EE:% 2d - -% 2d   B -E:% 2d - -% 2d% 7.2f \n",
                  BB[i],EE[i],B[i],E[i],c[i]); } }
scanf("% s",R); ok =0;

A:ok + +;
  for(i =1;i < =P;i + +)   C[i] =1/fabs(q[i])/s[i];
  for(i =P +1;i < =G;i + +) C[i] =s[i]/pow(fabs(q[i]),.852);
  for(i =1;i < =J;i + +) for(j =1;j < =J;j + +) K[i][j] =0;
  for(n =1;n < =G;n + +)
{ i =B[n]; j =E[n];
  K[i][i] =K[i][i] +C[n];   K[j][j] =K[j][j] +C[n];
  K[i][j] =K[i][j] -C[n];   K[j][i] =K[j][i] -C[n]; }
  for(i =1;i < =J -W;i + +) H[i] =Q[i];
  chol(K,H,J,W);

for(i =1;i < =J;i + +)
{ printf(" H[% 2d] =% 7.2f ",i,H[i]); if(fmod(i,5) = =0) printf("\n"); }
printf("\n \n");
j =0;
for(i =1;i < =G;i + +)
{ h[i] =H[B[i]] -H[E[i]]; q1[i] =C[i]* fabs(h[i]);
  if(fabs(q[i] -q1[i]) >1e -4) j + +;
```

```
                             q[i] =q1[i]; }
    if(j >0)goto A;

    for(n =J -W +1;n < =J;n + +)
    { Q[n] =0;   for(i =1;i < =G;i + +)
            { if(B[i] ==n) Q[n] =Q[n] +q[i];
              if(E[i] ==n) Q[n] =Q[n] -q[i]; } }
    for(n =1;n < =J;n + +)
    { C[n] =Q[n]; for(i =1;i < =G;i + +)
                             { if(B[i] ==n) C[n] =C[n] -q[i];
                               if(E[i] ==n) C[n] =C[n] +q[i]; }
            printf(" dQ[% 2d] =% 7.2f ",n,C[n]); }

  B1: hmin =H[1] -Z[1]; kzd =1;
  B2: for(n =2;n < =J -3;n + +) if((H[n] -Z[n]) <hmin) { hmin =H[n] -Z[n]; kzd
=n; }
  B3: for(n =1;n < =J;n + +) H[n] =H[n] +(h0 -hmin);

  printf(" Please input result File name ... ");
  scanf("% s",R);   fp =fopen(R,"w");
  fprintf(fp," Pipe =% 3d,Node =% 2d,Water =% 1d,Pump =% 1d,ho =% 4.1f,ok =%
3d",G -P,J,W,P,h0,ok);
  for(i =1;i < =P;i + +)
  { fprintf(fp,"\nPump% 3d - -% 3d: Sx =% 7.2f",BB[i],EE[i],s[i]);
    fprintf(fp,"   Q =% 7.2fL/s   H =% 5.2fm",1000* q[i],H[E[i]] -Z[E[i]]);}
  fprintf(fp,"\n ----------------------------------------------");
  fprintf(fp,"\n Pipe From To   L:m   DN   q:L/s   hf:m  V:m/s   C");
  fprintf(fp,"\n ----------------------------------------------");
  for(i =P +1;i < =G;i + +)
  { q[i] =(h[i] >0)? q[i]: -q[i];
    v =q[i]/(3.14/4* D[i]* D[i]); D[i] =10* (int)(100* D[i] +.5);
    fprintf(fp,"\n% 4d#% 4d% 4d% 6.0f",i,BB[i],EE[i],L[i]);
    fprintf(fp,"% 5.0f% 8.2f% 7.2f% 7.2f% 5.0f",D[i],1000* q[i],h[i],v,c[i]);}
    fprintf(fp," \n =================================================");
  fprintf(fp,"\n Node   Q:L/s   H:m     Z:m   H0:m");
  fprintf(fp,"\n ----------------------------------");
  for(i =1;i < =J;i + +)
    fprintf(fp,"\n% 4d% 9.2f% 7.2f% 8.2f% 7.2f",N[i],1000* Q[i],H[i],Z[i],
                                               H[i] -Z[i]);
  fprintf(fp,"\n -----------------------------------\n");
  fprintf(fp,"  控制点(最不利点): % 3d \n",kzd);
  for(i =1;i < =J;i + +) { fprintf(fp," F[% 2d] =% 6.3f ",N[i],C[i]);
                          if(fmod(i,4) ==0) fprintf(fp,"\n"); }
  fclose(fp);  }
```

数据文件第一行的各变量及其含义、数值为:G 为管段数,取 21;J 为节点数,取 15;W 为水源数,取 1;P 为泵数,取 0;h0 为最低服务水头,取 24。

第 2~22 行为管段原始数据:起始节点、终止节点、管长(m)、管径(m)、海曾-威廉系数。

接下来为节点原始数据:节点号、节点流量(L/s)、节点地面标高(m)。

节点流量正负号含义:离开节点为"−"(用户用水),进入节点为"+"(水源供水)。

注:根据程序运算需要,最后一行须编排为"水源节点(边界条件)"。

```
21  15    1     0    24
 1   2  1270.  .45  130
 2   3  1350.  .3   130
 3   4  650.   .45  130
 1   5  620.   .6   130
 2   6  1150.  .35  130
 3   7  1390.  .4   130
 4   8  1670.  .35  130
 5   6  760.   .45  130
 6   7  1130.  .3   130
 7   8  1040.  .25  130
 5   9  1730.  .4   130
 6  10  480.   .3   130
 7  11  1140.  .2   130
 8  12  1510.  .2   130
 9  10  1500.  .3   130
10  11  1020.  .3   130
11  12  760.   .2   130
13   1  225.   .5   130
13   1  225.   .5   130
14   4  240.   .5   130
15  12  150.   .35  130
 1   -36.2    15
 2   -36.8    15
 3   -82.5    15
 4   -36.4    15
 5   -48.7    15
 6   -81.5    15
 7  -198.7    15
 8   -66.1    15
 9   -50.6    15
10   -43.2    15
11  -105.8    15
12   -35.5    15
13   493.0    33
14   263.0    30
15   200.0    17.5
```

输出计算结果：

```
Pipe=21,Node=15,Water=1,Pump=0,ho=24.0,ok=43
------------------------------------------------
Pipe From To   L:m  DN    q:L/s    hf:m  V:m/s  C
------------------------------------------------
  1#    1   2  1270  450   139.58   2.10   0.88  130
  2#    2   3  1350  300    50.30   2.43   0.71  130
  3#    3   4   650  450  -147.91  -1.20  -0.93  130
  4#    1   5   620  600   317.22   1.15   1.12  130
  5#    2   6  1150  350    52.48   1.06   0.55  130
  6#    3   7  1390  400   115.71   2.88   0.92  130
  7#    4   8  1670  350    78.69   3.25   0.82  130
  8#    5   6   760  450   179.57   2.00   1.13  130
  9#    6   7  1130  300    74.95   4.25   1.06  130
 10#    7   8  1040  250   -19.84  -0.83  -0.41  130
 11#    5   9  1730  400    88.95   2.20   0.71  130
 12#    6  10   480  300    75.60   1.84   1.07  130
 13#    7  11  1140  200    11.80   1.03   0.38  130
 14#    8  12  1510  200    -7.25  -0.55  -0.23  130
 15#    9  10  1500  300    38.35   1.63   0.54  130
 16#   10  11  1020  300    70.75   3.45   1.00  130
 17#   11  12   760  200   -23.25  -2.42  -0.75  130
 18#   13   1   225  500   246.50   0.64   1.26  130
 19#   13   1   225  500   246.50   0.64   1.26  130
 20#   14   4   240  500   263.00   0.77   1.34  130
 21#   15  12   150  350    66.00   0.21   0.69  130
================================================
Node    Q:L/s   H:m   Z:m    HO:m
------------------------------------------------
   1   -36.20  47.44  15.00  32.44
   2   -36.80  45.34  15.00  30.34
   3   -82.50  42.91  15.00  27.91
   4   -36.40  44.11  15.00  29.11
   5   -48.70  46.29  15.00  31.29
   6   -81.50  44.29  15.00  29.29
   7  -198.70  40.03  15.00  25.03
   8   -66.10  40.86  15.00  25.86
   9   -50.60  44.08  15.00  29.08
  10   -43.20  42.45  15.00  27.45
  11  -105.80  39.00  15.00  24.00
  12   -35.50  41.42  15.00  26.42
  13   493.00  48.08  15.00  33.08
  14   263.00  44.88  15.00  29.88
  15    66.00  41.63  17.50  24.13
------------------------------------------------
```

根据电算结果可知,控制点(最不利点)为节点 11,其压力为 24m,因此可以保证控制点所需的最小服务水头。水塔水柜底高度为 24.13m,也可根据式(3-8)手动计算。

7.5.3 最大转输校核

当水厂供水量大于该时段管网用水量时,多余水量进入调节构筑物(如高位水池、水塔等)贮存,该运行工况称为转输工况。调节构筑物(如高位水池、水塔等)补水流量即为转输流量,转输流量最大的时段即为最大转输时。最大转输工况下,水厂二级泵站水泵型号已选定,水池水位或水塔建造高度已确定。

【例7-4】 根据某城市的用水量变化规律,得最大转输时的流量为 246.7L/s,转输时的节点流量如图 7-16 所示。核算按最高用水时选定的水泵扬程能否在最大转输时供水到水塔,以及此时进水塔的流量。

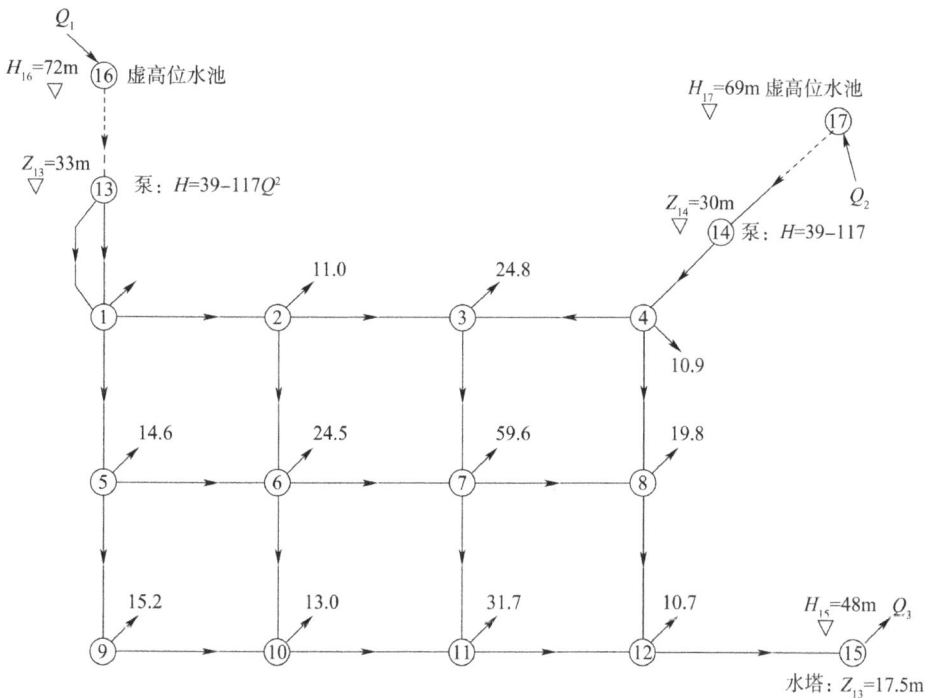

图 7-16 最大转输时管网节点流量

注:最大转输时管网流量 246.7L/s,总管道数[实管道 + 水泵流道]为 21 + 2 = 23,实管道数为 21,实节点数为 15,总结点数[实节点 + 虚高位水池节点]为 15 + 2 = 17,水泵数为 2,水塔数为 1,水源总数[水塔 + 虚高位水池]为 1 + 2 = 3。

已知水塔的最高水位标高为 48m(地面标高为 17.5m,从地面到水塔水面的高度为 30.5m)。按最高用水时选定的离心泵特性曲线方程为:$H_p = 39.0 - 117Q^2$。

东厂装备两台水泵,一用一备;西厂装备三台水泵,两用一备。最大转输时东厂 1 台水泵运行,西厂 2 台水泵并联运行,两泵并联后泵体内虚阻耗系数 $s_x = 117 \div 4 = 29.25$。

在东水厂泵站、西水厂泵站,增添两根虚管段"16—13"和"17—14"。

解: C + + 语言计算程序,见【例7-3】,删除 B1、B2、B3 三行即可。

数据文件第一行说明:G 为管道总数,取23;J 为节点总数,取17;W 为水源总数,取3;P 为水泵流道数,取2。

```
23   17    3    2
```

第2行至第3行数据代表水泵流道原始数据,每行依次为起始节点、终止节点、流道摩阻(泵体内虚阻耗系数)

```
17   14   117
16   13   29.25
```

第4~24行数据代表实管道原始数据,每行依次为起始节点、终止节点、管长(m)、管径(m)、海曾-威廉系数。

接下来为节点原始数据:节点号、节点流量(L/s)、节点地面标高(m)。

节点流量正负号含义:离开节点为"−"(用户用水),进入节点为"+"(水源供水)。

注意:根据程序运算需要,最后(倒数)节点须编排为"水源节点(边界条件)","水源节点(边界条件)"即为水塔与虚高位水池,其节点总水头即为水位值。每行依次为:节点编号、节点总水头(m)、节点地面标高(m)。

```
 1    2   1270   0.45   130
 2    3   1350   0.3    130
 3    4    650   0.45   130
 1    5    620   0.6    130
 2    6   1150   0.35   130
 3    7   1390   0.4    130
 4    8   1670   0.35   130
 5    6    760   0.45   130
 6    7   1130   0.3    130
 7    8   1040   0.25   130
 5    9   1730   0.4    130
 6   10    480   0.3    130
 7   11   1140   0.2    130
 8   12   1510   0.2    130
 9   10   1500   0.3    130
10   11   1020   0.3    130
11   12    760   0.2    130
13    1    225   0.5    130
13    1    225   0.5    130
14    4    240   0.5    130
15   12    150   0.35   130
 1  -10.9   15
 2  -11.0   15
 3  -24.8   15
 4  -10.9   15
 5  -14.6   15
 6  -24.5   15
 7  -59.6   15
 8  -19.8   15
```

```
 9    -15.2   15
10     -13    15
11    -31.7   15
12    -10.7   15
13      0     33
14      0     30
15     48    17.5
16     72     33
17     69     30
```

计算输出结果如下：

Pipe＝23,Node＝17,Water＝3,Pump＝2,ok＝75
Pump 17 - - 14:Sx＝117.00　Q＝　96.12L/s　H＝1.08m
Pump 16 - - 13:Sx＝ 29.25　Q＝251.01L/s　H＝1.84m

```
------------------------------------------------
Pipe From To   L:m   DN    q:L/s   hf:m  V:m/s  C
------------------------------------------------
 3#   1   2   1270   450    77.87   0.71  0.49  130
 4#   2   3   1350   300    39.51   1.55  0.56  130
 5#   3   4    650   450   -35.73  -0.09  0.22  130
 6#   1   5    620   600   162.24   0.33  0.57  130
 7#   2   6   1150   350    27.36   0.32  0.28  130
 8#   3   7   1390   400    50.43   0.62  0.40  130
 9#   4   8   1670   350    49.49   1.38  0.51  130
10#   5   6    760   450   101.38   0.69  0.64  130
11#   6   7   1130   300    47.88   1.85  0.68  130
12#   7   8   1040   250    17.72   0.67  0.36  130
13#   5   9   1730   400    46.26   0.66  0.37  130
14#   6  10    480   300    56.37   1.07  0.80  130
15#   7  11   1140   200    21.00   3.00  0.68  130
16#   8  12   1510   200    47.41  17.96  1.52  130
17#   9  10   1500   300    31.06   1.10  0.44  130
18#  10  11   1020   300    74.42   3.79  1.05  130
19#  11  12    760   200    63.72  15.63  2.05  130
20#  13   1    225   500   125.50   0.18  0.64  130
21#  13   1    225   500   125.50   0.18  0.64  130
22#  14   4    240   500    96.12   0.12  0.49  130
23#  15  12    150   350  -100.43  -0.46  1.04  130
================================================
Node  Q:L/s   H:m    Z:m    H0:m
------------------------------------------------
1   -10.90  69.97  15.00  54.97
2   -11.00  69.26  15.00  54.26
3   -24.80  67.71  15.00  52.71
```

4	−10.90	67.80	15.00	52.80
5	−14.60	69.64	15.00	54.64
6	−24.50	68.95	15.00	53.95
7	−59.60	67.09	15.00	52.09
8	−19.80	66.42	15.00	51.42
9	−15.20	68.99	15.00	53.99
10	−13.00	67.88	15.00	52.88
11	−31.70	64.09	15.00	49.09
12	−10.70	48.46	15.00	33.46
13	0.00	70.16	33.00	37.16
14	0.00	67.92	30.00	37.92
15	−100.43	48.00	17.50	30.50
16	251.01	72.00	33.00	39.00
17	96.12	69.00	30.00	39.00

通过电算结果可知,东厂和西厂按最高用水时选定的水泵在最大转输时可以供水到水塔。东厂供给水量 $Q_东 = 96.12L/s$,西厂供给水量 $Q_西 = 251.01L/s$,转输进水塔的流量 $Q_{进塔} = 100.43L/s$。

节点数据信息有5项:节点编号、节点流量(L/s)、节点总水头(m)、节点地面标高(m)、节点自由水压(m)。管道数据信息有5项:管长(m)、管径(mm)、流量(L/s)、水头损失(m)、水流方向。水力计算成果如图7-17所示。

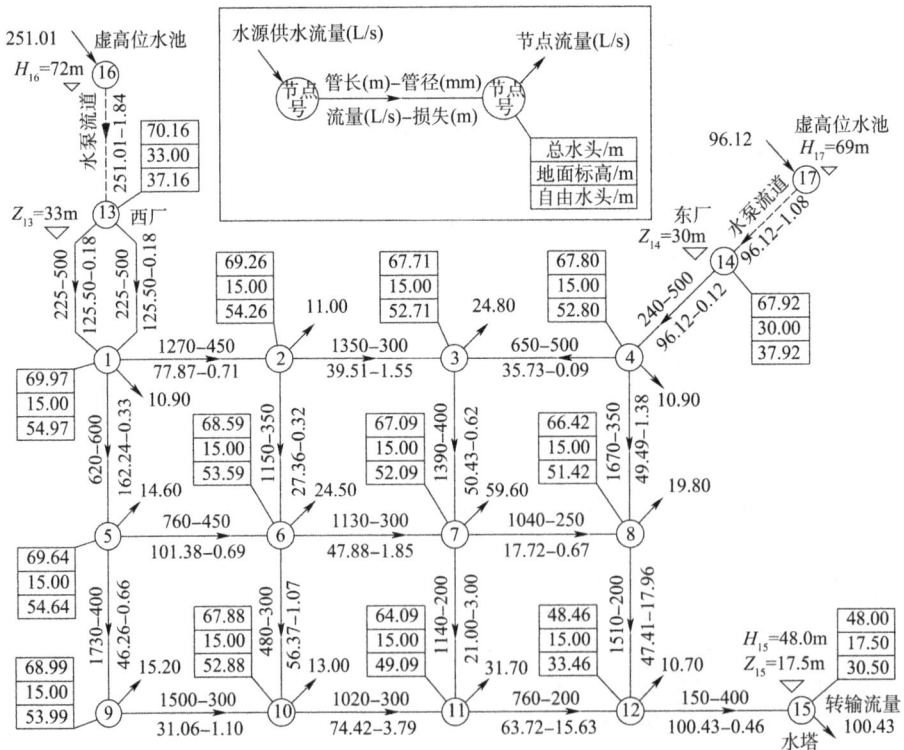

图 7-17　最大转输时管网水力计算成果图

126

【习题】

1. 什么是连续性方程？什么是能量方程？什么是管段压降方程？

2. 树状管网的计算过程是怎样的？计算时干线和支线如何划分？两者确定管径的方法有何不同？

3. 什么叫控制点？每一管网有几个控制点？

4. 环状网计算有哪些方法？

5. 解环方程组的基本原理是什么？

6. 什么叫闭合差？闭合差大说明什么问题？

7. 为什么环状网计算时，任一环内各管段增减校正流量后，并不影响节点流量平衡的条件？

8. 校正流量 Δq 的含义是什么？如何求出 Δq 值？Δq 和闭合差 Δh 有什么关系？

9. 多水源和单水源管网水力计算时各应满足什么要求？

10. 如何构成虚环(包括虚节点和虚管段)？写出虚节点的流量平衡条件和虚环的水头损失平衡条件。

11. 按最高用水时计算的管网，还应按哪些条件进行核算？为什么？

12. 按树状网例题7-1核算该城市在消防时的水力情况。只考虑城市室外消防供水量。

13. 按节点方程解法求解如图7-18所示的管网。

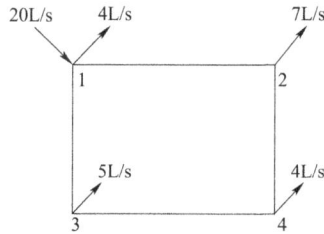

图7-18 习题13附图

14. 如图7-19所示的管网，求：①管段数；②节点数和环数的关系。

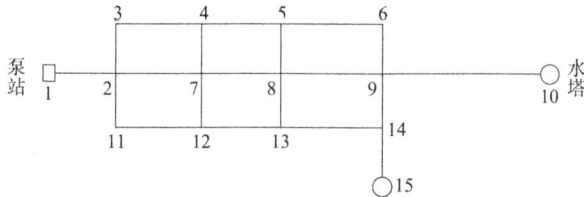

图7-19 习题14附图

15. 在最高用水时，图7-20中泵站供水量占4/5，水塔供水量占1/5，试确定流量分配的主要流向，并写出 3—4—7—2—3 环中任一管段流量 q_{ij} 和两端节点水压 H_i、H_j 之间的关系。

第8章

分区给水系统

8.1 概　　述

　　分区给水一般是将整个给水系统分成几个区,每个区有独立的泵站和管网等,但各区之间有适当的联系,以保证供水可靠和调度灵活。分区给水可以使管网的水压不超过水管可以承受的压力,以免损坏水管和附件,并可减少漏水量;同时降低供水能耗,助力"双碳"战略。在给水区很大、城区地形高差显著或长距离输水时,都需要考虑分区给水问题。

　　图 8-1 为给水区地形起伏、高差很大时采用的分区给水系统。其中图 8-1a)为由同一泵站内的低压和高压水泵分别供给低区②和高区①用水,这种形式叫作并联分区。它的特点是:各区用水分别供给,比较安全可靠;各区水泵集中在一个泵站内,管理方便;但增加了输水管长度和造价,且输水到高区的水泵扬程高,因此需用耐高压的输水管等。在图 8-1b)中,高、低两区用水均由低区泵站 2 供给,但高区用水再由高区泵站 4 加压,这种形式叫作串联分区。大城市的管网往往由于城市面积大、管线延伸很长,以致管网水头损失过大,为了提高管网边缘地区的水压,因此在管网中间设加压泵站或水库泵站加压,这也是串联分区的一种形式。

　　图 8-2 所示的长距离重力输水管,从水库 A 输水至水池 B。为防止水管承受压力过高,将输水管适当分段(即分区),在分段处建造水池,以降低管网的水压,保证工作正常。这种输水管如不分段,且全线采用相同的管径,则水力坡降 $i = \Delta Z/L$,这时部分管线所承受的压力很高。可是,在地形高于水力坡线之处,例如 D 点,管中出现负压,显然是不合理的。如将长距离输

水管分成 3 段,并在 C 和 D 处建造水池,则 C 点附近水管的工作压力有所下降,D 点也不会出现负压,大部分管线的静水压力将显著减小,这是一种重力给水分区系统。

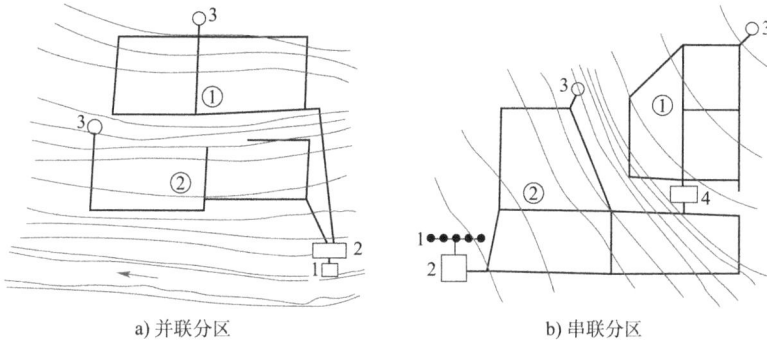

a) 并联分区   b) 串联分区

图 8-1 分区给水系统

1-取水构筑物;2-水处理构筑物和二级泵站;3-水塔或水池;4-高区泵站;①-高区;②-低区

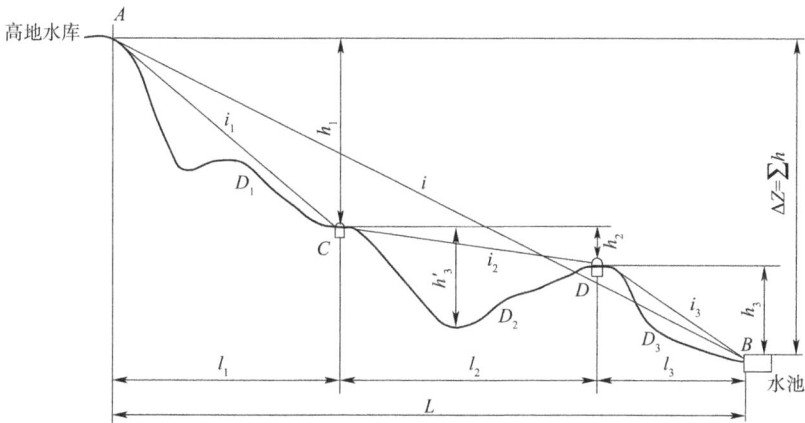

图 8-2 重力输水管分区

将输水管分段,并在适当位置建造水池后,不仅可以降低输水管的工作压力,并且可以降低输水管各点的静水压力,使各区的静水压不超过 h_1、h_2 和 h_3,因此是经济合理的。水池应尽量布置在地形较高的地方,以免出现虹吸管段。

8.2 分区给水的供水能量分析

对于图 8-3 中的给水区,假设地形从泵站起均匀升高。水由泵站经输水管供水到管网,这时管网中的水压以靠近泵站处为最高。设给水区的地形高差为 ΔZ,管网要求的最小服务水头为 H,最高用水时管网的水头损失为 $\sum h$,则管网中的最高水压 H' 等于:

$$H' = \Delta Z + H + \sum h \tag{8-1}$$

考虑到输水管的水头损失,泵站扬程 H'_p 应大于 H'。

城市管网能承受的最高水压 H',由水管材料和接口形式而定。铸铁管虽能承受较高的水压,但为使用安全和管理方便起见,水压最好不超过 0.6MPa。最小服务水头 H 由给水区的房屋层数确定。管网的水头损失 $\sum h$ 根据管网水力计算决定。当管网延伸很远,例如上海很多水厂的供水距离为 15~20km,这时即使地形平坦,也会因管网水头损失过大,而须在管网中途设置水库泵站或加压泵站,形成分区给水系统。因此,根据式(8-1)可以求出地形高差 ΔZ,由此可在地形图上初步定出分区界线。这是由于限制管网的水压而从技术上采取分区的给水系统,多数情况下,除了技术上的因素外,还由于经济上的考虑而采用分区给水系统,目的是降低供水的动力费用。这时,需对管网进行能量分析,找出浪费的能量,并且研究分区后如何减少这部分能量。

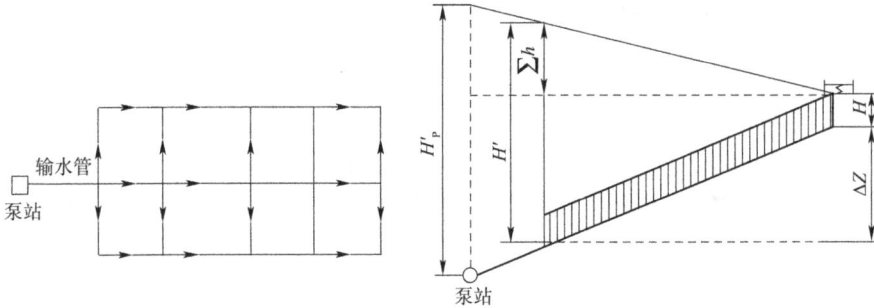

图 8-3 管网水压

给水系统的管理费用中,供水所需动力费用占有很大的比例。所以从给水能量利用程度角度来评价分区给水系统是有实际意义的。因为泵站扬程由控制点所需最小服务水头和管网中的水头损失确定,除了控制点附近地区外,大部分给水区的管网水压高于实际所需的水压,多余的水压消耗在用户给水龙头的局部水头损失上,因此产生了能量浪费。

8.2.1　输水管的供水能量分析

规模相同的给水系统,分区给水可比未分区时减小泵站的总功率,减少输水能量费用。

以图 8-4 中的输水管 5—4—3—2—1 为例,各管段的流量 q_{ij} 和管径 D_{ij} 随着至泵站(设在节点 5 处)距离的增加而减小。未分区时泵站供水所需的总能量 E 等于:

$$E = \rho g q_{4-5} H \qquad (8\text{-}2)$$

或

$$E = \rho g q_{4-5}(Z_1 + H_1 + \sum h_{ij}) \qquad (8\text{-}3)$$

式中：ρ——水的密度(kg/L)；

　　g——重力加速度,取 9.8m/s^2；

　q_{4-5}——泵站总供水量(L/s)；

　　Z_1——控制点地面高出泵站吸水井水面的高度(m)；

　　H_1——控制点所需最小服务水头(m)；

　$\sum h_{ij}$——从控制点到泵站的管线总水头损失(m)。

泵站供水所需总能量 E 由三部分组成。

(1)保证最小服务水头所需的能量 E_1:

$$E_1 = \sum_{i=1}^{4} \rho g(Z_i + H_i) q_i = \rho g(H_1 + Z_1)q_1 + \rho g(H_2 + Z_2)q_2 + \rho g(H_3 + Z_3)q_3 + \rho g(H_4 + Z_4)q_4$$

$$(8\text{-}4)$$

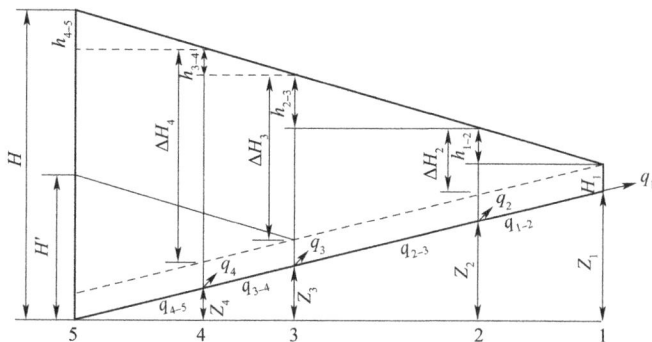

图 8-4 输水管系统

（2）克服水管摩阻所需的能量 E_2：

$$E_2 = \sum_{i=1}^{4} \rho g q_{ij} h_{ij} = \rho g q_{1-2} h_{1-2} + \rho g q_{2-3} h_{2-3} + \rho g q_{3-4} h_{3-4} + \rho g q_{4-5} h_{4-5} \tag{8-5}$$

（3）因各用水点的过剩水压而浪费的能量 E_3：

$$E_3 = \sum_{i=2}^{4} \rho g q_i \Delta H_i = \rho g (H_1 + Z_1 + h_{1-2} - H_2 - Z_2) q_2 +$$
$$\rho g (H_1 + Z_1 + h_{1-2} + h_{2-3} - H_3 - Z_3) q_3 +$$
$$\rho g (H_1 + Z_1 + h_{1-2} + h_{2-3} + h_{3-4} - H_4 - Z_4) q_4 \tag{8-6}$$

式中：ΔH_i——过剩水压。

单位时间内，水泵所需的总能量等于上述三部分能量之和：

$$E = E_1 + E_2 + E_3 \tag{8-7}$$

第一部分能量 E_1 是保障用水所必需的能量。由于设计给水系统时，泵站流量和控制点所需水压已定，所以 E_1 不能减小。

第二部分能量 E_2 消耗于输水过程中不可避免的水头损失。为了减小这部分能量，必须减小管段的水头损失 h_{ij}，其措施是适当放大管径，所以并不是一种经济的解决办法。

第三部分能量 E_3 未能有效利用，属于浪费的能量。这是集中给水系统无法避免的缺点，因为泵站必须按用户所需的水压输送全部流量。

集中（未分区）给水系统中供水能量利用的程度，可用必须消耗的能量占总能量的比例来表示，称为能量利用率，记作 Φ：

$$\Phi = \frac{E_1 + E_2}{E} = 1 - \frac{E_3}{E} \tag{8-8}$$

从上式可以看出，为了提高输水能量利用率，只有设法降低未有效利用的能量 E_3，这就是从经济上考虑管网分区的原因。

图 8-4 所示的输水管分区时，为了确定分区界线和各区的泵站位置，须绘制能量分配图。如图 8-5 所示，将节点流量 q_1、q_2、q_3、q_4 等值顺序按比例绘在横坐标上。各管段流量可从节点流量求出，例如管段 3—4 的流量 q_{3-4} 等于 $q_1 + q_2 + q_3$，泵站的供水量（即管段 4—5 的流量 q_{4-5}）等于 $q_1 + q_2 + q_3 + q_4$ 等。

在泵站供水能量分配图（图 8-5）的纵坐标上按比例绘出各节点的地面标高 Z_i 和所需最小服务水头 H_i，由此得到若干以 q_i 为底、以 $H_i + Z_i$ 为高的矩形面积，这些面积的总和等于保证最小服务水头所需的能量,即图 8-5 中的 E_1 部分。

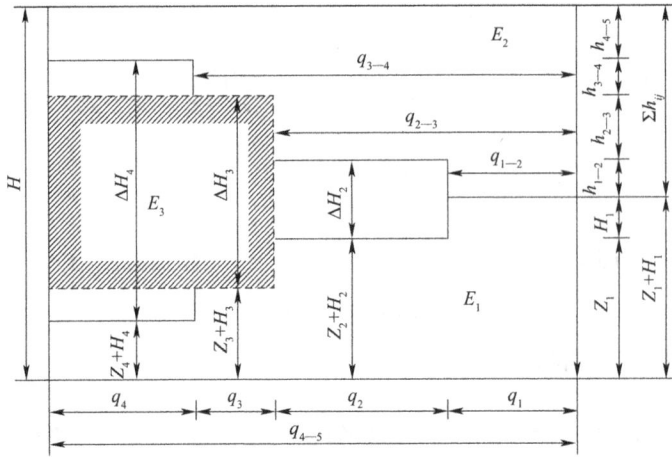

图 8-5 泵站供水能量分配图

为了供水到控制点 1,泵站 5 的扬程应为:

$$H = H_1 + Z_1 + \sum h_{ij}$$

式中:$\sum h_{ij}$——泵站到控制点的管线各管段水头损失总和,在纵坐标上再绘出各管段的水头损失 h_{1-2}、h_{2-3}、h_{3-4}、h_{4-5} 等,纵坐标总高度为 H。

因此,每一管段流量 q_{ij} 和相应水头损失 h_{ij} 所形成的矩形面积总和,等于克服水头损失所需的能量,即图 8-5 中的 E_2 部分。

由于泵站总能量数值为 $q_{4-5}H$,所以除了 E_1 和 E_2 外,其余部分面积就是无法利用而浪费的能量。它等于以 q_i 为底、以过剩水压 ΔH_i 为高的矩形面积之和,在图 8-5 中用 E_3 表示。

以下进一步分析分区给水对减少未有效利用能量 E_3 的作用。

假定在图 8-4 的节点 3 处设加压泵站,将输水管分成两区。分区后,泵站 5 的扬程只需满足节点 3 处的最小服务水头,因此可从未分区时的 H 降低到分区后的 H',此时过剩水压 ΔH_3 消失,ΔH_4 减小,因而减小了一部分未利用的能量。能量减小值如图 8-5 中阴影部分面积所示,等于:

$$(Z_1 + H_1 + h_{1-2} + h_{2-3} - Z_3 - H_3)(q_3 + q_4) = \Delta H_3(q_3 + q_4)$$

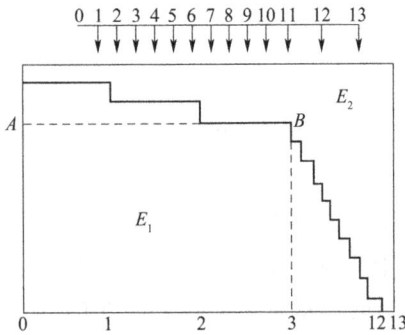

图 8-6 分界线的确定

但是,当整条输水管的管径和流量相同时,即沿线无流量分出时,分区后非但不能降低能量费用,基建和设备等项费用反而增加,管理也趋于复杂。这时,只有在输水距离远、管内的水压过高时,才考虑分区。

图 8-6 所示为按图 8-5 的方法得出的位于平地上的输水管线能量分配图。因沿线各点(0~13)的配水流量不均匀,从能量图上可以找出最大可能节约的能量为矩形 0AB30 面积。因此,加压泵站可考虑设在节点 3 处,节点 3 将输水管分成两区。

长距离输水管是否分区、分区后设多少泵站等问题,须通过方案的技术经济比较才可确定。

8.2.2　管网的供水能量分析

再来研究图 8-7 中的城市给水管网的能量利用情况。假定给水区地形从泵站起均匀升高,全区用水量均匀,要求的最小服务水头相同,设管网的总水头损失为 $\sum h$,泵站吸水井水面与控制点地面的标高差为 ΔZ。未分区时,泵站的流量为 Q,扬程为:

$$H_\mathrm{P} = \Delta Z + H + \sum h \tag{8-9}$$

如果等分成为两区,则第 I 区管网的水泵扬程为:

$$H_\mathrm{I} = \frac{\Delta Z}{2} + H + \frac{\sum h}{2} \tag{8-10}$$

如第 I 区的最小服务水头 H 与泵站总扬程 H_P 相比极小时,则 H 可以略去不计,得:

$$H_\mathrm{I} = \frac{\Delta Z}{2} + \frac{\sum h}{2} \tag{8-11}$$

第 II 区泵站能利用第 I 区的水压 H 时,则该区的泵站扬程 H_II 等于 $\frac{\Delta Z}{2} + \frac{\sum h}{2}$。等分成两区后,所节约的能量为 $\frac{Q}{2}\left(\frac{\Delta Z + H + \sum h}{2}\right)$,即比不分区时最多可以节约 1/4 的供水能量,如图 8-8 的阴影部分面积所示。

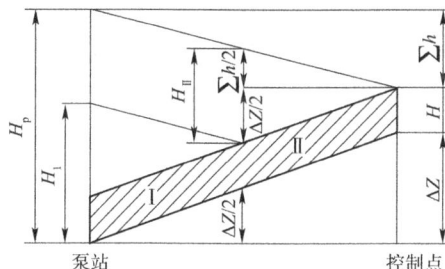

图 8-7　管网系统供水能量分析　　　　图 8-8　管网分区供水能量分析

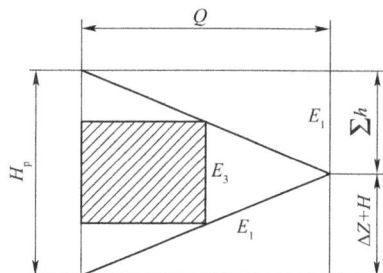

由此可见,对于沿线流量均匀分配的管网,最大可能节约的能量为 E_3 部分中的最大内接矩形面积,相当于将加压泵站设在给水区中部的情况。也就是说,分成相等的两区时,可使浪费的能量减到最少。

依此类推,当给水系统分成 n 区时,供水能量如下。

(1)串联分区时,根据全区用水量均匀的假定,则各区的用水量分别为 $Q, \frac{n-1}{n}Q, \frac{n-2}{n}Q, \cdots,$ $\frac{Q}{n}$,各区的水泵扬程为 $\frac{H_\mathrm{P}}{n} = \frac{\Delta Z + \Delta h}{n}$,分区后的供水能量等于:

$$
\begin{aligned}
E_n &= Q\frac{H_\mathrm{P}}{n} + \frac{n-1}{n}Q\frac{H_\mathrm{P}}{n} + \frac{n-2}{n}Q\frac{H_\mathrm{P}}{n} + \cdots + \frac{Q}{n}\frac{H_\mathrm{P}}{n} \\
&= \frac{1}{n^2}\left[n + (n-1) + (n-2) + \cdots + 1\right]QH_\mathrm{P} = \frac{1}{n^2}\frac{n(n+1)}{2}QH_\mathrm{P} = \frac{n+1}{2n}QH_\mathrm{P} \\
&= \frac{n+1}{2n}E
\end{aligned} \tag{8-12}
$$

式中：E——未分区时供水所需总能量，$E = QH_p$。

等分成两区时，因 $n = 2$，代入式(8-12)，得 $E_2 = 3QH/4$，即较未分区时节约 1/4 的能量，分区数越多，能量节约越多，但最多只能节约 1/2 的能量。

(2)并联分区时，各区的流量等于 $\dfrac{Q}{n}$，各区的泵站扬程分别为 $H_p, \dfrac{n-1}{n}H_p, \dfrac{n-2}{n}H_p, \cdots, \dfrac{H_p}{n}$。分区后的供水能量为：

$$E_n = \frac{Q}{n}H_p + \frac{Q}{n}\frac{n-1}{n}H_p + \frac{Q}{n}\frac{n-2}{n}H_p + \cdots + \frac{Q}{n}\frac{H_p}{n}$$

$$= \frac{1}{n^2}[n + (n-1) + (n-2) + \cdots + 1]QH_p = \frac{n+1}{2n}E \qquad (8-13)$$

从经济上来说，无论串联分区[式(8-12)]或并联分区[式(8-13)]，分区后可以节省的供水能量相同。

8.3　分区给水系统的设计

前已述及，为使管网水压不高于水管所能承受的压力，以及减少无形的能量浪费，可采用分区给水。一般按节约能量的多少来划定分区界线，因为管网、泵站和水池的造价不大受到分界线位置变动的影响，所以考虑是否分区以及选择分区形式时，应根据地形、水源位置、用水量分布等具体条件，拟定若干方案，进行比较。管网分区后将增加管网系统的造价，如所节约的能量费用多于所增加的造价，则可考虑分区给水。就分区形式来说，并联分区的优点是各区用水由同一泵站供给，供水比较可靠，管理也较方便，整个给水系统的工作情况较为简单，设计条件易与实际情况一致。串联分区的优点是输水管长度较短，可用扬程较低的水泵和低压管。因此，在选择分区形式时，应考虑到并联分区会增加输水管造价，串联分区将增加泵站的造价和管理费用。

城市地形对分区形式的影响是：当城市狭长发展时，采用并联分区较宜，因水管长度增加得不多，但是高、低两区的泵站可以集中管理，如图 8-9a)所示；与此相反，城市垂直于等高线方向延伸时，串联分区更为适宜，如图 8-9b)所示。

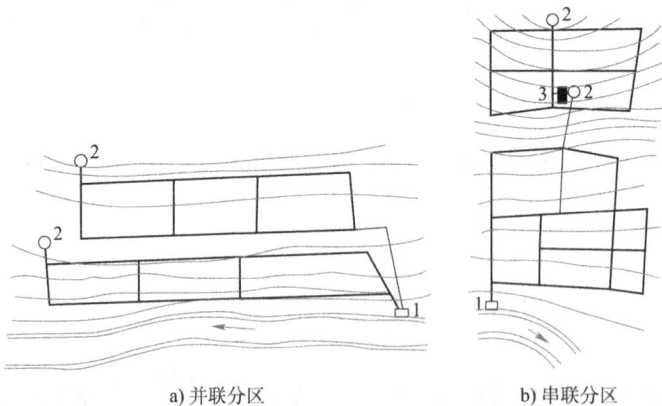

a) 并联分区　　　　　　　　b) 串联分区

图 8-9　城市延伸方向与分区形式选择

1-水厂；2-水塔或高位水池；3-加压泵站

水厂位置往往影响到分区形式,如图 8-10a)所示,水厂靠近高区时,宜用并联分区。水厂远离高区时,采用串联分区较好,如图 8-10b)所示,以免到高区的输水管过长,增加造价。

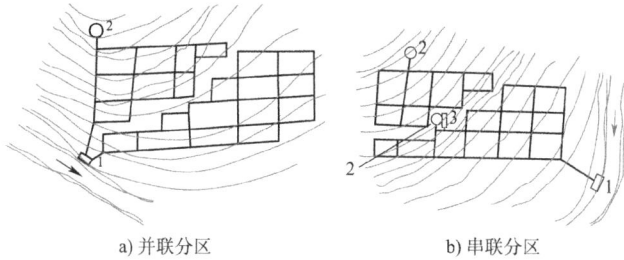

a) 并联分区   b) 串联分区

图 8-10   水源位置与分区形式选择

1-水厂;2-水塔或高位水池;3-加压泵站

在分区给水系统中,可以采用高地水池或水塔作为水量调节设备。调节容量相同时,高地水池的造价比水塔便宜。但水池标高应保证该区所需的水压,采用水塔或水池须通过方案比较后确定。

8.4   管网区块化

管网区块化不同于一般概念上的管网并联或串联分区,而是综合考虑水源性质、数量、位置、城市地形、行政区域以及现有管网的规模,将现有的管网系统改造为若干个区域,实现分区供水,实施区域管理。并且各区块由专用的供水主干管或干管供水,然后通过各区块内的支管向用户供水,实现供水干管与支管的功能分离。另外,通过在各区块内设置管网监测设备,可以对各区块的水量、水压、水质进行监测,从而实现对配水系统水量、水压、水质的有效管理,为保证供水安全性,在邻近的区块间(大区和大区之间、中区和中区之间、小区和小区之间)设置应急联络管,如图 8-11 所示。

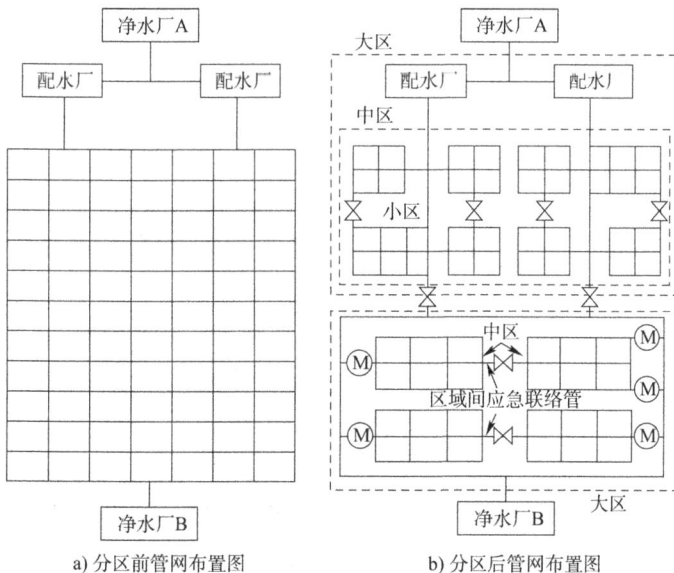

a) 分区前管网布置图   b) 分区后管网布置图

图 8-11   配水系统区块化示意图

管网区块化的主要目的是实现水压均匀化,同时降低漏水量,事故或灾害时迅速恢复供水。哈尔滨工业大学赵洪宾教授于2001年率先提出配水系统的区块化DBS(Distribution Blocking System)理念,赵明教授于2008年提出将供水主干管或干管与给水支管相互分离,并根据地形、行政区域等特性将复杂的管网系统分成若干个相对独立的区域(子系统),实现阶层化区块化供水。阶层化的构造如图8-12所示。

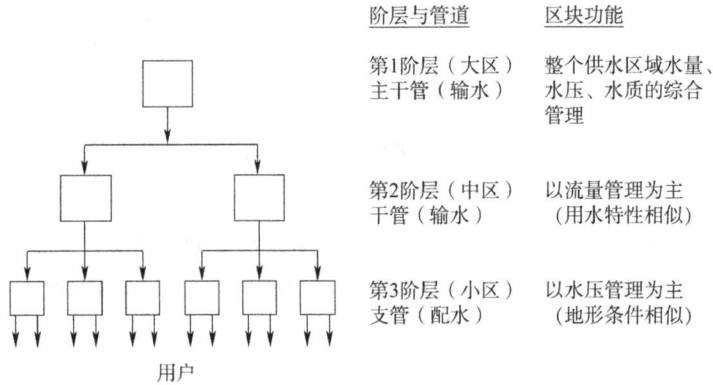

图8-12 区块的阶层化构造(3层)与各阶层的功能

8.4.1 管网区块化(DBS)的实施方法

由于各城市水源性质、数量、位置、管网规模、现有的管网系统改造的难易程度以及管网区块化的目的不同,管网区块化的过程也不尽相同。管网区块化的基本流程图如图8-13所示。图中以水质、水压、水量、费用与效果为区块化的标准,提出区块化流程图。

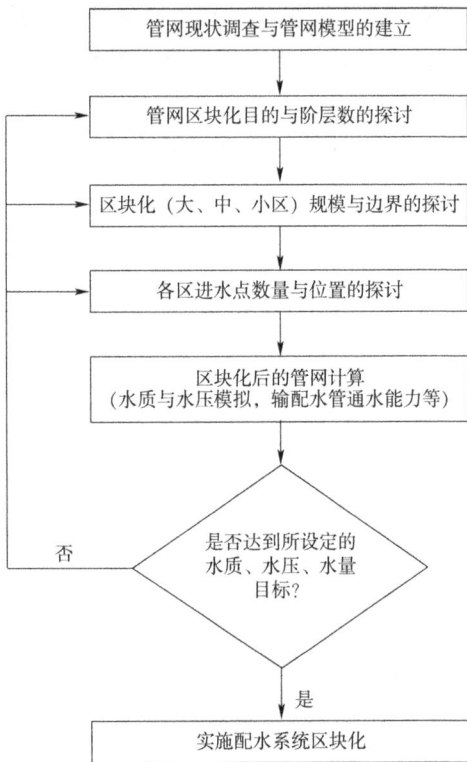

图8-13 区块化流程图

8.4.1.1 管网现状调查与模型的建立

管网现状调查及模型的建立不仅对客观评价现有管网是必不可少的,也是评价管网区块化效果的有效工具。目前大多数管网模型均是按理想状态建立的,然而当管道经过长时间的使用后,水在管网内的实际流动情况与新管时有很大差别。故建立能较好地表达实际管网的水力、水质模型是至关重要的。

8.4.1.2 管网区块化目的与阶层数的探讨

配水系统区块化的目的不同,将直接影响配水系统区块化的形态。如配水系统区块化的目的仅限于改善管网水质,则根据水源、水质、位置、地形及现有管网的规模等,将配水系统分为大区或大-中区即可。如配水系统区块化还兼有减漏与防漏目的,则应将管网分为大-中-小区。

第1阶层(大区)区块化系统应以实现合理配水为主,除此以外的其他功能(如流量计量、压力控制、改善低压区、减少漏失量、提高水质等)应在第2阶层(中区)或第3阶层(小区)系统中实现。一般根据管网规模、可靠性要求及资金状况等确定阶层数。我国的配水系统区块化应至少采用两阶层系统,如资金不足可分步实施。

8.4.1.3 区块化规模与边界的探讨

为将区域水压控制在一定范围内,需考虑以下因素来确定区域规模:区域内地形标高差、管道的水头损失、区域的形状、进水点的位置、人口密度及工业用水情况等。为减少管网改造费用,也应根据区域内现有主要管道的管径确定管段流量,设计区块化规模。另外,分区之后的区块化规模应便于漏失调查和区域计量。

8.4.1.4 各区进水点数量与位置的探讨

各区块的进水点数目与区域内水压控制、流量测定以及事故发生时的解决措施等有关。在保证供水安全可靠的情况下,进水点数目应尽量少。单点进水时有利于设定进水管的位置和确定水压控制点,而多点进水时则难以确定水压控制点,但当发生事故时多点进水则相对容易保证供水安全可靠。

从区块的压力控制与管理以及流量监测与管理的角度来讲,选择单点进水方式较合理。如该区块的安全可靠性较低或用水量变化较大时,可采用两点进水方式,但必须通过反复的水力模拟计算来确定进水点的数目和位置,还应综合考虑现有管网与附属设备情况。

在选择进水点位置时,主要应考虑地形、区块内用水大户的位置等因素,以使整个系统以及各个区块内的水龄最短。

8.4.1.5 配水系统区块化的实施

配水系统区块化的实施(包括管道的改造,各区块间联络管、阀门、流量计、压力计、水质监测装置的安装)应与既有管道清洗以及更新工程相结合。另外,当原有管道状态较好时,应尽可能充分利用原有管道,从而提高管网改造效率(费用最小化)。根据各城市社会经济发展水平,配水系统区块化可以采用阶段化实施方法。例如,可先对管网实施大区块化的改造,当有条件时再实施中区或小区块化的改造。对于漏水率较高的城市,甚至可以先从管网的小区块化着手实施管网区块化。

(1)管网区块化的优点。

①实行区块化供水是降低电耗、降低损耗、提高供水效益的重要途径。通过优化管网的压力分区运行模式,使管网在全天内的管网压力更加均衡,在某些时段可通过水力模型的模拟,在满足用户用水压力需求的前提下,降低某些压力区域的供水压力,达到减少漏耗的作用,从根本上降低产销差。

②管网压力过高是管网爆管事故发生的重要原因,因此减少管网供水压力,不仅能减少漏耗,还可以有效地减少管网爆管事故。某一子系统出现事故时,对整个系统的影响较小,提高管网的运行安全性。

③由于供水主干管或干管功能简化(仅肩负向其他区域输水的功能),使局部水头损失减小,水龄减小,从而提高管网末端余氯浓度,有效地改善管网水质。

④当城市规模不断扩大、需要扩建管网时,仅靠增建小区(或中区)即可对应,从而使管网具有较强的适应性。

(2)对于已建管网实施区块化的难点。

①管网规划设计问题:传统的管网工程设计标准没有区块化的理念,出于供水安全性考虑,管网尽量多成环。《室外给水设计标准》(GB 50013—2018)规定,城镇配水管网宜设计成环状,当允许间断供水时,可设计为枝状,但应考虑将来连成环状管网的可能。

②工作量和成本问题:要想实现区块化独立管理,必须安装大量阀门来切断不同区块边界第2阶层、第3阶层管道的连接,安装边界流量计,工作量很大,成本也很高。

③水量、水压和水质问题:对于本来运行良好的管网系统,如果为了分区计量而强行切断不同区域边界第2阶层、第3阶层管道连接,可能导致部分用户水量、水压不满足,部分区块边界处水质变差,边界管道堵头处容易出现死水,水龄变长。

针对以上难点可以采取的技术措施有:调整区块的规模、在间歇供水区域临时恢复供水、用管网模型或压力数据采集装置评估用户用水压力;水质问题可以通过定期的冲洗计划或重新设计区块边界来克服。

而对于新建城市或乡镇供水系统城乡一体化改造,可一步到位,规划好管网区块化布局并实施。

8.4.2　应用实例

8.4.2.1　项目概况

M市位于我国东北部,全市总面积为3.8827万 km^2,总人口为278.5万人,地势西北高东南低,地形以山地、丘陵为主,呈现出中山、低山、丘陵、河谷盆地4种地形,市区中部属于盆地地貌,城区地势高差不大。

该市自来水公司日供水能力为19.083万 m^3。在该市的西南方向设有A、B两座水厂,夜间只有A水厂供水。同时,该市还设有94个二级加压站,分别向城区各地加压供水,以保证末端用户的用水可靠性。

M市供水管网存在以下问题:

(1)该市自来水公司目前对城市给水管网中水质变化、管网的优化运行、供水的安全可靠性技术缺乏研究;

(2)M市大部分供水管网铺设时间较长,管网老化严重,管网漏失量大,造成水资源与能源浪费,影响了正常的工农业生产;

(3)给水管网内部由于过长时间没有清理,管壁上附有大量的污垢、细菌等,水流在管内流动导致供水发生了二次污染,用户端水质明显下降。

8.4.2.2　分区方案

首先,根据M市供水管网压力南高北低的现状条件,将其分为南北两片一级供水阶层。其次,考虑到M市的行政区块划分以及地理分布状况,根据M市河流、道路、铁轨等本身就存在的边界,形成了北一、北二、南一、南二、南三、南四共6个二级供水阶层,尽量减少各区域之间的连接,对现有的相邻区域之间的边界阀门进行适当的关阀操作并设置区域紧急联络管,如图8-14所示,图中方框为隔离阀门。

同时,在一些不适宜进行关阀操作的管道(如供水范围较大的主干管等)上安装双向流量计。分区后效果如图8-15所示。

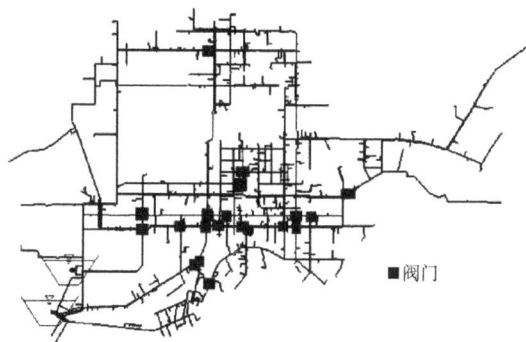
图 8-14 M 市分区关阀示意

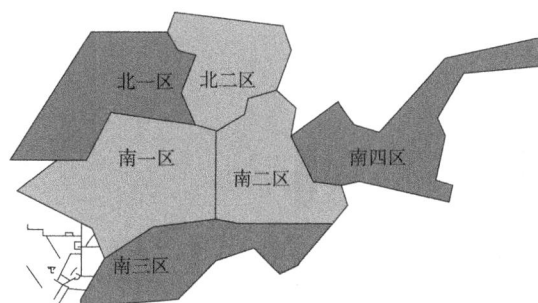
图 8-15 M 市分区效果

8.4.2.3 分区结果分析

压力分析:M 市区块化方案确定之后,经过水力模型计算,可以发现区块化高峰用水时段的最大压力下降 5.37%,最小压力提高 1.01%;一般用水时段的最大压力下降 5.78%,最小压力提高 1.64%。区块化有利于节能降耗,减少管网漏失和爆管事故。

水龄分析:水龄是评价水质好坏的重要指标,通过区块化,供水主干管和干管实现了功能分离,实现阶层化供水,各区块之间相对独立,区块内部水流的流动距离缩短,各节点供水路径简化,供水时间缩短,水龄降低。区块化之前平均水龄为 10.507h,区块化之后平均水龄为 8.557h,平均水龄缩短了 18.56%。由此可见,区块化较好地改善了管网水质。

【习题】

1. 在哪些情况下给水系统需要考虑分区供水?

2. 分区给水有哪些基本形式?各有什么特点?

3. 泵站供水时所需的能量由几部分组成?分区给水后可以节约哪部分能量?哪些能量不能节约?

4. 泵站供水能量分配图是如何绘制的?

5. 输水管全长的流量不变时,能否用分区给水方式降低能量?

6. 给水系统分成两区时,较未分区系统最多可节约多少能量?

7. 特大城市如果地形平坦,管网延伸很远,是否有考虑分区给水的必要?为什么?

8. 什么是管网区块化?

9. 管网阶层化供水理论将供水管网分为几个阶层?各阶层的功能分别是什么?

10. 简述管网区块化(DBS)的实施方法。

11. 怎样确定区块化规模?

12. 怎样确定各区块的进水点数目和位置?

13. 管网区块化的优点与难点有哪些?

第 9 章

管网优化计算

管网优化计算或技术经济计算,应考虑到以下四个方面:保证供水所需的水量和水压,水质安全,可靠性(保证事故时水量)和经济性。管网优化计算就是以经济性为目标函数,将给水系统正常运行时需要满足的条件作为约束条件,据此建立目标函数和约束条件的表达式,以求出优化的管径或水头损失。由于水质安全性不容易定量地进行评价,正常时和损坏时用水量会发生变化,二级泵房的运行和流量分配等有不同方案,这些因素都难以用数字表达,因此管网优化计算主要是在考虑各种设计目标的前提下,求出一定设计年限内,管网建造费用和管理费用之和为最小的管径或水头损失,也就是求出经济管径或经济水头损失。

管网问题是很复杂的,管网布置、调节水池容积、泵站工作情况等都会影响技术经济指标。在进行优化计算之前,事先必须完成下列工作:确定水源位置,完成管网布置,拟定泵站工作方案,选定控制点所需的最小服务水头,算出沿线流量和节点流量等。

管网建造费用主要是管线的费用,包括水管及其附件费用和挖沟埋管、接口、试压、管线消毒等施工费用。由于泵站、水塔和水池费用所占比例很小,一般忽略不计。

管理费用主要是供水所需动力费用,而管网的技术管理和检修等费用并不多。动力费用随泵站的流量和扬程而变,扬程则取决于控制点要求的最小服务水头,以及输水管和管网的水头损失等,水头损失又与管材、管段长度、管径、流量有关。管网定线后,管段长度已定,因此,建造费用和管理费用仅取决于流量或管径。

在进行管网优化计算时,应先进行流量分配,然后采用优化的方法,写出以流量、管径或水头损失表示的费用函数式,求得费用最省的最优解。

9.1 管网年费用折算值

9.1.1 目标函数和约束条件

管网年费用折算值是按年计的管网建造费用和管理费用,它是水泵供水管网优化计算时的目标函数,可用式(9-1)表示:

$$W = \frac{C}{t} + M \tag{9-1}$$

式中:W——年费用折算值(元/年);

C——管网建造费用(元);

t——投资偿还期(年),可取 15 ~ 20 年;

M——年管理费用(元/年)。

单位长度管线的建造费用 c 为:

$$c = a + b\,D_{ij}^{\alpha} \tag{9-2}$$

式中:a、b、α——参数,由水管材料和当地施工条件确定;

D——管径(m);

i、j——管线节点标号。

全部管网的建造费用 C 为:

$$C = \sum (a + b\,D_{ij}^{\alpha})\,l_{ij} \tag{9-3}$$

式中:l_{ij}——管段长度(m)。

每年管理费用 M 中,包括动力费 M_1 和折旧大修费 M_2:

$$M_1 = 24 \times 365\beta E \frac{\rho Q H_p}{102\eta} = 86000\beta E \frac{Q(H_0 + \sum h_{ij})}{\eta} \tag{9-4}$$

$$M_2 = \frac{p}{100} \sum (a + b\,D_{ij}^{\alpha})\,l_{ij} \tag{9-5}$$

式中:β——供水能量变化系数;中型城市可参照:网前水塔管网的输水管或无水塔的管网为 0.1 ~ 0.4;网中水塔的管网为 0.5 ~ 0.75;

E——电价[元/(kW·h)];

ρ——水的密度,取 1000kg/m³;

Q——泵站输入管网的总流量(m³/s);

H_0——水泵静扬程(m);

$\sum h_{ij}$——从管网水源节点到控制点任一条管线的总水头损失(m);

η——泵站效率,一般为 0.55 ~ 0.85,水泵功率小的泵站,效率较低;

p——每年的折旧和大修费用,一般以管网建造费用的 2.5% ~ 3% 计。

将 C、M_1 和 M_2 代入式(9-1),得出年费用折算值(元/年)的公式为:

$$W = \left(\frac{p}{100} + \frac{1}{t}\right) \sum (a + b\,D_{ij}^{\alpha})\,l_{ij} + PQ(H_0 + \sum h_{ij}) \tag{9-6}$$

式中：P——抽水费用系数，$P = 24 \times 365 \dfrac{\rho \beta E}{102 \eta} = 86000 \dfrac{\beta E}{\eta}$，表示流量 $Q = 1 \text{m}^3 / \text{s}$、水泵扬程 $H_{\mathrm{p}} =$

1m 时的每年电费(元)；

式(9-6)中，右边第一项为管网全部管线的年建造费用和折旧大修费用之和；第二项为设一个泵站的单水源管网每年供水动力费用，取决于供水量和管网起点到控制点任一条管线的总水头损失。如为多泵站的管网系统，应将各泵站的动力费用分别计算后相加。

将式(9-6)简化，只取其变量部分，得出水泵供水时的目标函数或年费用折算值 W_0 为：

$$W_0 = \left(\frac{p}{100} + \frac{1}{t} \right) \sum b D_{ij}^{\alpha} l_{ij} + PQ \sum h_{ij} \tag{9-7}$$

重力供水时，因没有抽水动力费用，式(9-7)中的第二项可以不计，经济管径仅由充分利用位置水头使管网建造费用为最小的条件确定，因此重力供水时目标函数为：

$$W_0 = \left(\frac{p}{100} + \frac{1}{t} \right) \sum b D_{ij}^{\alpha} l_{ij} \tag{9-8}$$

上述目标函数 W_0 的约束条件为：

(1) $J - 1$ 个连续性方程：

$$A q_{ij} + q_i = 0 \qquad 管段 ij = 1, 2, \cdots, P；节点 i = 1, 2, \cdots, J - 1 \tag{9-9}$$

式中：A——衔接矩阵，$(J - 1) \times P$ 阶。

(2) L 个能量方程：

$$\Delta h_k = 0 \qquad k = 1, 2, \cdots, n \tag{9-10}$$

式中：Δh——基环闭合差；

k——环号。

(3) 任一管段的流量 q_{ij} 应大于最小允许流速时的流量 $q_{\min}$：

$$q_{ij} \geqslant q_{\min} \tag{9-11}$$

(4) 水压：

$$H_c \geqslant H_a \tag{9-12}$$

式中：H_c——任一节点的自由水压；

H_a——最小服务水头。

9.1.2　优化计算中的变量关系

优化计算中，未知量为管段流量 q_{ij} 和管径 D_{ij}。当管段流量 q_{ij} 和管径 D_{ij} 已定时，根据公式(6-22)，水头损失为 $h_{ij} = k q_{ij}^n l_{ij} / D_{ij}^m$，因此年费用折算值 W_0 可看作是 q_{ij} 和 D_{ij}(或 q_{ij} 和 h_{ij})的函数，但计算时以流量 q_{ij} 和水头损失 h_{ij} 的关系来分析比较简便。

如水头损失公式中的 n 取 2，将式 $h_{ij} = k q_{ij}^n l_{ij} / D_{ij}^m$ 中的 D_{ij} 解出，代入式(9-7)中，得：

$$W_0 = \left(\frac{p}{100} + \frac{1}{t} \right) \sum b k^{\frac{\alpha}{m}} q_{ij}^{\frac{2\alpha}{m}} h_{ij}^{-\frac{\alpha}{m}} l_{ij}^{\frac{\alpha + m}{m}} + PQ \sum h_{ij} \tag{9-13}$$

式(9-13)是压力式管网优化计算的基础公式。

至于目标函数 W_0 是否有极值、在何种 q_{ij} 和 h_{ij} 时才有极值、是最大值还是最小值等，需要进行分析。只有在求得的 q_{ij} 和 h_{ij} 值为最小时，函数 W_0 值才为最小，为此需研究函数 W_0 的极值。

目标函数W_0中包括q_{ij}和h_{ij}两个变量,将其中一个变量(例如h_{ij})看作常数,则无约束的一阶和二阶导数分别为:

$$\frac{\partial W_0}{\partial q_{ij}} = \left(\frac{p}{100} + \frac{1}{t}\right)\frac{2\alpha}{m}bk^{\frac{\alpha}{m}}q_{ij}^{\frac{2\alpha-m}{m}}h_{ij}^{-\frac{\alpha}{m}}l_{ij}^{\frac{\alpha+m}{m}} \tag{9-14a}$$

$$\frac{\partial^2 W_0}{\partial q_{ij}^2} = \left(\frac{p}{100} + \frac{1}{t}\right)\frac{2\alpha}{m}\frac{2\alpha-m}{m}bk^{\frac{\alpha}{m}}q_{ij}^{\frac{2\alpha-2m}{m}}h_{ij}^{-\frac{\alpha}{m}}l_{ij}^{\frac{\alpha+m}{m}} \tag{9-14b}$$

根据一般的α和m值,如取$\alpha=1.6$,$m=5.33$,则可得:

$$\frac{2\alpha-m}{m} = \frac{2\times1.6-5.33}{5.33} = -0.4$$

由此可见,$\frac{\partial^2 W_0}{\partial q_{ij}^2} < 0$,因此通过$\frac{\partial W_0}{\partial q_{ij}} = 0$求得的极值为最大而不是最小,也就是说,管网流量未分配时不能求得经济管径。

如将目标函数W_0中的q_{ij}看作常数,则一阶和二阶导数分别为:

$$\frac{\partial W_0}{\partial h_{ij}} = -\left(\frac{p}{100} + \frac{1}{t}\right)\frac{\alpha}{m}bk^{\frac{\alpha}{m}}q_{ij}^{\frac{2\alpha}{m}}h_{ij}^{-\frac{\alpha+m}{m}}l_{ij}^{\frac{\alpha+m}{m}} + PQ \tag{9-15a}$$

$$\frac{\partial^2 W_0}{\partial h_{ij}^2} = \left(\frac{p}{100} + \frac{1}{t}\right)\frac{\alpha}{m}\frac{\alpha+m}{m}bk^{\frac{\alpha}{m}}q_{ij}^{\frac{2\alpha}{m}}h_{ij}^{-\frac{\alpha+2m}{m}}l_{ij}^{\frac{\alpha+m}{m}} \tag{9-15b}$$

因$\frac{\alpha+m}{m} = \frac{1.6+5.33}{5.33} = 1.33$,为正值,所以式(9-15b)的$\frac{\partial^2 W_0}{\partial h_{ij}^2} > 0$,说明极值确为最小。

因此,当管网中各管段的流量q_{ij}已知,即流量已经分配时,就可求出目标函数W_0的极小值。也就是说,流量已分配时,由$\frac{\partial W_0}{\partial h_{ij}} = 0$所得的是对应于最小$W_0$值的经济水头损失或经济管径。如管段的水头损失或水力坡降已定,由$\frac{\partial W_0}{\partial q_{ij}} = 0$所得的流量对应最大的$W_0$值,也就是最不经济的流量分配。

以图9-1中的一环管网来分析W_0值。如两条管段平均分配流量,即$Q_1 = Q_2 = Q/2$,则得最大的W_0值。如将全部流量Q分到一条管线,即$Q_1 = Q$、$Q_2 = 0$时,得到的是最小的W_0值,这时环状网就转化成树状网。对环状网流量分配的研究结果认为,将环状网转化为树状网时,才可得到最优的流量分配。但是同一环状网,可以去除不同部位的管段而得到各种形状的树状网,从这些不同的树状网中可选出最经济流量分配的树状网。

从经济的角度,环状网的造价比树状网高,可是为了供水的可靠性,不得不增加建设费用而采用环状网。

图9-1 一环管网

综上所述,对现有管网造价和水头损失公式中的α和m值,环状网只有近似而没有最优化的经济流量分配。所以进行管网计算时,需要从实际出发,先拟定初始流量分配,然后采取优化的方法求得经济管径。

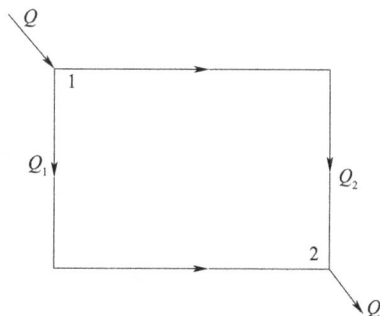

9.2 输水管优化计算

9.2.1 压力输水管的优化计算

图 9-2 所示的从泵站到水塔的压力输水管网,由 1—2、2—3、3—4、4—5 共 4 个管段组成。为求每一管段年费用折算值为最小的经济管径,可按式(9-7)对单根管线求导,代入 $h_{ij} = kq_{ij}^n l_{ij}/D_{ij}^m$,并令 $\partial W_0/\partial D_{ij} = 0$,得:

$$\frac{\partial W_0}{\partial D_{ij}} = \left(\frac{p}{100} + \frac{1}{t}\right)\alpha b l_{ij} D_{ij}^{\alpha-1} - mPk l_{ij} Q q_{ij}^n D_{ij}^{-(m+1)} = 0 \tag{9-16}$$

整理后得压力输水管的经济管径公式:

$$D_{ij} = \left[\frac{mPk}{\left(\dfrac{p}{100} + \dfrac{1}{t}\right)\alpha b}\right]^{\frac{1}{\alpha+m}} Q^{\frac{1}{\alpha+m}} q_{ij}^{\frac{n}{\alpha+m}} = (fQq_{ij}^n)^{\frac{1}{\alpha+m}} \tag{9-17}$$

式中:f——经济因素,是包括多种经济指标的综合参数。

$$f = \frac{mPk}{\left(\dfrac{p}{100} + \dfrac{1}{t}\right)\alpha b} \tag{9-18}$$

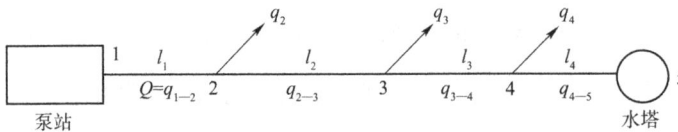

图 9-2 压力输水管

当输水管无沿线流量或全线流量不变时,式(9-17)可写为:

$$D_{ij} = (fQ^{n+1})^{\frac{1}{\alpha+m}} \tag{9-19}$$

因为式(9-7)的二阶导数 $\partial^2 W_0/\partial D_{ij}^2 > 0$,所以由式(9-17)和式(9-19)求得的是年费用折算值为最小的经济管径。

根据当地各项技术经济指标,算出经济因素 f 值,即可按式(9-17)求出压力输水管各管段的经济管径。

每米长度管线的建造费用公式 $c = a + bD^\alpha$ 中,a、b、α 值的计算方法如下。

(1)根据表 9-1,将管径和建造费用的对应关系点绘在方格纸上,如图 9-3 所示,将各点连成光滑曲线,并延伸到和纵坐标相交,交点处的 $D = 0$,$c = a$,因此得 $a = 230$。

(2)对 $c = a + bD^\alpha$ 两边取对数,得 $\lg(c-a) = \lg b + \alpha \lg D$,当 $D = 1$ 时,$\lg D = 0$,得 $\lg(c-a) = \lg b$。将对应的 $\lg D$ 和 $\lg(c-a)$ 值绘在方格纸上,得如图 9-4 所示的直线。从相应于 $D = 1$ 时的 $\lg(c-a)$ 值,可得 $b = 3668$,直线斜率为 α,$\alpha = 1.5$,从而得出单位长度管线的建造费用公式。

某市 2018 年球墨铸铁管管道材料价格和施工费用估算值　　　　表 9-1

管径(mm)	200	300	400	500	600	700	800	900	1000
施工费用估算值(元)	527.14	860.09	1142.26	1404.24	1803.71	2358.99	2827.71	3422.23	3986.74

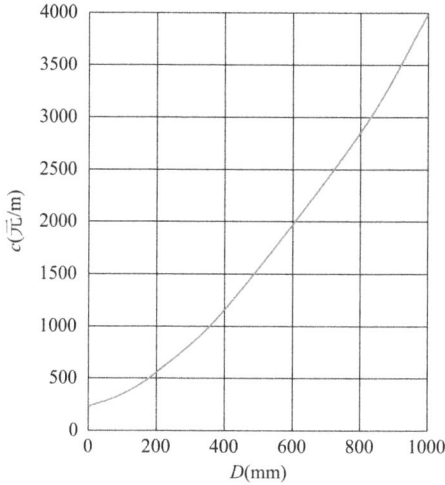

图 9-3 求管线建造费用公式中的系数 a

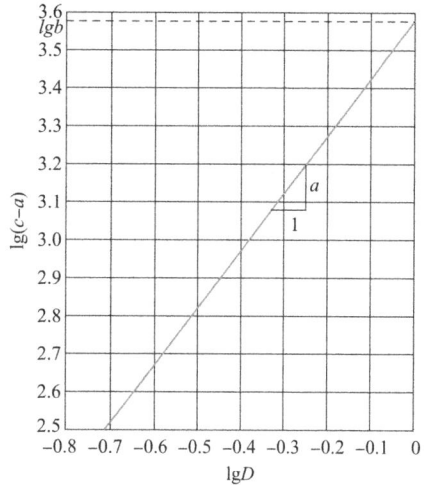

图 9-4 求管线建造费用公式中的系数 b、α

【例 9-1】 求如图 9-5 所示压力输水管(球墨铸铁管材)的经济管径。

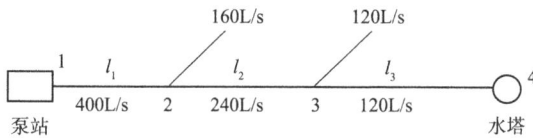

图 9-5 压力输水管

设经济管径参数如下:折旧和大修费扣除率 $p = 2.8\%$ (以 2.8 代入公式);投资偿还期 $t = 10$ 年;供水能量变化系数 $\beta = 0.6$;电价 $E = 0.6$ 元/(kW·h);泵站效率 $\eta = 0.7$;抽水费用系数 $P = \dfrac{86000\beta E}{\eta}$。海曾-威廉水头损失公式中的系数:$m = 4.87$,$n = 1.852$,$k = \dfrac{10.67}{C^{1.852}} = \dfrac{10.67}{130^{1.852}} = 0.0013$。管线建造费用公式中,$a = 230$,$b = 3668$,$\alpha = 1.5$。

解: 将以上各式代入式(9-17),并计算:

$$f = \frac{mPk}{\left(\dfrac{p}{100} + \dfrac{1}{t}\right)\alpha b} = \frac{4.87 \times 86000 \times 0.6 \times 0.6 \times 0.0013}{(0.028 + 0.1) \times 1.5 \times 3668 \times 0.7} \approx 0.40$$

$$\frac{1}{\alpha + m} = \frac{1}{1.5 + 4.87} \approx 0.16$$

得输水管各段的经济管径如下:

$$D_{1-2} = (fQq_{ij}^{n})^{\frac{1}{\alpha+m}} = (0.40 \times 0.40 \times 0.40^{1.852})^{0.16} \approx 0.57(\text{m}),\text{选用 } 600\text{mm 管径}。$$

$$D_{2-3} = (fQq_{ij}^{n})^{\frac{1}{\alpha+m}} = (0.40 \times 0.40 \times 0.24^{1.852})^{0.16} \approx 0.49(\text{m}),\text{选用 } 500\text{mm 管径}。$$

$$D_{3-4} = (fQq_{ij}^{n})^{\frac{1}{\alpha+m}} = (0.40 \times 0.40 \times 0.12^{1.852})^{0.16} \approx 0.40(\text{m}),\text{选用 } 400\text{mm 管径}。$$

9.2.2 重力输水管的优化计算

重力输水系统靠水源和管网控制点的水压差(即重力)输水,不需要供水动力费用,因此优化计算问题是求出充分利用现有水压(位置水头)并使管线建造费用为最少的管径。在重力输水管的年费用折算值公式[式(9-8)]中,代入 $h_{ij} = \dfrac{kq_{ij}^n l_{ij}}{D_{ij}^m}$,得:

$$W_0 = \left(\frac{p}{100} + \frac{1}{t}\right) \sum bl_{ij} \left(\frac{kq_{ij}^n l_{ij}}{h_{ij}}\right)^{\frac{\alpha}{m}} \tag{9-20}$$

重力输水管的优化设计就是在充分利用现有水压条件下(即输水管的总水头损失 $\sum h_{ij}$ 等于可利用的位置水头 H),求 W_0 为最小值时的水头损失或管径,可用拉格朗日条件极值法求解,于是问题转为求下列函数的最小值(以 3 条管段的输水管为例):

$$F(h) = W_0 + \lambda(H - h_{1-2} - h_{2-3} - h_{3-4})$$

求函数 $F(h)$ 对 h_{ij} 的偏导数,并令其等于 0,得:

$$\begin{cases} \dfrac{\partial F(h)}{\partial h_{1-2}} = -\dfrac{\alpha}{m}\left(\dfrac{p}{100} + \dfrac{1}{t}\right)bk^{\frac{\alpha}{m}}q_{1-2}^{\frac{n\alpha}{m}}l_{1-2}^{\frac{\alpha+m}{m}}h_{1-2}^{-\frac{\alpha+m}{m}} - \lambda = 0 \\[2mm] \dfrac{\partial F(h)}{\partial h_{2-3}} = -\dfrac{\alpha}{m}\left(\dfrac{p}{100} + \dfrac{1}{t}\right)bk^{\frac{\alpha}{m}}q_{2-3}^{\frac{n\alpha}{m}}l_{2-3}^{\frac{\alpha+m}{m}}h_{2-3}^{-\frac{\alpha+m}{m}} - \lambda = 0 \\[2mm] \dfrac{\partial F(h)}{\partial h_{3-4}} = -\dfrac{\alpha}{m}\left(\dfrac{p}{100} + \dfrac{1}{t}\right)bk^{\frac{\alpha}{m}}q_{3-4}^{\frac{n\alpha}{m}}l_{3-4}^{\frac{\alpha+m}{m}}h_{3-4}^{-\frac{\alpha+m}{m}} - \lambda = 0 \end{cases} \tag{9-21}$$

解得:

$$\lambda = -\frac{\alpha}{m}\left(\frac{p}{100} + \frac{1}{t}\right)bk^{\frac{\alpha}{m}}q_{ij}^{\frac{n\alpha}{m}}l_{ij}^{\frac{\alpha+m}{m}}h_{ij}^{-\frac{\alpha+m}{m}} \tag{9-22}$$

一般,输水管各管段的 α、b、k、m、p、t 值已知,由式(9-22)得下列关系:

$$\frac{q_{ij}^{\frac{n\alpha}{\alpha+m}}}{i_{ij}} = 常数 \tag{9-23}$$

式中:i_{ij}——其值为 h_{ij}/l_{ij},为输水管各段的水力坡降。

据式(9-23)即可选定重力输水时各管段的经济管径。

【例9-2】 重力输水管由 1—2 和 2—3 两管段组成。$l_{1-2} = 500\text{m}$,$q_{1-2} = 150\text{L/s}$;$l_{2-3} = 650\text{m}$,$q_{2-3} = 25\text{L/s}$。输水管网起点 1 和终点 3 的水位高差为 $H = H_1 - H_3 = 5\text{m}$,求输水管各段的经济管径。

解:由于

$$\sum i_{ij}l_{ij} = H \tag{9-24}$$

联立式(9-23)和式(9-24),取 $n = 2$,$m = 5.33$ 和 $\alpha = 1.8$,则 $\dfrac{n\alpha}{\alpha+m} = 0.5$。

由 $\dfrac{\sqrt{q_{1-2}}}{i_{1-2}} = \dfrac{\sqrt{q_{2-3}}}{i_{2-3}}$ 得:

$$i_{2-3} = i_{1-2}\sqrt{\frac{q_{2-3}}{q_{1-2}}}$$

$$i_{1-2}l_{1-2} + i_{1-2}\sqrt{\frac{q_{2-3}}{q_{1-2}}}l_{2-3} = H$$

将已知值代入,得:

$$i_{1-2} \times 500 + i_{1-2}\sqrt{\frac{q_{2-3}}{q_{1-2}}} \times 650 = 5$$

$$i_{1-2} = 0.0065$$

$$i_{2-3} = i_{1-2}\sqrt{\frac{25}{150}} = 0.0065 \times 0.41 = 0.0027$$

按照各管段的流量和水力坡降,选用的管径和实际水力坡降如下:

$$D_{1-2} = 400\text{mm}, i_{1-2} = 0.005182$$

$$D_{2-3} = 250\text{mm}, i_{2-3} = 0.001763$$

市售标准管径的分档不多,在选用管径时,应取相近且较大的标准管径,以免控制点的水压不足;但是,为了有效地利用现有水压,整条输水管中的一段或两段可以采用相近而较小的标准管径。从式(9-22)可知,流量较大的一段管径、水力坡降可较大,因而可选用相近且较小的标准管径,流量较小的管段可用相近而较大的标准管径,目的在于使输水管的总水头损失尽量接近而略小于可利用的水压。

由于采用了标准管径,输水管总水头损失为 $\sum h = 500 \times 0.005182 + 650 \times 0.001763 = 3.74(\text{m})$,小于现有可利用的水压 $H = 5(\text{m})$,符合要求。

9.3 配水管网优化计算

9.3.1 虚流量平差法

9.3.1.1 数学模型

给水管网的设计除了要符合水力平衡条件外,在保证安全供水的前提下,还应计及经济性。管网任一管段的流量、管径和水头损失之间有一定的函数关系。因此进行管网技术经济计算时,既可以求经济管径,也可以求水头损失。一般采用虚流量平差法,以经济水头损失为目标,求得经济管径。经济管径 D_{ij} 的计算公式为:

$$D_{ij} = (f x_{ij} Q q_{ij}^n)^{\frac{1}{\alpha+m}} \tag{9-25}$$

式中:f——经济因素;

　　x_{ij}——管段虚流量;

　　Q——进入管网的总流量(L/s);

　　q_{ij}——管段流量(L/s);

n、α、m——已知参数。

在式(9-25)中,唯一的未知量是管段虚流量 x_{ij},而 f、Q、q_{ij} 都是已知量。确定管段虚流量是在流量已分配条件下进行的,因此还必须对管段进行虚流量初始分配。各管段的虚流量x_{ij}值在0~1之间,虚流量初始化分配要保证以下3点:①实际流量大,虚流量大;②分配时,进入虚流量的节点、方向和实际流量相同;③起点$x_{ij}=1$,其余节点应符合$\sum x_{ij}=0$。如果保证以上3点,虚流量初始分配就会满足虚流量节点平衡条件。此外,还要求满足每环内虚水头损失平衡,即:

$$\sum h_\Phi = 0, h_\Phi = q_{ij}^{\frac{n\alpha}{\alpha+m}} L_{ij} x_{ij}^{-\frac{m}{\alpha+m}} \tag{9-26}$$

式中:L_{ij}——管段长度(m);

h_Φ——环内虚水头损失。

通常情况下,虚流量初始分配后,便会满足节点虚流量平衡条件,但不满足虚水头损失平衡条件。所以,必须对虚流量进行校正,直到满足每环内虚水头损失平衡。校正虚流量可按下式:

$$\Delta x_{ij} = \frac{\sum q_{ij}^{\frac{n\alpha}{\alpha+m}} L_{ij} x_{ij}^{\frac{m}{\alpha+m}}}{\frac{m}{\alpha+m} \sum |q_{ij}^{\frac{n\alpha}{\alpha+m}} L_{ij} x_{ij}^{\frac{\alpha+2m}{\alpha+m}}|} \tag{9-27}$$

校正完成后,即得各管段的最终虚流量x_{ij}值。将得到的最终虚流量值代入式(9-25)中,便得到经济管径。

9.3.1.2 计算方法

管网技术经济计算,是在流量已经分配并固定下来的条件下进行的。计算方法如下:

(1)对管网进行环编号和管段编号。每个非公共管段的本环环号是它所在环的环号数值,其符号遵循顺时针为正、逆时针为负的规则;非公共管段没有邻环,邻环号取0。公共管段有两个环号,本环环号等于其中的小号,顺时针为正、逆时针为负;邻环环号取大号,符号均为正。经过这样的处理后,数据就可以被计算机识别调用了。

(2)初分虚流量,保证起点$x_{ij}=1$,其余节点符合$\sum x_{ij}=0$的条件,即满足虚流量节点平衡条件。

(3)根据每一管段本环号的正负,确定每一管段虚流量x_{ij}的正负。本环号为正,虚流量为正;反之,虚流量为负。

(4)计算虚阻力S_Φ、虚水头损失h_Φ,并使虚水头损失与虚流量正负一致。

(5)计算每一环内的虚水头损失代数和,判断每环的虚水头损失代数和是否都满足给定的精度。如果全都满足,则虚流量分配满足要求,进行下一步;如果至少存在一个不符合,则需要按式(9-27)进行虚流量校核。校正的方法是:每一管段的虚流量加上本环的校正流量,再减去邻环的校正流量。虚流量调整后,返回第(4)步。

(6)经过以上几步,虚流量分配已经满足要求。向式(9-25)代入已知数据,便可得到经济管径。

9.3.1.3 程序框图

虚流量平差法流程图如图9-6所示。

虚流量平差法算法及程序框图见表9-2。

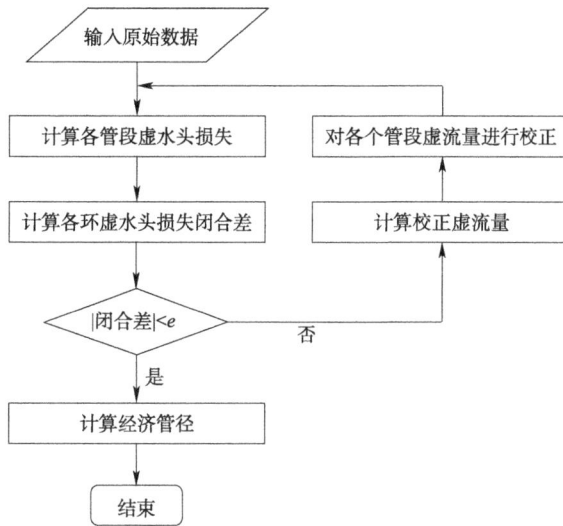

图 9-6 虚流量平差法流程图

虚流量平差法算法及程序框图   表 9-2

模块功能	算法及程序	说明
输入原始数据	输入：管段数Pipe，环数Loop；输入管段L,q,初分x,IO, JO	变量说明、输入原始数据，赋初值
	输入：求经济管径的参数p,t,BT,E,ZT,k,m,n,a,b,Q	
	ok=0 各环虚流量校正值：Dx=0	
原始数据处理	for(i=1; i<=Pipe; i++)	
	x[i]=(IO[i]<0)?-x[i]:x[i]	根据流向确定初始虚流量正负号
	S[i]=pow(q[i],n*a/(a+m))*L[i]	计算管段阻力
校正各管段虚流量，计算校正后的管段虚水头损失	a1: ok=ok+1	统计校正次数
	for(i=1; i<=Pipe; i++)	对所有管段做校正计算
	x[i]=x[i]+Dx[abs(IO[i])]-Dx[JO[i]]	校正管段虚流量
	hx[i]=S[i]/pow(fabs(x[i]),m/(a+m))	求校正后的管段虚水头损失
	hx[i]=(x[i]<0)?-hx[i]:hx[i]	使虚水头损失和虚流量符号相同
计算管网各环闭合差及虚流量校正值	for(i=1; i<=Loop; i++)	计算各环闭合差、校正流量
	Dhx[i]=0; sx[i]=0	环闭合差及其一阶偏导赋初值0
	for(j=1; j<=Pipe; j++)	判断管段是否隶属于i号环
	Yes IO[k]=i No	查验：j号管段是否在i号环上（判断管段的2个环号是否等于i）
	Yes |JO[k]|=i No	
	Dhx[i]+=hx[j] Dhx[i]-=hx[j]	计算i号环的闭合差
	sx[i]+=fabs(hx[j]/x[j])	计算i号环各管段虚损失一阶偏导累加和
	Dx[i]=Dhx[i]/(m/(a+m))/sx[i]	计算i号环虚流量的校正值
判断闭合差是否满足要求	for(i=1; i<=N; i++)	检查各环闭合差
	Yes |Dhx[i]|>10 No	环闭合差不满足精度要求时转向语句a1
	goto a1	
输出结果	计算经济管径,输出计算结果	输出结果

源程序如下:

```
#include <stdio.h>
#include <math.h>
#define C 20
main()
{ int B[C],End[C],IO[C],JO[C],ok=0,i,j,Pipe,Loop;
  float L[C],D[C],q[C],x[C],Dx[C]={0},S[C],h[C],hx[C],Dhx[C],sx[C],w[C],
v[C];
  float p,t,BT,E,ZT,k,m,n,a,b,Q,P,f,A;
  FILE * fp; char F[15];
  printf(" Please input DATA file name... ");
  scanf("% s",F);   fp=fopen(F,"r");
  fscanf(fp,"% d% d",&Pipe,&Loop);       /* 从文件读入管段数和环数 * /
  for(i=1;i<=Pipe;i++) fscanf(fp,"% d% d% f% f% f% d% d",   /* 从文件读入数据 * /
          &B[i],&End[i],&L[i],&x[i],&q[i],&IO[i],&JO[i]);
  fscanf(fp,"% f% f% f% f% f% f% f% f% f% f% f",&p,&t,&BT,&E,&ZT,&k,&m,&n,&a,&b,&Q);
  fclose(fp);
  for(i=1;i<=Pipe;i++)
  { x[i]=(IO[i]<0)? -x[i]:x[i];   /* 规定流量方向,顺"+"递"-"* /
S[i]=pow(q[i],n* a/(a+m))* L[i]; }   /* 计算虚阻力* /
a: printf("  OK=% d\n",ok);
  for(i=1;i<=Pipe;i++)
  { x[i]=x[i]+Dx[abs(IO[i])]-Dx[JO[i]];/* 虚流量加本(环校正流量)减邻(环校正流
量)* /
      hx[i]=S[i]/pow(fabs(x[i]),m/(a+m));   /* 计算虚水头损失* /
      hx[i]=(x[i]<0)? -hx[i]:hx[i]; }           /* 规定虚水头损失和流量方向一致* /
  for(i=1;i<=Loop;i++)
  { Dhx[i]=0; sx[i]=0;
    for(j=1;j<=Pipe;j++)
    { if(abs(IO[j])==i) {Dhx[i]+=hx[j]; sx[i]+=fabs(hx[j]/x[j]); }
if(JO[j]==i) {Dhx[i]-=hx[j]; sx[i]+=fabs(hx[j]/x[j]); } }
    /* 求各环 $\sum h_{\Phi i}$ 和 $\sum S_i x_i^{\frac{a+2m}{a+m}}$ * /
      Dx[i]=Dhx[i]/(m/(a+m))/sx[i]; }/* 求各环虚流量校正值* /
  ok++; /* 统计迭代校核次数 * /
  for(i=1;i<=Loop;i++) if(fabs(Dhx[i])>=10&&ok<5000) goto a;/* 判断闭
合差是否满足要求* /
  P=8.76* BT* E* 1* 9.81/ZT;
  f=m* P* k/(p+100/t)/a/b; /* 计算经济因素* /
  A=f* pow(k,-(a+m)/m);
  t=pow(A* Q,m/(a+m));
  for(i=1;i<=Pipe;i++)
  { D[i]=pow(f* fabs(x[i])* Q* pow(q[i],2),1/(a+m)); /* 计算经济管径* /
    v[i]=4* q[i]/1000/3.14/D[i]/D[i]; }                /* 计算经济流速* /
```

```
printf(" Please input result file name... ");/* 输入存储计算结果的文件名* /
scanf("% s",F);  fp = fopen(F,"w");
fprintf(fp," Pipe = % 2d   Loop = % 2d   OK = % d \n",Pipe,Loop,ok);
fprintf(fp," ------------------------------------------------------\n");
    fprintf(fp,"No_fro to  L(m)  D(mm)  q(L/s)    x    hx(m)   h(m)  v(m/s)  c
C");
    fprintf(fp," \n ------------------------------------------------------");
    for(i =1;i < = Pipe;i + +)
fprintf(fp,"\n% 2d% 4d - - % 2d % 5.0f % 5.0f % 8.2f % 8.4f % 7.0f % 7.2f % 6.2f % 4d %
3d",
        i,B[i],End[i],L[i],1000 * D[i],q[i],x[i],hx[i],hx[i]/t,v[i],IO[i],
JO[i]); fprintf(fp," \n ------------------------------------------------------\
n");
    for(i =1;i < = Loop;i + +) fprintf(fp,"  Dhx[% d] = % 6.5fm \n",i,Dhx[i]);
    fprintf(fp," \n -------------------------");
    fprintf(fp," \n  P = % f  f = % e  A = % f  hx:h = % f \n",P,f,A,t);  fclose(fp); }
```

(1)主要变量说明:

    p——每年扣除的折旧和大修费,以管网造价的百分比计;

    t——投资偿还期(年);

    B——供水能量变化系数;

    E——电费[分/(kW・h)];

a、b——管网造价公式中的系数;

    Q——管网总流量(L/s);

L[j]、D[j]——存储管长(m)、管径(mm)的数组;

h[j]、hx[j]——存储水头损失、虚水头损失的数组;

    Dx[i]——存储环校正虚流量的数组。

(2)程序说明。

程序中设定 $e = 10$,此即虚水头损失代数和的计算精度。当然可依需要重新选择 e 值。在计算前,应保证管网流量已经分配完毕。程序中,对于虚流量、虚水头损失、水头损失,规定顺时针为"+",逆时针为"-"。程序输出水头损失,是用于观察水头损失闭合差是否满足要求,校核计算结果。

(3)程序分析。

本环号和邻环号以及正负的规定,是人工处理后附加的。经过这样处理后,计算机处理虚流量、虚水头损失的方向问题,以及判断管段所属环号的问题变得容易许多。

程序中之所以定义了符号常量,是考虑到程序的通用性。

初始虚流量分配不同,会影响最终的结果。

(4)应用例题

【例9-3】 最高用水时流量219.8L/s的管网如图9-7所示。已知求经济管径的参数如下: $p = 2.8\%$, $t = 5$ 年, $\beta = 0.4$, $E = 50$ 分/(kW・h), $\eta = 0.7$, $k = 1.743 \times 10^{-9}$, $m = 5.33$, $n = 2$, $\alpha = 1.7$, $b = 372$ 。

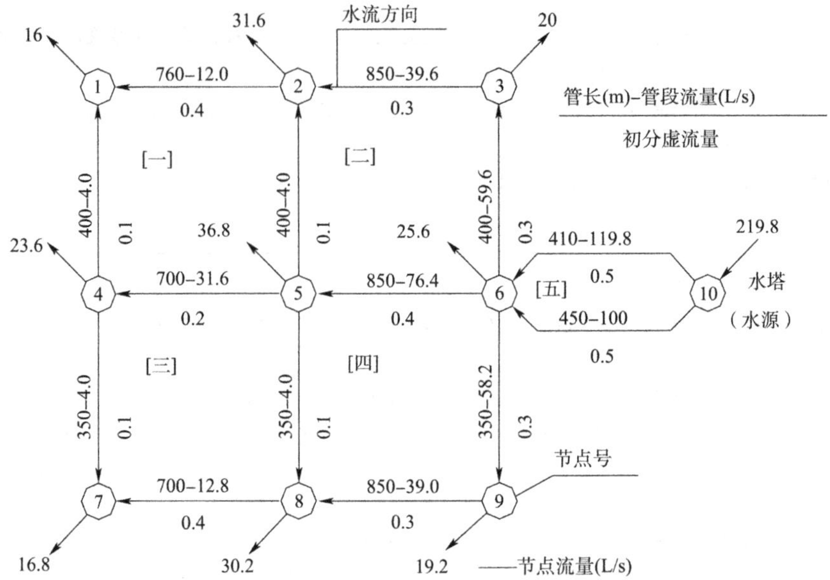

图 9-7 环状网技术经济计算

注：初始虚流量分配已经标到图中。

原始数据文件内容：

```
14   5
 2   1   760 0.4      12   -1   0
 3   2   850 0.3    39.6   -2   0
 4   1   400 0.1       4    1   0
 5   2   400 0.1       4   -1   2
 6   3   400 0.3    59.6   -2   0
 5   4   700 0.2    31.6    1   3
 6   5   850 0.4    76.4    2   4
 4   7   350 0.1       4   -3   0
 5   8   350 0.1       4    3   4
 6   9   350 0.3    58.2    4   0
 8   7   700 0.4    12.8    3   0
 9   8   850 0.3      39    4   0
10   6   410 0.5   119.8   -5   0
10   6   450 0.5     100    5   0
2.8  5  0.450  0.7  1.743e-9  5.33  2  1.7  372  219.8
```

输出的计算结果文件如下：

```
Pipe =14    Loop = 5    OK =16
------------------------------------------------
No_fro  to  L(m)  D(mm)  q(L/s)    x      hx(m)      h(m)   v(m/s)   c   C
------------------------------------------------
1  2 - - 1  760   211   12.00   -0.3519   -5580    -0.77    0.34    -1   0
2  3 - - 2  850   288   39.60   -0.2939  -12745    -1.75    0.61    -2   0
```

3	4--1	400	136	4.00	0.1481	3328	0.46	0.27	1	0
4	5--2	400	119	4.00	-0.0580	-6771	-0.93	0.36	-1	2
5	6--3	400	324	59.60	-0.2939	-7309	-1.00	0.72	-2	0
6	5--4	700	273	31.60	0.3110	9016	1.24	0.54	1	3
7	6--5	850	366	76.40	0.4231	13285	1.83	0.73	2	4
8	4--7	350	138	4.00	-0.1629	-2708	-0.37	0.27	-3	0
9	5--8	350	118	4.00	0.0541	6248	0.86	0.37	3	4
10	6--9	350	320	58.20	0.2830	6506	0.89	0.72	4	0
11	8--7	700	213	12.80	0.3371	5478	0.75	0.36	3	0
12	9--8	850	286	39.00	0.2830	13019	1.79	0.61	4	0
13	10--6	410	426	119.80	-0.4981	-7039	-0.97	0.84	-5	0
14	10--6	450	405	100.00	0.5019	7039	0.97	0.78	5	0

Dhx[1] = -7.32129m Dhx[2] =2.28125m Dhx[3] =2.11523m

Dhx[4] = -7.97949m Dhx[5] =0.00000m

P =2455.302979 f =1.58199e-09 A =564.271545 hx;h =7274.412109* /

9.3.2 解经济水压的牛顿迭代法

通常,管网的技术经济计算需引入虚流量、虚水头损失、经济因素等概念,要进行虚流量的分配和平差计算,计算工作量大。在给水管网的设计中,为减轻计算工作量而常采用近似的方法,即忽略管网各管段之间的相互关系,采用平均经济流速来确定管段管径。为提高计算的精度和速度,这里提出不进行虚流量的分配和平差计算,仅根据节点经济性方程,引入节点水压边界条件,采用牛顿迭代法直接求解各未知节点的经济水压值,得出各管段经济管径。

9.3.2.1 解经济水压的数学模型

已知管网年费用目标函数为:

$$W_0 = \left(\frac{100}{t} + p\right)\sum bD_{ij}^{\alpha}l_{ij} + PQH \tag{9-28}$$

式中:W_0——管网年费用折算值;

t——投资偿还期(年);

p——每年扣除的折旧和大修费,以管网造价的百分比计;

b、α——分别为单位管线造价公式中的系数和指数;

D_{ij}——管径(m);

l_{ij}——管段长度(m);

P——Q 为 1L/s、H 为 1m 时的每年电费(分);

Q——输入管网的总流量(L/s);

H——水源泵站的扬程(m)。

9.3.2.2 起点水压未给的管网

对起点水压未给的管网,在管段流量已确定的前提下,按经典优化法,其经济水头损失的拉格朗日函数为:

$$F(h) = \left(p + \frac{100}{t}\right) \sum bk^{\frac{\alpha}{m}} q_{ij}^{\frac{n\alpha}{m}} h_{ij}^{\frac{-\alpha}{m}} l_{ij}^{\frac{(\alpha+m)}{m}} + PQH + \sum_{L=1}^{R} \lambda_L \left(\sum_{ij \in V_L} h_{ij}\right) + \lambda_H \left(H - \sum_{ij \in V_H} h_{ij}\right) \quad (9\text{-}29)$$

式中：m、n、k——管段水头损失计算公式 $h_{ij} = kq_{ij}^n l_{ij}/D_{ij}^m$ 中的系数；

$\quad\quad q_{ij}$——通过管段 ij 的流量（L/s）；

$\quad\quad h_{ij}$——管段 ij 的水头损失（m）；

$\quad\quad V_L$——构成基环 L 的管段号集合；

$\quad\quad R$——管网的基环总数；

$\quad\quad V_H$——水源到控制点的任一计算管路上的管段集合；

$\quad\quad \lambda_L$、λ_H——拉格朗日未定乘数。

令偏导数 $\frac{\partial F}{\partial h_{ij}}$ 和 $\frac{\partial F}{\partial H}$ 等于零，得出经济水头损失 h_{ij} 的非线性方程组。经适当变换并消去未知数 λ 后，可得到新的方程组。令 $\beta = \frac{\alpha+m}{m}$、$a_{ij} = q_{ij}^{\frac{n\alpha}{m}} l_{ij}^\beta$，$A = \dfrac{mP}{\left(p + \frac{100}{t}\right) b\alpha k^{\frac{\alpha}{m}}}$，设管网节点总数为 N，管网水源节点号为 1，控制点的节点号为 N。可得 $(N-1)$ 个独立的节点经济性方程式：

起始（水源）节点：

$$\sum_{ij \in V_i} \frac{a_{ij}}{h_{ij}^\beta} + AQ = \sum_{ij \in V_i} \frac{a_{ij}}{(H_i - H_j)^\beta} + AQ = 0 \qquad i = 1 \quad\quad (9\text{-}30)$$

除控制点外的其他节点：

$$\sum_{ij \in V_i} \frac{a_{ij}}{h_{ij}^\beta} = \sum_{ij \in V_i} \frac{a_{ij}}{(H_i - H_j)^\beta} = 0 \qquad i = 2,3,\cdots,N-1 \quad\quad (9\text{-}31)$$

式中：V_i——与节点 i 相邻的管段集合；

$\quad\quad H_i$——节点 i 的经济水压（m）；

$\quad\quad H_j$——节点 j 的经济水压（m）。

这里假定：水流流进 i 节点，a_{ij}/h_{ij}^β 项为正；水流流离 i 节点，a_{ij}/h_{ij}^β 项为负。

管段流量 q_{ij} 在分配时已满足节点连续性方程，以节点水压为变量可自动满足管网闭合环内能量方程。因控制点所需水压是已知的且必须得到满足，由此可引入节点水压边界条件。控制点水压值为常量，采用牛顿迭代法即可求出满足节点经济性方程的 $(N-1)$ 个未知节点的经济水压值，从而得到管网各管段经济水头损失，进而求得理论经济管径。

9.3.2.3 起点水压已给的管网

对于起点水压已给的管网，取式（9-32）中供水所需动力费用项，在管段流量已分配条件下，其经济水头损失的拉格朗日函数如下：

$$F(h) = \left(p + \frac{100}{t}\right) \sum bk^{\frac{\alpha}{m}} q_{ij}^{\frac{n\alpha}{m}} h_{ij}^{\frac{-\alpha}{m}} l_{ij}^{\frac{(\alpha+m)}{m}} + \sum_{L=1}^{R} \lambda_L \left(\sum_{ij \in V_L} h_{ij}\right) + \lambda_H \left(H - \sum_{ij \in V_H} h_{ij}\right) \quad (9\text{-}32)$$

式中：H——管网所能利用的水压（m）。

对起点水压已给的管网，同上可推导得出 $(N-2)$ 个独立的节点经济性方程式，除水源和控制点外的其他节点 $\sum_{ij \in V_i} \frac{a_{ij}}{h_{ij}^\beta} = \sum_{ij \in V_i} \frac{a_{ij}}{(H_i - H_j)^\beta} = 0 (i=2,3,\cdots,N-1)$ 因起点水压已经确定，而控

制点所需水压为已知且必须保证满足,由此可引入两个节点水压边界条件(管网起点、控制点水压值为常量),采用牛顿迭代法亦可求出满足节点经济性方程的其余$(N-2)$个节点的经济水压值,从而求得理论经济管径。

9.3.2.4 牛顿迭代法求节点经济水压

因节点经济性方程为一非线性方程组,未知变量是节点经济水压H_i(管网起点水压未给时,$i=1,2,\cdots,N-1$;起点水压已给时,$i=2,3,\cdots,N-1$),因此,问题就转化为求该非线性方程组的根,可采用牛顿迭代法来求解。迭代计算前,初始假设的未知节点水压$H_i^{(0)}$不可能完全满足节点经济性方程的要求,所以必须校正H_i,直到全部满足节点的经济性方程为止。

对起点水压未给的管网,令函数:

$$f(H_i) = \sum_{ij \in V_i} \frac{a_{ij}}{h_{ij}^\beta} - AQ = \sum_{ij \in V_i} \frac{a_{ij}}{(H_i - H_j)^\beta} - AQ \qquad i=1;为管网水源节点 \tag{9-33}$$

$$f(H_i) = \sum_{ij \in V_i} \frac{a_{ij}}{h_{ij}^\beta} = \sum_{ij \in V_i} \frac{a_{ij}}{(H_i - H_j)^\beta} \qquad i=2,3,\cdots,N-1;为除水源、控制点外的其他节点 \tag{9-34}$$

对起点水压已给的管网,同样可令函数:

$$f(H_i) = \sum_{ij \in V_i} \frac{a_{ij}}{h_{ij}^\beta} = \sum_{ij \in V_i} \frac{a_{ij}}{(H_i - H_j)^\beta} \qquad i=2,3,\cdots,N-1;为除水源、控制点外的其他节点 \tag{9-35}$$

相应的迭代公式均为:

$$H_i^{(x+1)} = H_i^{(x)} - \frac{f[H_i^{(x)}]}{f'[H_i^{(x)}]} \tag{9-36}$$

式中:i——节点编号(起点水压未给时,$i=1,2,\cdots,N-1$;起点水压已给时,$i=2,3,\cdots,N-1$);

$H_i^{(x+1)}$——节点i第$(x+1)$次校正后的水压(m);

$H_i^{(x)}$——节点i第x次校正后的水压(m);

$H_i^{(0)}$——节点i在校正前初始假设的水压(m)。

其中:

$$f'[H_i^{(x)}] = \frac{\partial f[H_i^{(x)}]}{\partial H_i^{(x)}} = \sum_{ij \in V_i} \frac{\partial}{\partial H_i^{(x)} \cdot [H_i^{(x)} - H_j^{(x)}]^\beta} a_{ij} = -\beta \sum_{ij \in V_i} \frac{a_{ij}}{[H_i^{(x)} - H_j^{(x)}]^{\beta+1}} \tag{9-37}$$

求出全部的经济水压后,管段的经济水头损失为:

$$h_{ij} = H_i - H_j \tag{9-38}$$

相应的经济管径按下式求得:

$$D_{ij} = (kq_{ij}^n l_{ij}/h_{ij})^{\frac{1}{m}} \tag{9-39}$$

如果理论经济管径D_{ij}不等于标准管径,须圆整为规格相近的标准管径,并进行管网水力核算,得出圆整管径后的实际水力工况。计算程序框图如图9-8所示。

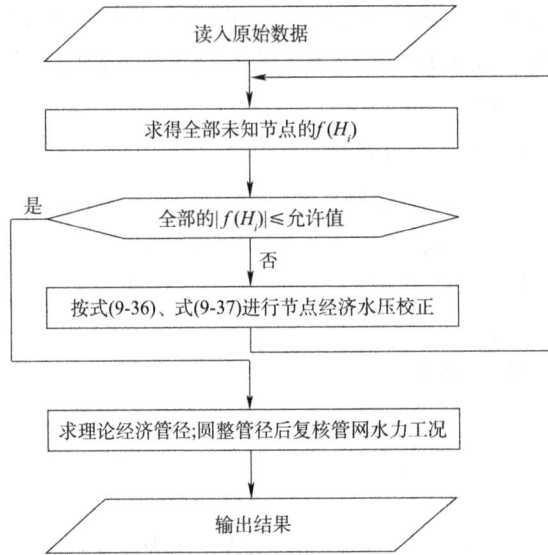

图9-8 解经济水压的牛顿迭代法计算框图

源程序如下:

```
#include <math.h>
#include <stdio.h>
#define U 50
void chol(double a[U][U], float d[U], int n)
{ int i,j,k;
  a[1][1] = sqrt(fabs(a[1][1]));
  for(j = 2;j < = n;j + +) a[1][j] = a[1][j]/a[1][1];
  for(i = 2;i < = n;i + +)
  { for(j = 2;j < = i;j + +) a[i][i] = a[i][i] - a[j-1][i]* a[j-1][i];
    a[i][i] = sqrt(fabs(a[i][i]));
    if(i! = n) { for(j = i + 1;j < = n;j + +)
        { for(k = 2;k < = i;k + +) a[i][j] = a[i][j] - a[k-1][i]* a[k-1][j];
a[i][j] = a[i][j]/a[i][i]; } } }
  d[1] = d[1]/fabs(a[1][1]);
  for(i = 2;i < = n - 1;i + +)
  { for(k = 2;k < = i;k + +) d[i] = d[i] - a[k-1][i]* d[k-1]; d[i] = d[i]/a[i][i]; }
  for(k = n;k > = 2;k - -)
  { for(i = k;i < = n;i + +) d[k-1] = d[k-1] - a[k-1][i]* d[i];
    d[k-1] = d[k-1]/a[k-1][k-1]; } }

main()
{ int BB[U],EE[U],B[U],E[U],N[U],DN[20],i,j,n,r,G,J;
  float af,m,A,P,b,k,p,t,x,y,Qz;
  float L[U],V,v[U],q[U],q1[U],Q[U],H[U],s[U],s1[U];
```

```
double hf[U],a[U],d[U],F[U],F1[U],c[U],K[U][U];
char R[10],W[10];  FILE * fp;

printf(" Please input DATA file name... ");     /* 输入存储计算结果的文件名* /
scanf("% s",R);  fp =fopen(R,"r");
fscanf(fp,"% f % f % f",&m,&af,&k);      /* 从文件读入管段水头损失计算公式中的系数
```
m、k 及管线造价公式指数 α* /
```
fscanf(fp,"% f % f % f % f",&p,&P,&t,&b);      /* 从文件读入每年扣除的折旧和大修费
```
p、每年电费 P(Q 为 1L/s、H 为 1m 时,分)、投资偿还期 t(年)、管线造价公式系数 b* /
```
fscanf(fp,"% d % d % f",&G,&J,&Qz);      /* 从文件读入管段数 G、节点数 J、管网的总流量
```
Q_z* /
```
for(i =1;i < =G;i + +) fscanf(fp,"% d % d % f % f",&BB[i],&EE[i],&L[i],&q
[i]);   /* 从文件读入管段编号、管长、管段流量* /
for(i =1;i < =J;i + +) fscanf(fp,"% d % f % f",&N[i],&Q[i],&H[i]);      /* 从
文件读入节点号 N、节点流量 Q、节点水压 H* /
for(i =0;i < =19;i + +) fscanf(fp,"% d",&DN[i]);      /* 从文件读入管段管径
DN* /
fclose(fp);

for(i =1;i < =J;i + +) printf("\n Node:% d   Q =% f   H =% f",i,Q[i],H[i]);
scanf("% s",W);
A =m* P/(p +100/t)/b/af/pow(k,af/m); x =2* af/m; y = (af +m)/m;
for(i =1;i < =G;i + +)
{ a[i] =pow(q[i],x)* pow(L[i],y);       /* aij = qij^(na/m) lij^β* /
printf(" a[% d] =% f \n",i,a[i]);
  for(r =1;r < =J;r + +)
  { if(N[r] = =BB[i]) B[i] =r; if(N[r] = =EE[i]) E[i] =r;}
    printf("BB - EE: % 2d - -% 2d   B - E: % 2d - -% 2d \n",BB[i],EE[i],B[i],E
[i]); }
scanf("% s",W);
L1: for(i =1;i < =G;i + +) hf[i] =H[B[i]] -H[E[i]];
for(n =1;n < =J -1;n + +)
{ F[n] =0; F1[n] =0;
  for(i =1;i < =G;i + +)
  { if(B[i] = =n){ F[n] =F[n] -a[i]/(pow(hf[i],y) +1e -6);
    F1[n] =F1[n] +a[i]* y/(pow(hf[i],y +1) +1e -6); }
    if(E[i] = =n){ F[n] =F[n] +a[i]/(pow(hf[i],y) + .001);
    F1[n] =F1[n] +a[i]* y/(pow(hf[i],y +1) +1e -6); } }
  if(n = =1) F[n] =F[n] +A* Qz;
  printf("\n Node:% d   H =% 7.2fm   F =% 7.5f",n,H[n],F[n]);
  H[n] =H[n] -F[n]/(F1[n] +1e -6); }     /* 校正节点经济水压* /
```

```
      for(i=1;i<=J-1;i++) if(fabs(F[i])>=.1) goto L1;


   for(i=1;i<=G;i++)
   { x=k* L[i]* q[i]* q[i]/hf[i]; d[i]=pow(x,1/5.3);
     v[i]=q[i]/1000/(3.1416/4* d[i]* d[i]);
     if(v[i]<1.2)
     { L0: V=v[i];
       x=x* 0.852* pow(1+0.867/V,0.3);
       d[i]=pow(x,1/5.3); v[i]=q[i]/1000/(3.1416/4* d[i]* d[i]);    /* 计算
经济管径与对应的经济流速* /
       if(V-v[i]>.05) goto L0; } }

   printf(" Please input result File name ... ");      /* 输入存储计算结果的文件名* /
   scanf("% s",W);  fp=fopen(W,"w");     /* 输出理论计算结果* /
   fprintf(fp,"\n -------------------------------------------------");
   fprintf(fp,"\n No. From To  L:m  D:mm  q:L/s   hf:m  V:m/s     a");
   fprintf(fp,"\n -------------------------------------------------");
   for(i=1;i<=G;i++)
   { fprintf(fp,"\n% 3d#% 4d% 4d% 5.0f% 5.0f",i,BB[i],EE[i],L[i],1000* d[i]);
      fprintf(fp,"% 8.2f% 7.3f% 6.2f% 12.2f",q[i],hf[i],v[i],a[i]); }
   fprintf(fp,"\n = = = = = = = = = = = = = = = = = = = = = = = = =");
   fprintf(fp,"\nNode   Q:L/s   H:m ");
   fprintf(fp,"\n ------------------------");
   for(i=1;i<=J;i++) fprintf(fp,"\n% 3d% 9.2f% 8.2f",N[i],Q[i],H[i]);
   fprintf(fp,"\n ------------------------");


   for(i=1;i<=G;i++)
     { for(j=0;j<=19;j++) if(d[i]<=DN[j]/1000.+.005) {d[i]=DN[j]/1000.;
break;}      /* 对理论管径进行圆整* /
       if(d[i]<0.3) d[i]=d[i]-.001;
       printf("\nd[% d] = % 5.3f m ",i,d[i]);      /* 输出圆整后的实际管径* /
       s1[i]=k* L[i]/pow(d[i],5.3); s[i]=s1[i]; }  scanf("% s",R);
   L2: for(i=1;i<=G;i++) c[i]=1/fabs(q[i])/s[i];
     for(i=1;i<=J;i++) for(j=1;j<=J;j++) K[i][j]=0;
     for(n=1;n<=G;n++)
     { i=B[n]; j=E[n];
     K[i][i]=K[i][i]+c[n];  K[j][j]=K[j][j]+c[n];
     K[i][j]=K[i][j]-c[n];  K[j][i]=K[j][i]-c[n]; }
     for(i=1;i<=J-1;i++) H[i]=Q[i];
     chol(K,H,J);
```

```
for(i =1;i < =J;i + +)
{ printf(" H[% d] =% 7.2f ",i,H[i]); if(fmod(i,5) = =0) printf("\n"); }
printf("\n\n");
j =0;  for(i =1;i < =G;i + +)
{ hf[i] =H[B[i]] -H[E[i]];
  q1[i] =(hf[i] > =0)? sqrt(hf[i]/s[i]): -sqrt (-hf[i]/s[i]);    /* 确保流
量与水头损失同号,水流流进 i 节点,流量为正;水流流出 i 节点,流量为负* /
  if(fabs(q1[i] -q[i]) > =1e -3) j + +;
  q[i] =q1[i]; v[i] =fabs(q[i])/1000/(3.1416/4* d[i]* d[i]);   /* 计算圆整
管径后管段的流速* /
  s[i] =(v[i] > =1.2)? s1[i]:0.852* pow(1 +0.867/v[i],0.3)* s1[i]; }    /*
判断管段水头损失是否是在经济流速的条件下计算的,若非则对经济流速进行校核* /
  if(j >0) goto L2;

printf(" Output result ..."); scanf("% s",R);     /* 输出圆整并校核后的最终计算结果* /
fprintf(fp," \n DRESS DIAMETER INTEGER:");
fprintf(fp," \n k =% e  P =% 4.0f  t =% 2.0fa  Q =% 4.0fL/s",k,P,t,Qz);
fprintf(fp," \n b =% 5.1f  m =% 4.2f  af =% 4.2f  p =% 3.2f",b,m,af,p);
fprintf(fp," \n ----------------------------------------------------");
fprintf(fp," \n Pipe From To  L:m   DN  q:L/s  hf:m  V:m/s");
fprintf(fp," \n ----------------------------------------------------");
for(i =1;i < =G;i + +) { d[i] =10* (int)(100* d[i] +.5);
  fprintf(fp," \n% 4d#% 4d% 4d% 6.0f",i,BB[i],EE[i],L[i]);
  fprintf(fp,"% 5.0f% 8.2f% 7.2f% 7.2f",d[i],q[i],hf[i],v[i]); }
fprintf(fp," \n = = = = = = = = = = = = = = = = = = = = = = = = = =");
fprintf(fp," \n Node  Q:L/s  H:m");
fprintf(fp," \n ----------------------------");
for(i =1;i < =J;i + +) fprintf(fp," \n% 4d% 9.2f% 7.2f",N[i],Q[i],H[i]);
fprintf(fp," \n ----------------------------");
close(fp);  }
```

9.3.2.5 应用举例

图9-9 所示为某环状管网示意图。水源为1 号节点,控制点为9 号节点,采用上述数学模型编制的电算程序分别对起点水压未给和起点水压已给两种情况进行技术经济计算,原始数据文件内容如下,结果列于表9-3 ~ 表9-6。

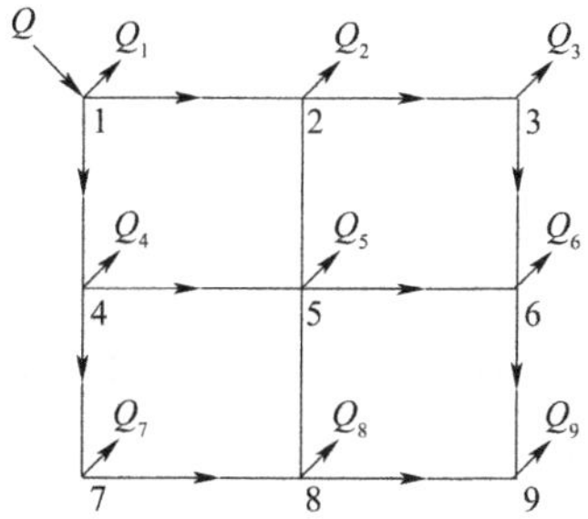

图9-9 某环状管网示意图

原始数据文件内容：

```
5.3  1.7  1.743e-9
2.8  491  10  372
12  9  230
1  2  660  105
2  3  750  40
3  6  550  14
6  9  600  12
1  4  550  100
4  7  600  37
7  8  600  18
8  9  800  8
2  5  600  34
5  8  600  20
4  5  700  35
5  6  750  14
1  205  25
2  -31  22
3  -26  17
4  -28  22
5  -35  17
6  -16  14
7  -19  17
8  -30  14
9  -20  10
100  150  200  250  300
350  400  450  500  600
700  800  900  1000  1100
1100  1200  1300  1400  1500
```

管段计算结果（起点水压未给的管网）　　　　　表 9-3

管段编号	基础数据			技术经济计算（理论值）			圆整管径后（实际水力工况）			
	管长（m）	设定流量（L/s）	管段 a 值	经济管径（mm）	水头损失（m）	流速（m/s）	公称直径	实际流量（L/s）	水头损失（m）	流速（m/s）
1—2	660	105	104842.7	358	2.985	1.04	400	108.83	1.84	0.87
2—3	750	40	66832.5	249	3.461	0.82	250	39.30	3.39	0.81
3—6	550	14	22625.5	188	1.525	0.51	200	13.30	1.05	0.43
6—9	600	12	22991.2	199	0.945	0.39	200	12.52	1.02	0.40
1—4	550	100	79866.7	350	2.571	1.04	350	96.17	2.38	1.00
4—7	600	37	47344.8	237	3.077	0.84	250	36.92	2.42	0.76
7—8	600	18	29821.2	195	2.169	0.60	200	17.92	1.96	0.58
8—9	800	8	25918.6	176	1.099	0.33	200	7.48	0.55	0.24
2—5	600	34	44845.1	235	2.755	0.78	250	38.53	2.62	0.79
5—8	600	20	31906.5	205	2.077	0.61	200	19.56	2.30	0.63

续上表

管段编号	基础数据			技术经济计算(理论值)			圆整管径后(实际水力工况)			
	管长(m)	设定流量(L/s)	管段 a 值	经济管径(mm)	水头损失(m)	流速(m/s)	公称直径	实际流量(L/s)	水头损失(m)	流速(m/s)
4—5	700	35	56003.0	238	3.169	0.78	250	31.25	2.08	0.64
5—6	750	14	34080.3	185	2.231	0.52	200	15.22	1.82	0.49

注:$k=1.743\times10^{-9}$,$P=491$ 分,$t=10$ 年,$Q=230$L/s,$Q_1=25$L/s,$b=372.0$,$m=5.3$,$n=2$,$\alpha=1.70$,$p=2.80$。管网起点水压待求,控制点要求水压为10m。

节点计算结果(起点水压未给的管网)　　　　　　　　　　表9-4

节点号	节点流量(L/s)	节点理论经济水压(m)	圆整管径后的节点水压(m)
1	205	18.92	17.30
2	-31	15.93	15.47
3	-26	12.47	12.07
4	-28	16.35	14.93
5	-35	13.18	12.85
6	-16	10.95	11.02
7	-19	13.27	12.51
8	-30	11.10	10.55
9	-20	10.00	10.00

管段计算结果(起点水压已给的管网)　　　　　　　　　　表9-5

管段编号	基础数据			技术经济计算(理论值)			圆整管径后(实际水力工况)			
	管长(m)	设定流量(L/s)	管段 a 值	经济管径(mm)	水头损失(m)	流速(m/s)	公称直径	实际流量(L/s)	水头损失(m)	流速(m/s)
1—2	660	105	104842.7	323	5.023	1.28	350	102.91	3.24	1.07
2—3	750	40	66832.5	225	5.823	1.01	250	37.88	3.17	0.78
3—6	550	14	22625.5	169	2.564	0.63	200	11.88	0.86	0.38
6—9	600	12	22991.2	179	1.590	0.48	200	11.66	0.90	0.37
1—4	550	100	79866.7	316	4.327	1.28	350	102.09	2.66	1.06
4—7	600	37	47344.8	214	5.177	1.03	250	38.33	2.59	0.79
7—8	600	18	29821.2	176	3.648	0.74	200	19.33	2.55	0.62
8—9	800	8	25918.6	158	1.849	0.41	200	8.34	0.66	0.27
2—5	600	34	44845.1	212	4.635	0.96	250	38.53	2.62	0.79
5—8	600	20	31906.5	184	3.493	0.75	200	19.56	2.30	0.63
4—5	700	35	56003.0	215	5.331	0.96	250	31.25	2.08	0.64
5—6	750	14	34080.3	166	3.752	0.64	200	15.22	1.82	0.49

注:$k=1.743\times10^{-9}$,$Q=230$L/s,$Q_1=25$L/s,$m=5.3$,$n=2$,$\alpha=1.7$。管网起点水压为25m,控制点要求水压为10m。

节点计算结果（起点水压已给的管网）　　　　　　　　　　　表 9-6

节点号	节点流量(L/s)	节点理论经济水压(m)	圆整管径后的节点水压(m)
1	205	25.00	25.00
2	−31	19.98	21.76
3	−26	14.15	18.59
4	−28	20.67	22.34
5	−35	15.34	19.68
6	−16	11.59	17.74
7	−19	15.50	19.51
8	−30	11.85	17.50
9	−20	10.00	16.84

在管段流量已分配并确定不变的条件下,联立管网节点经济性方程并引入节点水压边界条件,采用牛顿迭代法来求解未知节点的经济水压值,从而得出经济水头损失和理论经济管径,可同时满足经济性要求和水力平衡条件。该算法还可以通过增加节点水压边界条件而推广到多水源多控制点的给水管网技术经济计算。

9.4　近似优化计算

因为管网计算时各管段流量本身的精确度有限,而且计算所得的经济管径往往不是标准管径,所以可用近似的优化计算方法,在保证应有精度的前提下选择管径,以减轻计算工作量。

压力式管网的近似计算方法仍以经济管径公式为依据,分配虚流量时须满足 $\sum x_{ij}=0$ 的条件,但不进行虚流量平差。用近似优化法计算得出的管径,只有个别管段与精确算法的结果不同。为了进一步简化计算,还可使每一管段的 $x_{ij}=1$,即将它看作是与管网中其他管段无关的单独工作管段;但由此算出的管径,对于距离二级泵站较远的管段误差较大。

为了求出单独工作管段的经济管径,可应用界限流量的概念。

按经济管径公式(9-19)求出的管径,并不一定是市售的标准管径。由于市售水管的标准管径分档较少,因此,每种标准管径不仅有相应的最经济流量,还有其经济的界限流量范围,在此范围内用这一管径都是经济的,如果超出界限流量范围,就须采用大一号或小一号的标准管径。

为求出各种标准管径的界限流量,可将相邻两档标准管径 D_{n-1} 和 D_n 分别代入年费用折算值计算式(9-7),并在沿程水头损失计算中取 $n=2$,得:

$$W_{n-1}=\left(\frac{p}{100}+\frac{1}{t}\right)bD_{n-1}^{\alpha}l_{n-1}+Pkq_1^3l_{n-1}D_{n-1}^{-m} \tag{9-40}$$

$$W_n=\left(\frac{p}{100}+\frac{1}{t}\right)bD_n^{\alpha}l_n+Pkq_1^3l_nD_n^{-m} \tag{9-41}$$

按相邻两档管径的年折算费用相等条件,即 $W_{n-1} = W_n$,可得(管段长度相同):

$$b\left(\frac{p}{100} + \frac{1}{t}\right)(D_n^{\alpha} - D_{n-1}^{\alpha}) = Pkq_1^3(D_{n-1}^{-m} - D_n^{-m}) \tag{9-42}$$

化简后得 D_{n-1} 和 D_n 两档管径的界限流量 q_1 为:

$$q_1 = \left(\frac{m}{f\alpha}\right)^{\frac{1}{3}} \times \left(\frac{D_n^{\alpha} - D_{n-1}^{\alpha}}{D_{n-1}^{-m} - D_n^{-m}}\right)^{\frac{1}{3}} \tag{9-43}$$

q_1 为 D_{n-1} 的上限流量,又是 D_n 的下限流量。流量为 q_1 时,选用 D_{n-1} 或 D_n 管径都是经济的。

以同样方法,可根据相邻标准管径 D_n 和 D_{n+1} 的年费用折算值 W_n 和 W_{n+1} 相等的条件求出界限流量 q_2。这时,q_2 是 D_n 的上限流量,又是 D_{n+1} 的下限流量。对标准管径 D_n 来说,界限流量在 q_1 和 q_2 之间,即在管段流量 q_1 和 q_2 范围内,选用管径 D_n 都是经济的。如果流量恰好等于 q_1 或 q_2,则因两种管径的年折算费用相等,都可选用。标准管径的分档规格越少,则每种管径的界限流量范围越大。界限流量示意图如图9-10所示。

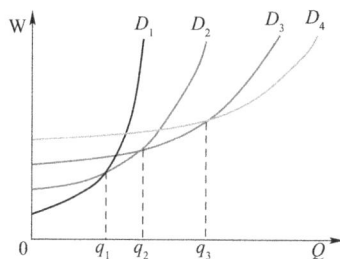

图9-10 界限流量示意图

各城市的管网建造费用、电价、用水量和所用水头损失公式等各有不同,所以不同城市的界限流量不同,不能任意套用。即使同一城市,管网建造费用和动力费用等也会变化。因此,必须根据当地的经济指标和所用水头损失公式,求出 f、k、α、m 等值,代入式(9-43)中,确定各档管径的界限流量。

设 $x_{ij} = 1$,$\dfrac{\alpha}{m} = \dfrac{1.8}{5.33}$ 和 $f = 1$,代入式(9-43),即得界限流量,见表9-7。例如,150mm 管径和 200mm 管径的界限流量 q 为:

$$q = \left(\frac{5.33}{1.8 \times 1}\right)^{\frac{1}{3}} \times \left(\frac{0.2^{1.8} - 0.15^{1.8}}{0.15^{-5.33} - 0.2^{-5.33}}\right)^{\frac{1}{3}} = 0.015(\text{m}^3/\text{s}) = 15(\text{L/s})$$

经济因素 f 不等于1时,必须将该管段流量换算为折算流量后,再查表9-7得经济管径。计算折算流量 q_0 的公式为:

$$q_0 = \left(f\frac{Qx_{ij}}{q_{ij}}\right)^{\frac{1}{3}}q_{ij} \tag{9-44}$$

式中:f——经济因素;

Q——进入管网的总流量(L/s);

x_{ij}——该管段的虚流量(L/s);

q_{ij}——该管段流量(L/s)。

对于单独的管段,即不考虑与管网中其他管段的水力联系时,因 $x_{ij} = 1$,$Q = q_{ij}$,折算流量为:

$$q_0 = \sqrt[3]{f}q_{ij} \tag{9-45}$$

式(9-44)和式(9-45)的区别在于:前者考虑了管网内各管段之间的相互关系,此时须通过管网优化计算求得管段的x_{ij}值;后者针对单独工作的管线,并不考虑该管段与管网中其他管段的关系。根据上两式求得的折算流量q_0,查表9-7即得经济的标准管径。

界限流量表$(x_{ij}=1,\alpha/m=1.8/5.33,f=1)$　　　　　　　　　　表9-7

管径(mm)	界限流量(L/s)	管径(mm)	界限流量(L/s)	管径(mm)	界限流量(L/s)
100	<9	350	68～96	700	355～490
150	9～15	400	96～130	800	490～685
200	15～28.5	450	130～168	900	685～822
250	28.5～45	500	168～237	1000	822～1120
300	45～68	600	237～355	—	—

【习题】

1. 什么是年费用折算值? 如何导出水泵供水时管网的年费用折算值公式?

2. 为什么流量分配后才可求得经济管径?

3. 压力输水管的经济管径公式是根据什么概念导出的?

4. 重力输水管的经济管径公式是根据什么概念导出的?

5. 经济因素f和哪些技术经济指标有关? 各城市的f值可否任意套用?

6. 重力输水管如有不同流量的管段,它们的流量和水头损失之间有什么关系?

7. 说明经济管径D_{ij}计算公式的推导过程。

8. 起点水压已知和未知的两种管网,求经济管径的公式有哪些不同?

9. 怎样应用界限流量表?

10. 重力输水管由三个管段组成。$l_{1-2}=300m$,$q_{1-2}=100L/s$;$l_{2-3}=250m$,$q_{2-3}=80L/s$;$l_{3-4}=200m$,$q_{3-4}=40L/s$。设起端和终端的水压差为$H_{1-4}=H_1-H_4=8m$,$n=1.852$,$m=4.87$,$\alpha=1.7$,试求各管段的经济管径。

11. 设压力式管网的经济因素$f=0.86$,$x_{ij}=1$,$\dfrac{\alpha}{m}=\dfrac{1.7}{4.87}$,试求300mm和400mm两种管径的界限流量。

12. 用表9-8数据求承插式球墨铸铁管的水管建造费用公式$c=a+bD^{\alpha}$中的a、b、α值。

某市球墨铸铁管造价　　　　　　　　　　表9-8

管径D(mm)	500	600	700	800	900	1000	1200
造价c(元/m)	1250	1555	1811	2406	2710	3200	4250

第10章

有压管道水锤计算与防护

为支撑社会和经济的快速发展,解决缺水城市和地区的水资源紧张状况,除南水北调工程外,我国已修建或拟修建多项大型调水工程,如天津引滦入津、广东东深供水、辽宁引碧入连、陕西引汉济渭、江苏江水北调等调水工程。这些调水工程的建设,可为受水区提供稳定可靠的水源,在推动区域经济发展、促进社会安定团结和改善生态环境等方面发挥非常重要的作用。

然而,长距离输水管道因水流条件复杂而容易产生水锤现象,对管网系统造成严重损坏,造成水资源浪费,危害公众用水安全,影响较大。为保证长距离输水管(渠)道工程的质量和安全运行、将水锤危害与损失降至最小,我国给水行业在水力过渡过程计算、水锤防护技术与产品、监测预警及控制系统等方面进行了深入研究。本章介绍水锤现象及其产生机理、计算原理和方法、适用的防护技术和设备等。

10.1 水锤基本理论

10.1.1 水锤波动现象

在压力管路中,因流速剧烈变化引起动量转换,从而在管路中产生一系列急骤的压力交替变化的水力撞击现象,称为水锤(水击)现象,或称水力瞬变(暂态)过程。这时,液体(水)显示出它的惯性和类似弹簧的可压缩性,这种可压缩性对水流的惯性冲击、水锤(附加)压力的升降和水锤波的传播速度等均起着缓冲作用。管路中发生水锤现象时,随着压力的交替升降变化,液体分子质点将相应地呈现疏密状态交替变化,这种变化以纵波形式沿管路往复传播。因此,水锤波动是液体(水)的压力振动在弹性液体介质(水)内所引起的波动过程,实质上就是水(分子)动量转换的传递过程,属于机械波动。

图 10-1 所示为常用的普通水位控制阀构造,主要由浮球、液控主阀和曲柄等部件组成,可用来自动控制水池液面。当水箱(水池)水位上升到关闭水位时,控制浮球阀先关闭,随后主阀在自身水压作用下逐渐关闭。图 10-2 所示为关阀后在阀门的正上游某固定位置的水力瞬变的发展情况。

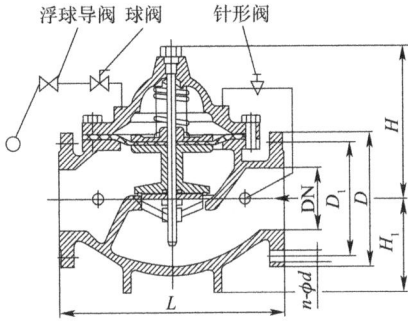

图 10-1 普通水位控制阀构造图

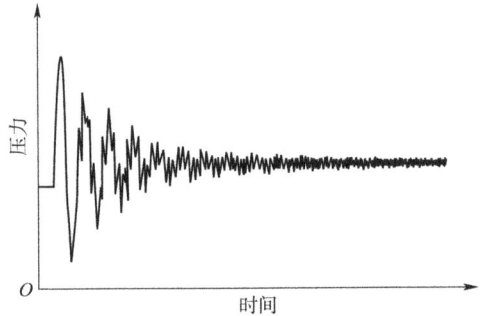

图 10-2 系统中某位置的水力瞬变

一条从水库引水的简单管道,管道末端设有控制阀门,因管中的流速水头和水头损失与发生水锤时的压强水头相比小得多,故可忽略。当管中水流为恒定流时,管道各断面的压强水头为 H_0,平均流速为 V_0。当阀门突然瞬时完全关闭(阀门关闭时间为零),有压管中即发生水锤。水锤(即水力过渡)的发生、发展和消失过程如图 10-3 所示。

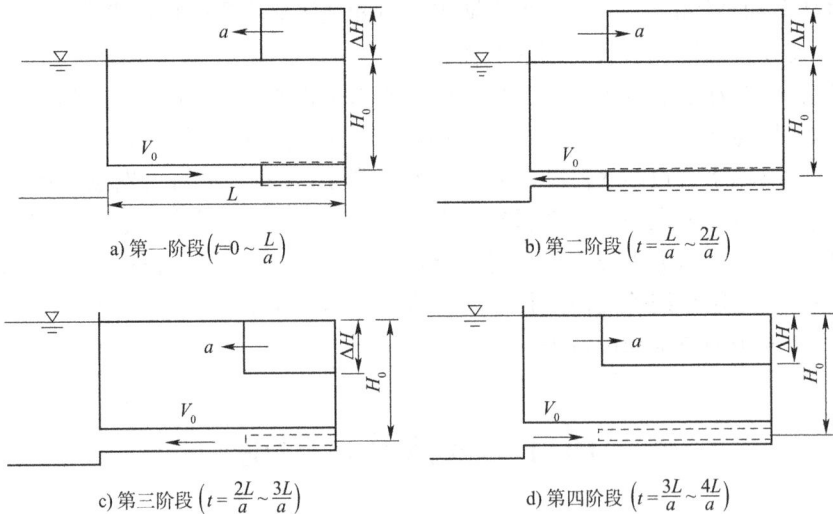

a) 第一阶段 $\left(t = 0 \sim \dfrac{L}{a}\right)$

b) 第二阶段 $\left(t = \dfrac{L}{a} \sim \dfrac{2L}{a}\right)$

c) 第三阶段 $\left(t = \dfrac{2L}{a} \sim \dfrac{3L}{a}\right)$

d) 第四阶段 $\left(t = \dfrac{3L}{a} \sim \dfrac{4L}{a}\right)$

图 10-3 水锤波传播过程

上述四个阶段为水锤波传播的一个周期。在一个周期内,水锤波由阀门传到管道进口压力池,再由管道进口压力池传到阀门,共往返两次,往返一次所需时间($2L/a$)称为相或相长,在工程水力学上称为"水锤相",并以符号 μ 表示。实际上,水锤波的传播速度很快,前述各阶段是在极短时间内连续进行的,见表 10-1。

水锤波传播过程各阶段的物理现象 表 10-1

过程	时间段	流速变化	水流方向	压强变化	水锤波传播方向	运动状态	水体状态
I	$0 < t < \dfrac{L}{a}$	由 $V_0 \to 0$	水池→阀	增高	阀→水池	减速增压	压缩

$t = \dfrac{L}{a}$ 瞬时,水锤波由阀传到管口,全管路水流停止,压强增高 ΔH,管壁膨胀

| II | $\dfrac{L}{a} < t < \dfrac{2L}{a}$ | 由 $0 \to -V_0$ | 阀→水池 | 恢复原状 | 水池→阀 | 减速减压 | 恢复原状 |

$t = \dfrac{2L}{a}$ 瞬时,水锤波由水池传到阀,全管路流速为($-V_0$),流向水池,水压强、密度及管壁正常

| III | $\dfrac{2L}{a} < t < \dfrac{3L}{a}$ | 由 $-V_0 \to 0$ | 阀→水池 | 降低 | 阀→水池 | 增速减压 | 膨胀 |

$t = \dfrac{3L}{a}$ 瞬时,全管路流速为 0,压强降低 ΔH,水体膨胀

| IV | $\dfrac{3L}{a} < t < \dfrac{4L}{a}$ | 由 $0 \to V_0$ | 水池→阀 | 恢复原状 | 水池→阀 | 增速增压 | 恢复原状 |

$t = \dfrac{4L}{a}$ 瞬时,全管路水流的压强、密度均恢复正常,流速为 V_0

在水锤波的传播过程中,管道各断面的流速和压强皆随时间变化,所以水锤过程是非恒定流。若不计阻力引起的能量损失,水锤波将周期性地传播下去。但实际上,水流流动过程中存在能量损失,水锤压强迅速衰减(图 10-2)。

10.1.2 水锤波动分析

现以水管末端阀门突然关闭为例,说明水锤发生的原因。

假设压力池水面很大,水位恒定;水流为无黏性的理想液体;整个管路上材质、直径及壁厚等沿管长均相同;压力管道中的水头损失和速度水头远小于水锤压强的变化,可忽略不计;阀门全部开启时,管中流速为 V_0,压力为 P_0,如图 10-4 所示。

考虑水的压缩性与管壁弹性,在阀门突然关闭后的微小时段 dt 内,紧靠阀门的微小流段 dx 中的流速由 V_0 降至 0,并在该处引起水锤升压 ΔP。然而,其余水流在惯性作用下继续以流速 V_0 向阀门流动,dx 段水流被压缩,密度增大,管壁膨胀。接着紧靠 dx 段的另一微小流段也相继停止流动,同时压力升高,密度增

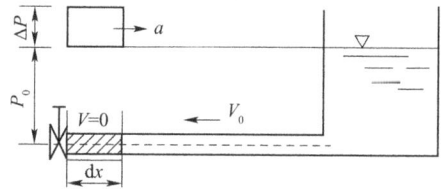
图 10-4 关阀水锤示意

大,如此接续向管道进口压力池方向传播。由此可见,阀门瞬时关闭,管道中的水流不是在同一时刻停止流动,压强也不是在同一时刻增高 ΔP,而是以水锤波的形式传播,其传播速度称为水锤波速并以符号 a 表示。

当微小流段 dx 内水体停止流动后,该处管段压力升高 ΔP,原管路断面面积为 A,横截面面积增大 dA,同时水体密度增大 $d\rho$,依据动量守恒定律有:

$$P_0 A dt - (P_0 + \Delta P) A dt = (\rho + d\rho) dx A \times 0 - \rho A dx V_0 \tag{10-1}$$

忽略二阶微量后,有:

$$\Delta P = \rho V_0 \frac{dx}{dt} \tag{10-2}$$

167

又 $a = \dfrac{\mathrm{d}x}{\mathrm{d}t}$、$\rho = \dfrac{\gamma}{g}$，则式（10-2）可改写为：

$$\Delta H = \frac{aV_0}{g} \tag{10-3}$$

式（10-3）即为水锤动量方程式，由流体力学家儒科夫斯基在 1898 年提出，也称为儒科夫斯基公式。

在阀门关闭后的微小时段 $\mathrm{d}t$ 内，管段 $\mathrm{d}x$ 内水体质量变化 ΔM 为：

$$\Delta M = (\rho + \mathrm{d}\rho)(A + \mathrm{d}A)\mathrm{d}x - \rho A \mathrm{d}x \tag{10-4}$$

又 $\mathrm{d}x = a\mathrm{d}t$，略去高阶微量，得：

$$\Delta M = (\rho \mathrm{d}A + A\mathrm{d}\rho)a\mathrm{d}t \tag{10-5}$$

依据质量守恒定律，其应与 $\mathrm{d}t$ 时段内流入 $\mathrm{d}x$ 的水体质量相等，即：

$$(\rho \mathrm{d}A + A\mathrm{d}\rho)a\mathrm{d}t = \rho A V_0 \mathrm{d}t \tag{10-6}$$

或可写为：

$$\frac{V_0}{a} = \frac{\mathrm{d}\rho}{\rho} + \frac{\mathrm{d}A}{A} \tag{10-7}$$

在上式中，$\dfrac{\mathrm{d}\rho}{\rho}$ 展现了水体的可压缩性，$\dfrac{\mathrm{d}A}{A}$ 展现了管壁的弹性。

联立式（10-3）和式（10-7），通过求取极限可得水锤波速 a 为：

$$a = \frac{1}{\sqrt{\rho\left(\dfrac{1}{\rho}\cdot\dfrac{\mathrm{d}\rho}{\mathrm{d}P} + \dfrac{1}{A}\cdot\dfrac{\mathrm{d}A}{\mathrm{d}P}\right)}} \tag{10-8}$$

若某圆管截面面积为 A，直径为 D，当其压力升高 $\mathrm{d}P$ 时，由于管壁膨胀致使管径增加 $\mathrm{d}D$，则面积相应增加 $\mathrm{d}A = \dfrac{\pi}{2}D\mathrm{d}D$，故：

$$\frac{1}{A}\cdot\frac{\mathrm{d}A}{\mathrm{d}P} = \frac{1}{\mathrm{d}P}\cdot\frac{\mathrm{d}A}{A} = \frac{\dfrac{\pi}{2}D\mathrm{d}D}{\dfrac{\pi}{4}D^2}\cdot\frac{1}{\mathrm{d}P} = \frac{2\mathrm{d}D}{D}\cdot\frac{1}{\mathrm{d}P} \tag{10-9}$$

根据胡克定律，管道直径增量 $\mathrm{d}D$ 与管壁应力增量 $\mathrm{d}\sigma$ 的关系应为：

$$\frac{\mathrm{d}D}{D} = \frac{\mathrm{d}\sigma}{E} \tag{10-10}$$

式中：E——管壁材料的弹性模量。

对壁厚为 e 的金属薄壁管道，一般有 $\mathrm{d}\sigma = \dfrac{D}{2e}\mathrm{d}P$，将其与式（10-9）和式（10-10）联立可得：

$$\frac{1}{A}\cdot\frac{\mathrm{d}A}{\mathrm{d}P} = \frac{D}{Ee} \tag{10-11}$$

再根据水的体积弹性模量 K，有：

$$\frac{\mathrm{d}\rho}{\rho} = \frac{\mathrm{d}P}{K} \tag{10-12}$$

将式(10-11)、式(10-12)代入式(10-8),可得薄壁金属管水锤波速公式为:

$$a = \frac{1}{\sqrt{\rho\left(\frac{1}{K} + \frac{D}{Ee}\right)}} = \sqrt{\frac{K}{\rho}} \cdot \frac{1}{\sqrt{1 + \frac{KD}{Ee}}} \tag{10-13}$$

由式(10-13)可以得出,水锤波速及水锤升压值与管径成反比,与管道壁厚及弹性模量成正比。因此,在实际工程中,除考虑管道承压值、经济流速及管道造价外,采用富有弹性的大口径薄壁金属管对降低水锤升压有利。

对于不同材料的水管,其弹性模量 E 是不同的。表10-2 中列举了水及常见管材的 E 和 K/E 值。

水及常用管材的 E 和 K/E 值   表10-2

材料	水	钢管	铸铁管	钢筋混凝土管
$E(\mathrm{N/m^2})$	20.59×10^8	19.61×10^{10}	9.81×10^{10}	19.61×10^9
K/E	1.00	0.01	0.02	0.1

10.1.3 水锤分类

从不同角度对水锤分类,可做如下划分。

(1)按照关阀历时 T_M 与相长 $2l/a$ 的关系,分为直接水锤和间接水锤。

前面的讨论中,假设阀门是瞬时关闭的。但实际上,阀门关闭需要一个过程。如果关闭时间小于一个相长($T_M < 2l/a$),那么在水锤压力的反射波到达阀门前,阀门已经全闭,故阀门处压力的升高只取决于直接波的压力值而不受反射波的影响,这时阀门处的水锤压强和阀门瞬时关闭所产生的水锤压强相同,这种水锤现象称为直接水锤。反之,若关闭时间大于一个相长($T_M > 2l/a$),则关阀引起的水锤升压被从压水池返回的降压波的部分抵消,因此,阀门处的最大水锤升压值必小于直接水锤时的升压值,这种水锤现象称为间接水锤。

显然,直接水锤是最简单的水锤过程,阀门处所产生的最大升压值与管线长度及阀门关闭时间无直接关系;间接水锤过程十分复杂,不能一概而论。在水泵站中发生的水锤通常是间接水锤,或者先发生间接水锤,随后发生直接水锤(由止回阀速闭引起)。

(2)按照水锤成因的外部条件,分为启动水锤、关阀水锤和停泵水锤。

启动水锤常在压水管没充满水而压水阀门开启过快的情况下发生。由于管路中存有充空气的管段(或因水柱分离所产生的蒸汽空腔),加之水泵扬程和转速都是变值,所以启动时,在泵管系统中必然发生非常剧烈的流速变化和惊人的流体撞击,从而造成水锤危害。关阀水锤是关闭阀门过程中发生的水锤现象。通常,按正常操作程序关闭阀门,不会引起很大的水锤压力变化。但如果违反操作程序或管道突然被异物堵塞,以及平行的双板阀门发生阀板掉落等意外事故时,泵站中将出现不同程度的关阀水锤。停泵水锤是由于泵站工作人员操作失误、外电网事故跳闸以及自然灾害(大风、雷击、地震)等原因,致使水泵机组突然断电而造成开阀停车时,在泵站及管路系统中所发生的水锤现象。

（3）按照水锤水力特性，分为刚性水锤理论和弹性水锤理论。

刚性水锤理论是以不考虑水流阻力及水和管材的弹性为基础的理论，水锤的发生仅与流速的改变相关。根据刚性水锤理论理论进行水锤计算时，认为管壁是绝对刚体，在内外力作用下不变形，管中水流是不可压缩的。所以，应用这种理论进行的计算比较简单，但计算结果偏大。

弹性水锤理论则考虑水的可压缩性和管材的弹性。导出的水锤基本微分方程式虽较复杂，但比较符合实际。对高水头、长管路系统进行水锤计算时，应当采用弹性水锤理论，以期得到较为准确的结果。

（4）按照水锤波动现象，分为水柱连续的水锤现象（无水柱分离）和伴有水柱分离的水锤现象（断流空腔再弥合水锤）。

所谓伴有水柱分离的水锤现象，是有压管流中出现大空腔时的一种水锤现象。当水锤波在有压管流中传播时，水体质点发生周期性的疏密变化，使质点群时而受拉，时而受压。由于水体承拉能力极差，当它承受不住这种拉力时，水柱就会断裂（特别是在含有杂质、小气泡的水体或在管线纵剖面上折线变化较大的固定点处，如小丘顶端等），产生一些大空腔或空管段，使水流的连续性遭到破坏，从而造成水柱分离现象；在密封得非常好的管段中，大空腔或空管段内呈现很高程度的真空。当两股水柱重新会合时，空腔内的水蒸气迅速凝结，两股水柱互相猛烈碰撞，因而造成升压很高的"断流空腔再弥合水锤"，简称"断流弥合水锤"。它是供水系统中最具危害性的一种水锤撞击波动。

10.1.4 水锤对给水管网系统的影响

泵站及管网系统广泛应用在引调水工程、城乡供排水、农业灌溉、供热系统、长距离管道油气输送、化工流体输送等领域。管网系统运行中发生的水锤是危害系统安全运行的关键技术问题，严重影响生产、生活和公共安全，造成水资源的浪费。

有研究指出，给水管网系统内的压力波可能在管网中传输数千米，直到能量被耗散。如果管道负压的条件形成，对于一些管路材料、直径和管壁厚度，管路破坏的风险增大。即使整个管路不会被破坏，管道负压仍可能破坏一些管道的内表面，剥落管道内部的衬里。

如果管网中压力降低到液体的蒸汽压力之下，由压力瞬变引起的进出管道流量偏差会造成水柱分离。水柱分离可以产生两种不同的作用：一是，在管道上形成小的气囊，这些气囊会缓慢溶解于水中，如果它们足够大，会对瞬变的影响起到阻尼作用；二是，当更多的流量进入该区域而不是离开时，管道压力增大，气穴的破坏会造成剧烈的高压瞬变，如果水柱重新弥合，它反过来会造成管路的破裂，也可能造成管道弯曲，破坏管道衬里。

事实上，水锤下常见的气穴将释放能量，发出的声音好像锤子击打管道一样。水锤引起管道压力升高，可达管道正常工作压力的几倍，甚至几十倍。这种大幅度的压力波动，可能造成阀门松动、管道和水泵外壳的破裂或变形、振动、管道或接口过度移位、管道配件或支撑变形甚至失灵、爆管事故等危害。

尽管管道瞬间状态如此重要，但在给水管网系统设计中仍处于次要位置。通常只有在管网的线路、管径、设计流量确定后，才考虑管道瞬变问题。但这种做法可能存在一些问题，如管网可能不按预期运行，导致高昂的维护费用；管线尺寸可能设计过大，导致不必要的建设投资等。

10.2　水锤基本微分方程与计算

10.2.1　水锤基本微分方程

水锤基本微分方程由水锤过程中的运动方程和连续方程两部分组成,是综合表达有压管流中非恒定流动规律性的数学表达式,是一维波动方程的一种表现形式。按弹性水柱理论,并假设:①管流按均质流体一维流动处理;②管道和流体发生弹性、线性变形;③忽略管道不同流态下的阻力变化;④在任何时刻,管道中均充满液体,不考虑由低压引起的沸腾现象和水柱分离现象。

假设管道末端阀门突然关闭后的某一时刻,微小流段 $\mathrm{d}x$ 内水体正处于压缩状态。根据牛顿第二定律,对该微小流段进行受力分析,规定力沿管轴指向阀门为正方向,如图 10-5 所示,则:

$$\gamma A(H-z) + \gamma\left(A + \frac{1}{2}\frac{\partial A}{\partial x}\mathrm{d}x\right)\mathrm{d}x\,\sin\alpha + \gamma\left(H - z + \frac{\partial H}{\partial x}\frac{\mathrm{d}x}{2} + \frac{\mathrm{d}x}{2}\sin\alpha\right) - \tau_0\pi D\mathrm{d}x -$$

$$\gamma\left(A + \frac{\partial A}{\partial x}\mathrm{d}x\right)\left(H - z + \frac{\partial H}{\partial x}\mathrm{d}x + \sin\alpha\,\mathrm{d}x\right) = \frac{\gamma A\mathrm{d}x}{g}\frac{\mathrm{d}V}{\mathrm{d}t} \tag{10-14}$$

式中:H——B 点水头(m);

　　A——管道横截面面积(m^2);

　　z——B 点标高(m);

　　γ——水的重度($\mathrm{N/m}^3$);

　　α——管轴与水平面夹角(°);

　　τ_0——管壁摩阻应力($\mathrm{N/m}^2$);

　　V——水体流速(m/s),其正方向为指向阀门。

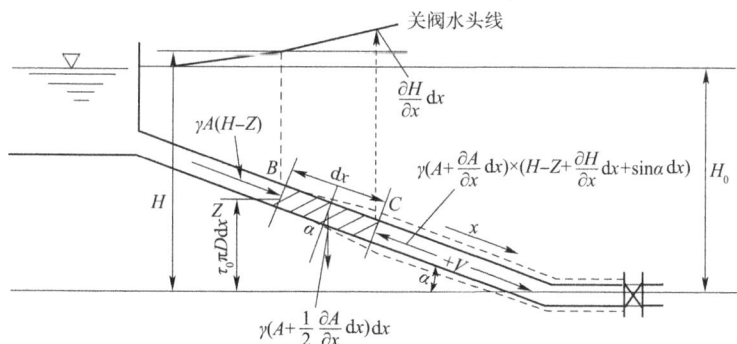

图 10-5　管道内微小流体作用力分析简图

将上式展开,略去高阶微量,可得:

$$-\mathrm{d}x\left(\gamma A\frac{\partial H}{\partial x} + \tau_0\pi D\right) = \frac{\gamma A\mathrm{d}x}{g}\frac{\mathrm{d}V}{\mathrm{d}t} \tag{10-15}$$

令 R 为管道半径,J 为水力坡度,则 $\pi D\tau_0 = \pi \times 2R\gamma \times \left(\frac{R}{2}\right)J = \gamma AJ$,将其代入式(10-15)并

化简后得：

$$\frac{\partial H}{\partial x} + \frac{1}{g} \cdot \frac{dV}{dt} + J = 0 \qquad (10\text{-}16)$$

又因在水锤波动过程中，管内流速 V 与位置 x 和时间 t 成函数关系，因此可将流速表示为 $V = V(x,t)$。为便于积分，$\frac{dV}{dt}$ 可用全微分定义展开，即：

$$\frac{dV}{dt} = \frac{\partial V}{\partial t} + \frac{\partial V}{\partial x} \cdot \frac{dx}{dt} = \frac{\partial V}{\partial t} + V\frac{\partial V}{\partial x} \qquad (10\text{-}17)$$

将式(10-17)代入式(10-16)中，并依据水力坡度公式 $J = \frac{f}{D} \cdot \frac{V|V|}{2g}$，可得出水锤运动方程为：

$$g\frac{\partial H}{\partial x} + \left(\frac{\partial V}{\partial t} + V\frac{\partial V}{\partial x}\right) + \frac{f}{2D}V|V| = 0 \qquad (10\text{-}18)$$

该式对于各种不同特性的输水管道普遍适用。

假设此次水锤过程中，微小流段 dx 全部被水充斥。则依据质量守恒，在 dt 时间内，微小流段 dx 内水体流入与流出的质量差应与水锤升压造成的管壁膨胀及水体压缩所增加的质量相等，则有：

$$\left[\rho AV - \left(\rho + \frac{\partial \rho}{\partial x}dx\right)\left(A + \frac{\partial A}{\partial x}dx\right)\left(V + \frac{\partial V}{\partial x}dx\right)\right]dt = \frac{d}{dt}(\rho A dx)dt \qquad (10\text{-}19)$$

展开上式并忽略高阶微量，有：

$$-\left(AV\frac{\partial \rho}{\partial x} + V\rho\frac{\partial A}{\partial x} + A\rho\frac{\partial V}{\partial x}\right) = \rho\frac{dA}{dt} + A\frac{d\rho}{dt} \qquad (10\text{-}20)$$

因 $\frac{\partial V}{\partial x}$ 远大于 $\frac{\partial \rho}{\partial x}$ 和 $\frac{\partial A}{\partial x}$，可忽略，则上式可变换为：

$$-\frac{\partial V}{\partial x} = \left(\frac{1}{A} \cdot \frac{dA}{dP} + \frac{1}{\rho}\frac{d\rho}{dP}\right)\frac{dP}{dt} \qquad (10\text{-}21)$$

结合水锤波速公式(10-8)，得：

$$-\frac{\partial V}{\partial x} = \frac{dP}{dt} \cdot \frac{1}{\rho a^2} \qquad (10\text{-}22)$$

对 $\frac{dP}{d\rho}$ 同样进行全微分展开，可得：

$$\frac{dP}{dt} = \frac{\partial P}{\partial t} + \frac{\partial P}{\partial x} \cdot \frac{dx}{dt} = \frac{\partial P}{\partial t} + V\frac{\partial P}{\partial x} \qquad (10\text{-}23)$$

又因 B 点水头为 $H = P/\gamma + z$，将其对时间 t 及位置 x 求偏导数，得：

$$\begin{cases} \dfrac{\partial H}{\partial t} = \dfrac{1}{\gamma} \cdot \dfrac{\partial P}{\partial t} \\[2mm] \dfrac{\partial H}{\partial x} = \dfrac{1}{\gamma} \cdot \dfrac{\partial P}{\partial x} + \dfrac{\partial z}{\partial x} \end{cases} \qquad (10\text{-}24)$$

将式(10-23)、式(10-24)代入式(10-22)，可得水锤连续性方程为：

$$\frac{\partial H}{\partial t} + V\left(\frac{\partial H}{\partial x} + \sin\alpha\right) + \frac{a^2}{g} \cdot \frac{\partial V}{\partial x} = 0 \qquad (10\text{-}25)$$

水锤运动方程和连续性方程，均以偏微分方程形式反映了水锤场中流速和水头的变化规律,为解决水锤计算问题提供了基本理论公式。在实际工程中,通常需要对其加以简化再进行实际应用。

当流速比水锤波速小很多($V \ll a$)时,可忽略两个基本微分方程式中影响较小的流速项。在给水管路中,V/a 一般小于 $1/100$,所以上述前提可以满足。同时,若不计高差引起的压强变化,则可简化为:

(1)运动方程式:

$$\frac{\partial H}{\partial x} + \frac{1}{g} \cdot \frac{\partial V}{\partial t} + \frac{f}{D} \cdot \frac{V|V|}{2g} = 0 \tag{10-26}$$

(2)连续方程式:

$$\frac{\partial H}{\partial t} + \frac{a^2}{g} \cdot \frac{\partial V}{\partial x} = 0 \tag{10-27}$$

10.2.2 特征线方程

从 20 世纪 60 年代起,随着计算机技术的发展,水锤计算逐渐从图解法过渡到电算法,不仅解放了劳动力,提高了水锤计算的效率及精度,还适用于各种复杂的管路系统和边界条件的水锤问题。水锤数值解法的计算基础是水锤基本微分方程式,其解法为:首先通过特征线法将水锤基本微分方程转化为特定形式的全微分方程组,即特征线方程,然后对特征线方程进行积分得到有限差分方程,最后结合管网系统的各边界条件方程编制计算机程序,借助计算机进行水锤计算。

现将水锤运动方程和连续性方程分别以 L_1 和 L_2 标记,如下:

$$\begin{cases} L_1 = g\frac{\partial H}{\partial x} + \left(\frac{\partial V}{\partial t} + V\frac{\partial V}{\partial x} \right) + \frac{f}{D} \cdot \frac{V|V|}{2} = 0 \\ L_2 = \frac{\partial H}{\partial t} + V\left(\frac{\partial H}{\partial x} + \sin\alpha \right) + \frac{a^2}{g} \cdot \frac{\partial V}{\partial x} = 0 \end{cases} \tag{10-28}$$

取任意实数 λ,将上式构建为 $\lambda L_1 + L_2 = 0$ 的形式,移项合并后,则有:

$$\left[\frac{\partial H}{\partial x}(V + \lambda g) + \frac{\partial H}{\partial t} \right] + \lambda \left[\frac{\partial V}{\partial x}\left(V + \frac{a^2}{\lambda g} \right) + \frac{\partial V}{\partial t} \right] + V\sin\alpha + \lambda \frac{f}{D} \cdot \frac{V|V|}{2} = 0 \tag{10-29}$$

由于 H 和 V 均为位置坐标 x 和时间 t 的二元函数,因此分别对时间 t 求导并通过全微分定义展开,可得:

$$\begin{cases} \dfrac{\mathrm{d}H}{\mathrm{d}t} = \dfrac{\partial H}{\partial x} \cdot \dfrac{\mathrm{d}x}{\mathrm{d}t} + \dfrac{\partial H}{\partial t} \\ \dfrac{\mathrm{d}V}{\mathrm{d}t} = \dfrac{\partial V}{\partial x} \cdot \dfrac{\mathrm{d}x}{\mathrm{d}t} + \dfrac{\partial V}{\partial t} \end{cases} \tag{10-30}$$

若令 $\dfrac{\mathrm{d}x}{\mathrm{d}t} = V + \lambda g = V + \dfrac{a^2}{\lambda g}$,即 $\lambda = \pm\dfrac{a}{g}$ 时,分别代入式(10-29),可得与式(10-28)等价的两个常微分方程组:

$$C^+: \begin{cases} \dfrac{\mathrm{d}H}{\mathrm{d}t} + \dfrac{a}{g} \cdot \dfrac{\mathrm{d}V}{\mathrm{d}t} + V\sin\alpha + \dfrac{afV|V|}{2gD} = 0 \\ \dfrac{\mathrm{d}x}{\mathrm{d}t} = V + a \end{cases} \tag{10-31}$$

$$C^-: \quad \begin{cases} \dfrac{\mathrm{d}H}{\mathrm{d}t} - \dfrac{a}{g} \cdot \dfrac{\mathrm{d}V}{\mathrm{d}t} + V\sin\alpha - \dfrac{afV|V|}{2gD} = 0 \\[3mm] \dfrac{\mathrm{d}x}{\mathrm{d}t} = V - a \end{cases} \tag{10-32}$$

以上两式即为管道瞬态流动特征线方程,由于在推导过程中并未做任何近似处理,因此其与水锤基本微分方程具有相同解。

在实际工程应用中,由于管道大多采用刚性壁材,水锤波速 a 远大于管道正常流速 V,因此可忽略 V 和 $V\sin\alpha$ 项,则上两式可简化为:

$$C^+: \quad \begin{cases} \dfrac{\mathrm{d}H}{\mathrm{d}t} + \dfrac{a}{g} \cdot \dfrac{\mathrm{d}V}{\mathrm{d}t} + \dfrac{afV|V|}{2gD} = 0 \\[3mm] \dfrac{\mathrm{d}x}{\mathrm{d}t} = a \end{cases} \tag{10-33}$$

$$C^-: \quad \begin{cases} \dfrac{\mathrm{d}H}{\mathrm{d}t} - \dfrac{a}{g} \cdot \dfrac{\mathrm{d}V}{\mathrm{d}t} - \dfrac{afV|V|}{2gD} = 0 \\[3mm] \dfrac{\mathrm{d}x}{\mathrm{d}t} = -a \end{cases} \tag{10-34}$$

A 和 B 点代表地点 x 和时刻 t 已给定的两点,它们的 H 和 V 值是已知的。通过 A 点的 C^+ 曲线相当于式(10-33),通过 B 点的 C^- 曲线相当于式(10-34)。联立式(10-33)和式(10-34)解出的 H 和 V 值,就是两曲线交汇点 P 上的参数 H_P 和 V_P。

将微分方程式(10-33)沿特征线 C^+ 积分,从 A 点积到 P 点,Q 由 Q_A 变为 Q_P,是一个变量,但当时间变化很小时,作为一阶近似,可设微小时段内的流量为常数,$Q = Q_A$。

同理,微分方程式(10-34)沿特征线 C^- 积分,从 B 点积到 P 点。相应的有限差分方程式可简化为:

$$C^+: \quad H_P - H_A + \frac{a}{gA}(Q_P - Q_A) + \frac{f\Delta x}{2gDA^2}Q_A|Q_A| = 0 \tag{10-35}$$

$$C^-: \quad H_P - H_B - \frac{a}{gA}(Q_P - Q_B) - \frac{f\Delta x}{2gDA^2}Q_B|Q_B| = 0 \tag{10-36}$$

式中,$\Delta x = a\Delta t$,即特征线为斜率固定不变的直线。利用有限差分方程进行运算的过程,可以用 x-t 坐标图中的矩形网格来描述,如图 10-6 所示。

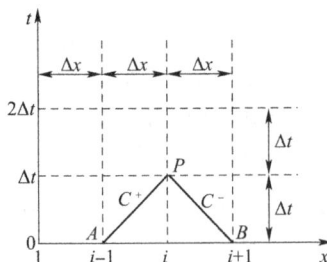

图 10-6 水锤特征线(简化差分公式的矩形网格)

将管路均分为 N 个间距均为 Δx 的步段,管路分割点用 i 标记,其中 $i \in (1, N+1)$,将式(10-35)和式(10-36)中的下标 A、B 分别用 $i-1$、$i+1$ 代替,将 P 用 P_i 代替,则上两式可改写为:

$$C^+: \quad H_{Pi} - H_{i-1} + B(Q_{Pi} - Q_{i-1}) + RQ_{i-1}|Q_{i-1}| = 0 \tag{10-37}$$

$$C^-: \quad H_{Pi} - H_{i+1} - B(Q_{Pi} - Q_{i+1}) - RQ_{i+1}|Q_{i+1}| = 0 \tag{10-38}$$

式中：B、R——计算常数，$B = \dfrac{a}{gA}$，$R = \dfrac{f\Delta x}{2gDA^2}$。

若将管道特性参数和稳态运行参数代入上式，可将上式紧缩为：

$$C^+: \quad H_{Pi} = C_P - BQ_{Pi} \tag{10-39}$$

$$C^-: \quad H_{Pi} = C_M + BQ_{Pi} \tag{10-40}$$

其中：

$$C_P = H_{i-1} + BQ_{i-1} - RQ_{i-1}|Q_{i-1}| \tag{10-41}$$

$$C_M = H_{i+1} - BQ_{i+1} + RQ_{i+1}|Q_{i+1}| \tag{10-42}$$

以上公式便是可以直接用于计算机程序的相容性方程。下文的水锤计算分析将多次使用以上这些公式。应当指出，特征线 C^+ 和 C^- 的交点只包括图 10-6 中的矩形网格内节点，两端断面上的参数还需结合各个瞬时的边界条件确定。

10.2.3　边界条件方程

为确定边界上的两个控制参数 Q_P 和 H_P，必须补充一个边界条件方程。常见的边界条件方程有如下几种情况。

（1）边界上的 H_P 或 Q_P 是独立于管路系统的控制参数，如管路上、下游为水位恒定的水池时，边界结点的 H_P 是固定常数，相容性方程可用来求解 Q_P。

（2）边界上的 H_P 和 Q_P 之间存在着一定的函数关系，如边界上有正常运转的水泵时，泵的性能曲线规定了 $H_P = F(Q_P)$，它与相容性方程联立可解出边界上的 H_P 和 Q_P 值。

（3）边界上的 H_P 和 Q_P 值还与其他的边界参数有关，如发生事故停电时的泵。这时，泵的性能曲线 $H_P = F(Q_P)$ 就与泵的瞬时转速有关；由于增加了瞬时泵转速这个新变量，就需要再增加一个边界条件方程。

下面介绍工程中常见的几种比较简单的边界条件方程式。

（1）上游为水池。

对于大水池，在短促的暂态期间，水位可认为是恒定的。设水池水位为 H_R，则管路上游端结点 1 的水头 $H_{P1} = H_R$。

当水池水面以某种规律变化时，如按正弦波振荡的情况，则：

$$H_{P1} = H_R + \Delta H \sin\omega t \tag{10-43}$$

式中：ΔH——波动幅度；

　　　ωt——相位。

当水池面积 F 与管道面积相差不多时，水池水位在暂态过程中也会发生变化，其结点水头为：

$$H_{P1} = H_R - \frac{Q_1}{F}\Delta t \tag{10-44}$$

式中：H_R——计算时段开始时的水池水位。

式（10-44）中，Q_1 可采用计算时段开始时的值。

H_{P1} 确定后，可用相容性方程式（10-40）计算结点流量：

$$Q_{P1} = \frac{H_{P1} - C_M}{B} \tag{10-45}$$

（2）上游流量为已知。

如上游为某种正排量容积式泵,则:

$$Q_{P1} = Q_0 + \Delta Q \,|\sin\omega t| \tag{10-46}$$

式中:Q_0——上游流量;

ΔQ——流量变化量。

确定 Q_{P1} 后,再用相容性方程式(10-40)计算结点的水头 H_{P1}。

（3）上游为正常运转中的离心泵。

根据正常转速运转的离心泵的水头、流量间关系,通常可用抛物线公式近似描述为:

$$H_{P1} = H_{sh} + Q_{P1}(a_1 + a_2 Q_{P1}) \tag{10-47}$$

式中:H_{sh}——流量等于零时,泵压出口截面上的测管水头;

a_1、a_2——拟合性能曲线的常数系数。

上式与相容性方程式(10-40)联立,可得:

$$Q_{P1} = \frac{1}{2a_2} \left[B - a_1 - \sqrt{(B - a_1)^2 + 4a_2(C_M - H_{sh})} \right] \tag{10-48}$$

求得 Q_{P1} 后,应用式(10-40)或式(10-47)可求得 H_{P1}。

泵的性能曲线并不限定要用抛物线公式描述,但近似公式的形式不宜太复杂。若性能曲线的形状比较特殊,可用离散的 Q、H 数据表代替近似公式。

（4）下游或管路内部的阀门。

若通过阀门的流量为 Q,阀门引起的水头损失为 ΔH,则两者的关系可表示为:

$$\Delta H = \xi \frac{Q^2}{2gA^2} \tag{10-49}$$

或

$$Q = C\sqrt{2g\Delta H} \tag{10-50}$$

式中:ξ——阀门的阻力系数;

C——阀门开启面积乘以流量系数。

ξ、C 的关系为:

$$\xi = \frac{A^2}{C^2} \tag{10-51}$$

不同形式的阀门,其 ξ 和 C 值随阀门开启度而变化的规律也不同,应查阅有关的资料确定。

式(10-49)或式(10-50)同阀门上、下游侧的相容性方程式(10-39)和式(10-40)联立,可解得三个未知数:流量 Q_P 和阀门上、下游两侧的两个 H_P 值。

蝶阀是最常用的调节阀门。湖南省电力勘测设计院曾对铁岭阀门厂生产的 $D = 200$mm 蝶阀进行过阻力测定,其测定结果见表10-3,经与国内外资料进行比较,结果相近。

蝶阀的阻力特性   表 10-3

开启度(°)	90	80	70	60	50	45	40	30	15
ξ	0.573	0.575	1.38	3.08	8.48	12.7	20.3	39.5	486

（5）串联管路的连接点。

若系统中有直径不同的支管 1 和支管 2 相串联（图 10-7），在连接点应联立管 1 中第 N 步段的 C^+ 方程和管 2 中第 1 步段的 C^- 方程求解，连接条件有：

①连续条件：

$$Q_{P1,\mathrm{NS}} = Q_{P2,1} \tag{10-52}$$

②水头条件（不计连接点处的动能和水头损失）：

$$H_{P1,\mathrm{NS}} = H_{P2,1} \tag{10-53}$$

式中：NS——结点序号 $N+1$，双重角标的前一个代表支管序号，后一个代表支管内的断面序号。

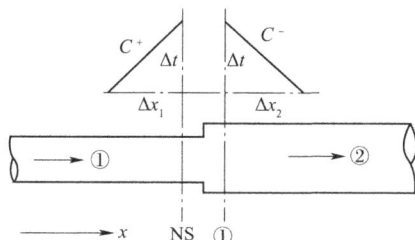

图10-7 管道中变径或管材变化处的边界条件

将相容性方程式（10-39）和式（10-40）代入以上两式，可得：

$$Q_P = \frac{C_{P1} - C_{M2}}{B_1 + B_2}$$

和

$$H_P = \frac{B_2 C_{P1} + B_1 C_{M2}}{B_1 + B_2} \tag{10-54}$$

式中：B_1、C_{P1}——管 1 中的参数；

B_2、C_{M2}——管 2 中的参数。

串联主要指管路直径发生变化的情况，但计算原则同样适用于壁面材料、粗糙度等特性发生变化的场合，因为这时各段的 B、C_P、C_M 值也会变化。

（6）枝状管网的连接点。

以图 10-8 中的四支管连接点为例进行讨论。连接条件有：

①连续条件：

$$\sum Q_P = Q_{P1,\mathrm{NS}} + Q_{P2,\mathrm{NS}} - Q_{P3,1} - Q_{P4,1} = 0 \tag{10-55}$$

②水头条件：

$$H_P = H_{P1,\mathrm{NS}} = H_{P2,\mathrm{NS}} = H_{P3,1} = H_{P4,1} \tag{10-56}$$

对支管 1 和支管 2 写出最后步段的相容性方程，可得：

$$Q_{P1,\mathrm{NS}} = \frac{C_{P1} - H_P}{B_1}, \quad Q_{P2,\mathrm{NS}} = \frac{C_{P2} - H_P}{B_2} \tag{10-57}$$

对支管 3 和支管 4 写出最前步段的相容性方程，可得：

$$Q_{P3,1} = \frac{H_P - C_{M3}}{B_3}, \quad Q_{P4,1} = \frac{H_P - C_{M4}}{B_4} \tag{10-58}$$

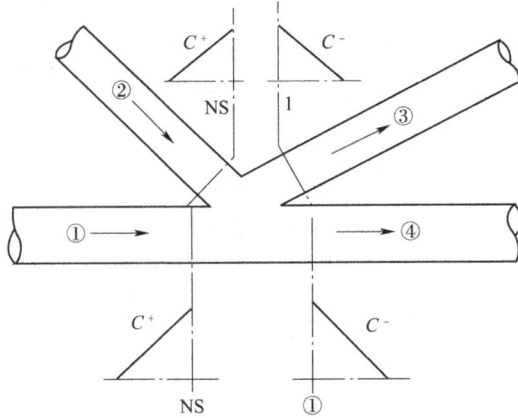

图 10-8 树状网的连接点

将以上两式中的流量表达式代入式(10-55),则:

$$\sum Q_P = -H_P \sum \frac{1}{B} + \frac{C_{P1}}{B_1} + \frac{C_{P2}}{B_2} + \frac{C_{M3}}{B_3} + \frac{C_{M4}}{B_4} = 0$$

即

$$H_P = \frac{C_{P1}/B_1 + C_{P2}/B_2 + C_{M3}/B_3 + C_{M4}/B_4}{\sum(1/B)} \tag{10-59}$$

算得 H_P 后,再按式(10-57)和式(10-58)计算各支管在连接点处的流量。

复杂管路系统中的任何连接点,都是一种枝状连接点,可应用以上公式计算各支管的流量 Q_P 和连接点水头 H_P。

(7)管路内的离心泵。

设离心泵正常运转时的性能关系曲线可用式(10-47)描述,用角标 1 代表泵吸入端管段序号,用角标 2 代表泵压出端管段序号,则式(10-47)可写为:

$$H_{P2,1} - H_{P1,NS} = H_{sh} + Q_P(a_1 + a_2 Q_P) \tag{10-60}$$

将此式与泵上、下游侧的相容性方程联立,则:

$$(C_{M2} + B_2 Q_P) - (C_{P1} - B_1 Q_P) = H_{sh} + Q_P(a_1 + a_2 Q_P)$$

解得:

$$Q_P = \frac{(B_1 + B_2 - a_1) - \sqrt{(B_1 + B_2 - a_1)^2 - 4a_2(H_{sh} + C_{P1} - C_{M2})}}{2a_2} \tag{10-61}$$

算得 Q_P 后,代回相容性方程式(10-39)和式(10-40),可得泵两侧的水头 $H_{P1,NS}$ 和 $H_{P2,1}$。

(8)离心泵的启动。

离心泵启动后,转速 N 迅速地由 0 增至额定值 N_n。在转速变化的过程中,服从相似原理:

$$H \propto N^2, Q \propto N \tag{10-62}$$

定义无因次转速 $\beta = \frac{N}{N_n}$。若式(10-60)为额定转速条件下的水头、流量间关系式,则转速为 N 时的性能曲线应为:

$$H_{P2,1} - H_{P1,NS} = \beta^2 H_{sh} + a_1 \beta Q_P + a_2 Q_P^2 \tag{10-63}$$

式中,H_{sh} 仍采用额定转速条件下的常数值。将上式与泵上、下游侧的相容性方程联立,可解得:

$$Q_P = \frac{(B_1 + B_2 - a_1\beta) - \sqrt{(B_1 + B_2 - a_1\beta)^2 - 4a_2(\beta^2 H_{sh} + C_{P1} - C_{M2})}}{2a_2} \quad (10\text{-}64)$$

通常,可简化假定 β 是在水泵启动历时 T_s 时段内线性地由 0 增至 1 的,故暂态开始后时刻 t 的 $\beta = \frac{t}{T_s}$,直至 $\beta = 1$ 为止。

当泵的吸入管段很短,可近似认为等于 0 时,泵上游的水头等于吸水池水位,$H_{P1,NS} = H_R$,则以上各式可相应简化。

10.2.4 简单管路关阀水锤暂态计算

根据水锤有限差分方程和边界条件方程,即可进行管路暂态过程的数值计算。按小步段、小时段逐步地数值求解暂态流动参数,步骤如下。

(1)首先求出在整个运算过程中反复使用的固定常数,如已知管径的过水断面面积、波长及摩阻系数的计算常数 B 和 R 等。

(2)计算暂态起始瞬刻各结点上的初始参数 Q_i 和 H_i,通常是暂态发生前的恒定流动参数。

(3)进行第一个时段的计算。反复联立两个相容性方程,求解时段结束时各内结点上的 Q_{Pi} 和 H_{Pi}。

(4)利用上、下游边界条件方程和邻接边界的相容性方程,求解时段结束时边界结点上的 Q_{P1}、H_{P1}、$Q_{P,NS}$、$H_{P,NS}$。

(5)将计算所得的时段结束时的 Q_{Pi} 和 H_{Pi}($i = 1 \sim NS$),全都看作下一个计算时段的初始参数 Q_i 和 H_i,重复步骤(3)和步骤(4)。

(6)时段依次推移,直至所要求的暂态过程全部算得为止。

编制计算机源程序也依据以上的次序:常数计算→初始条件计算→内结点计算→边界结点计算→给出下一时段的初始条件→进行下一时段内结点和边界结点的计算。

下面通过单管系统关阀水锤暂态计算的简单例题,说明用 C 语言编制源程序的方法和电算结果。

【例10-1】 已知:管路长 $L = 600\text{m}$,管径 $D = 0.5\text{m}$,摩阻系数 $f = 0.018$,波速 $a = 1200\text{m/s}$,管路下游出口端基准标高为 0,上游水池恒定水位 $H_0 = 150\text{m}$,阀门装在管路下游出口端,全开时的过流面积乘以流量系数 $C_0 = 0.009$,部分开启时的流量系数乘以过流面积 $C = C_0\tau$,τ 为阀门的相对开启度,$\tau = (1 - t/T_M)^{1.5}$,关阀总历时 $T_M = 2.1\text{s}$。求解管内水锤波的暂态。

解:(1)符号和计算常数:拟定源程序中有关参数的符号,令暂态前恒定工况的参数为 Q_0 和 H_0,暂态过程中每一计算时段的初时参数为 Q 和 H,末时参数为 Q_P 和 H_P,阀门开度 τ 用符号 TU 表示。

设定管路段数 $N = 4$,阀门端结点序号 $NS = 5$,每次计算推进的时段 $\Delta t = \frac{L}{Na} = \frac{600}{4 \times 1200} = 0.125(\text{s})$。

设定每计算 $J = 3$ 个时段,输出成果一次。规定计算总暂态历时 $T_Z = 8\text{s}$。

计算常数:$B = \frac{4a}{g\pi D^2}$,$R = \frac{8fL}{gN\pi^2 D^5}$。

（2）需事先拟定的计算公式：暂态开始前的稳态工况（恒定流）水力计算公式为：

$$H_0 = f\frac{L}{D}\frac{Q_0^2}{2g\left(\frac{\pi}{4}D^2\right)^2} + \frac{Q_0^2}{C_0^2 \times 2g} = \left(\mathrm{NR} + \frac{1}{2gC_0^2}\right)Q_0^2$$

$$Q_0 = \sqrt{\frac{2gH_0}{2gRN + \dfrac{1}{C_0^2}}}$$

暂态过程中阀门端边界参数计算公式：

由式（10-39），有：

$$H_{\mathrm{NS}} = C_P - BQ_{\mathrm{NS}}$$

由式（10-50），有：

$$Q_{\mathrm{NS}} = C\sqrt{2gH_{\mathrm{NS}}}$$

故

$$Q_{\mathrm{NS}}^2 = 2gC^2\left(C_P - BQ_{\mathrm{NS}}\right)$$

$$Q_{\mathrm{NS}} = -gBC^2 + \sqrt{g^2B^2C^4 + 2gC_PC^2}$$

暂态过程中，内结点参数的计算公式见式（10-39）～式（10-42）。

（3）编制程序计算框图，如图 10-9 所示。

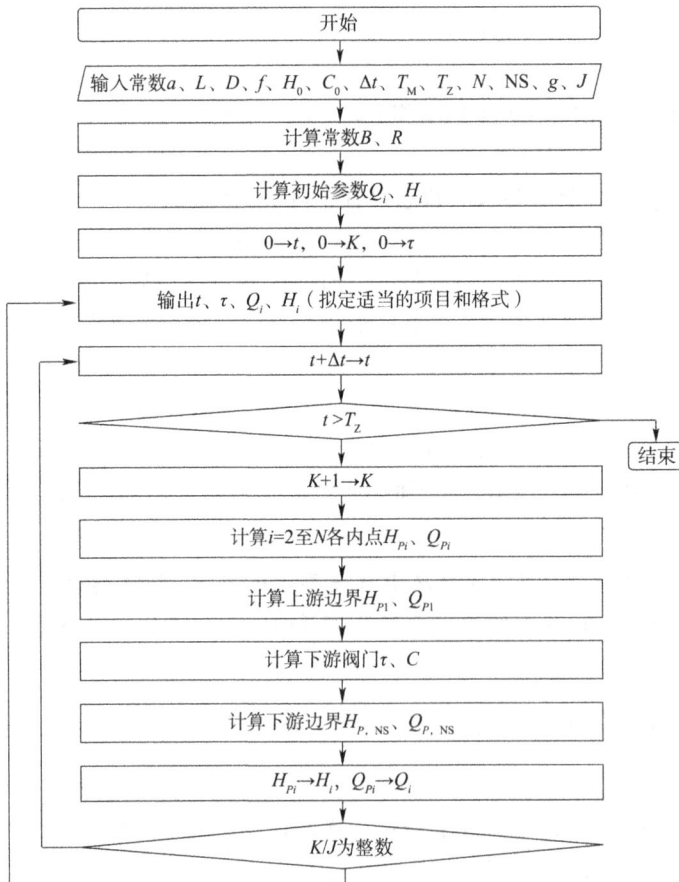

图 10-9　计算框图

（4）用 C 语言编制源程序，源程序和电算结果如下：

```
#include <math.h>
#include <stdio.h>
main()
{

float HP[12],QP[11],H[11],Q[11];
float A =1200,L =600,D =.5,F =.018,H0 =150,C0 =.009,C,B,R,Q0;
float DT =.125,TM =2.1,TZ =8,G =9.807,T,K,TU,CP,CM;
int N =4,NS =5,J =3,i;
  B =4* A/(G* 3.14* D* D);
  R =8* F* L/(G* N* 3.14* 3.14* pow(D,5));
  Q0 =sqrt(2* G* H0/(2* G* R* N +1/C0/C0));
  for(i =1;i <=NS;i ++)
{ H[i] =H0 - (i -1)* R* Q0* Q0;  Q[i] =Q0; }
  T =K =0; TU =1;
    printf(" T    TU    X/L =  0.00  0.50  1.00 \n");
A65: printf(" -------------------------------------------------\n");
    printf("% 6.3f % 6.3f  H: % 6.1f % 6.1f % 6.1f \n",T,TU,H[1],H[3],H[5]);
    printf("          Q: % 6.3f % 6.3f % 6.3f \n",Q[1],Q[3],Q[5]);
A90: T =T +DT; if(T >TZ) goto A215;
    K =K +1;
    for(i =2;i <=N;i ++)
    { CP =H[i -1] +Q[i -1]* (B -R* fabs(Q[i -1]));
      CM =H[i +1] -Q[i +1]* (B -R* fabs(Q[i +1]));
      HP[i] =.5* (CP +CM);
      QP[i] =(HP[i] -CM)/B; }
  HP[1] =H0; QP[1] =Q[2] +(HP[1] -H[2] -R* Q[2]* fabs(Q[2]))/B;
  if(T >TC) goto A165;
  TU =pow(1 -T/TM,1.5);  C =TU* C0;  goto A175;
A165:TU =0;  C =0;
A175:CP =H[N] +Q[N]* (B -R* fabs(Q[N]));
    QP[NS] = -C* C* G* B +C* sqrt(C* C* G* G* B* B +2* G* CP);
    HP[NS] =CP -B* QP[NS];
  for(i =1;i <=NS;i ++)
{ H[i] =HP[i]; Q[i] =QP[i]; }
  if((int)(K/J)* J ==K) goto A65;
  goto A90;
A215: i =1;
}
```

输出计算结果：

```
 T    TU    X/L =0.00  0.50   1.00
-------------------------------------------
```

```
0.000   1.000   H: 150.0   146.7   143.5
                Q: 0.477   0.477   0.477
------------------------------------------------
0.375   0.744   H: 150.0   160.2   187.8
                Q: 0.477   0.456   0.407
------------------------------------------------
0.750   0.515   H: 150.0   207.5   242.6
                Q: 0.388   0.380   0.320
------------------------------------------------
1.125   0.316   H: 150.0   222.1   284.7
                Q: 0.228   0.221   0.213
------------------------------------------------
1.500   0.153   H: 150.0   214.6   264.8
                Q: 0.038   0.064   0.099
------------------------------------------------
1.875   0.035   H: 150.0   177.2   202.4
                Q: -0.067  -0.048   0.020
------------------------------------------------
2.250   0.000   H: 150.0   132.0   125.2
                Q: -0.085  -0.056   0.000
------------------------------------------------
2.625   0.000   H: 150.0   109.1    93.0
                Q: 0.004   0.002   0.000
------------------------------------------------
3.000   0.000   H: 150.0   135.9   133.2
                Q: 0.085   0.062   0.000
------------------------------------------------
3.375   0.000   H: 150.0   179.7   191.8
                Q: 0.064   0.043   0.000
------------------------------------------------
3.750   0.000   H: 150.0   184.8   202.8
                Q: -0.040  -0.029   0.000
------------------------------------------------
4.125   0.000   H: 150.0   149.1   147.4
                Q: -0.091  -0.065   0.000
------------------------------------------------
4.500   0.000   H: 150.0   111.4    97.4
                Q: -0.027  -0.022   0.000
------------------------------------------------
4.875   0.000   H: 150.0   123.0   110.3
                Q: 0.067   0.048   0.000
------------------------------------------------
5.250   0.000   H: 150.0   167.9   174.6
                Q: 0.084   0.056   0.000
------------------------------------------------
```

```
5.625   0.000   H:  150.0   190.6   206.4
                 Q: -0.004  -0.002   0.000
------------------------------------------------
6.000   0.000   H:  150.0   164.0   166.7
                 Q: -0.084  -0.062   0.000
------------------------------------------------
6.375   0.000   H:  150.0   120.6   108.6
                 Q: -0.063  -0.043   0.000
------------------------------------------------
6.750   0.000   H:  150.0   115.5    97.7
                 Q:  0.039   0.029   0.000
------------------------------------------------
7.125   0.000   H:  150.0   150.9   152.6
                 Q:  0.090   0.065   0.000
------------------------------------------------
7.500   0.000   H:  150.0   188.3   202.1
                 Q:  0.027   0.022   0.000
------------------------------------------------
7.875   0.000   H:  150.0   176.7   189.4
                 Q: -0.066  -0.047   0.000
```

（5）图 10-10 为根据输出结果绘制的成果图。运算结果表明：阀端最高暂态水头为 284.7m，发生于 $t=1.125s$；最低暂态水头为 93.0m，发生于 $t=2.625s$；由于系统阻力较小，所以水锤波压力振荡的衰减相当缓慢。

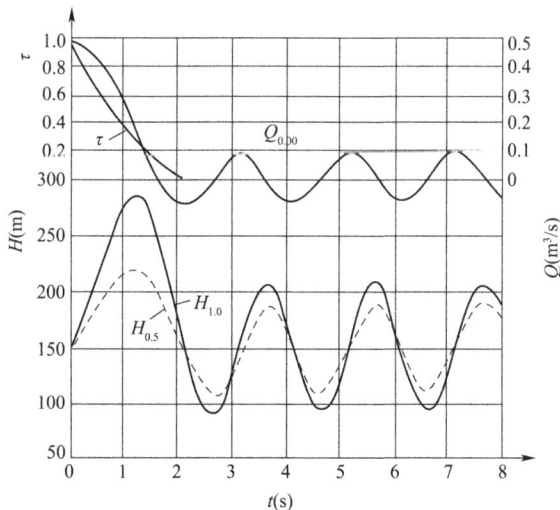

图 10-10 计算成果

采用计算机程序进行电算具有通用性，只需改变输入常数值，改变阀开度和阻力计算的语句，上述程序就可用于计算其他单管系统的关阀水锤。

10.3 常用水锤防护技术

由于水锤的水力撞击具有突发性、反复性以及无法预知等特点,而且破坏性极强。因此,在设计和修建管网系统的过程中必须考虑到水锤的防护:

(1)在有可能产生水锤危害的情况下,应早期防治。如在设计泵站及管路系统、选定输水管走向、选用水泵机组和管材以及确定管内流速等方面,都应考虑采取消除或减轻水锤危害的措施。

(2)防护措施的选择,必须与停泵水锤精确计算及分析互相配合,同时进行。用计算机进行水锤模拟计算分析,画出稳态水压线图和非稳态运行时的压力包络线图,作为确定水锤防护节点的依据。

(3)所选用的防护措施,应根据水锤模拟计算结果,结合所处泵站及管路系统的规模、作用、安全性要求和技术、管理水平等实际情况;并尽量选用技术安全可靠、经济合理、管理维修方便的防护措施。

(4)根据具体情况,特别是在复杂的泵系统中,应当采用综合性防护措施(同时采用几种措施),以提高防护功能的安全可靠性及总体防护效果。

(5)对防护措施的管理维护及操作等方面,应给予足够的重视。正常启停前,应确保水泵系统的状态完好,严格按照操作规范进行相应的操作,并制订切实可行的应急管理方案。

以某长输管线为例,未采取水锤防护措施时的非稳态压力包络线见图 10-11,采取有效的水锤防护措施后的压力包络线见图 10-12。

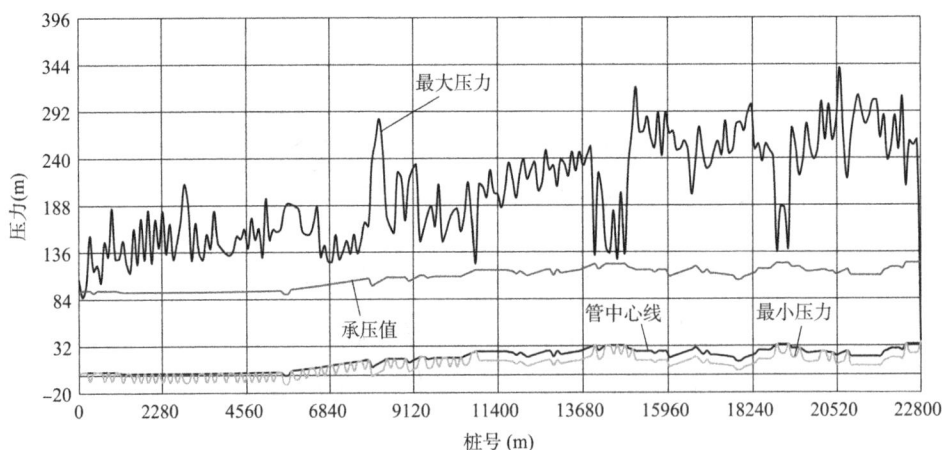

图 10-11 某长输管线未采取水锤防护措施时的非稳态压力包络线

10.3.1 多功能水泵控制阀与缓闭止回阀

目前,工程上应用的止回阀,按关闭特征分为一阶段关闭型和两阶段关闭型(缓闭)两种。由于两阶段关闭型止回阀具有良好的防水锤升压效果,在工程中应用越来越广泛。根据两阶段关闭型止回阀的控制方式,可分为自适应型与主动控制型。常用的自适应型阀门为多功能水泵控制阀,其结构如图 5-18 所示。这种阀门能够与水泵启闭动作联动,在主阀板上下形成压力差,推动膜片压板,使阀门自动适应水泵工况的要求。其典型安装如图 10-13 所示。

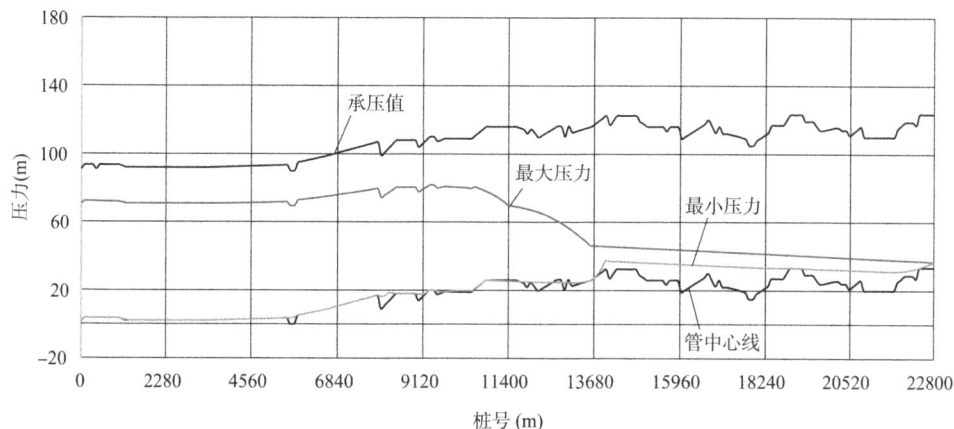

图 10-12 某长输管线采取有效的水锤防护措施后的压力包络线

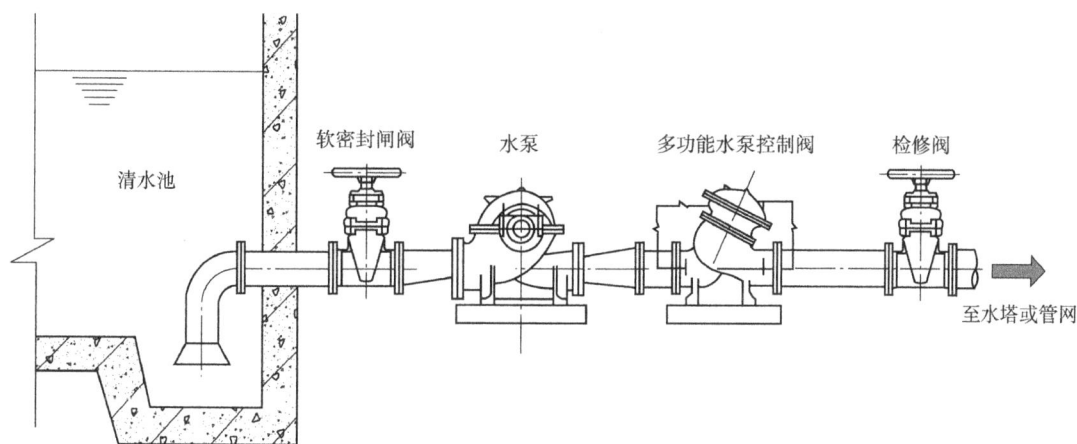

图 10-13 水泵控制阀典型安装

主动控制型阀门通过预设的启闭程序,分快、慢两阶段关闭。常用的有液控蝶阀、液控球阀和液控偏心半球阀等。例如两阶段缓闭式液控蝶阀(图 10-14),按预先调定好的程序分两阶段关阀,第一阶段先快速关闭一定角度(一般为 60° ~ 70°),关闭行程的大部分,虽然关阀过程产生了管道升压,但由于蝶阀在大开度范围内的开度系数的变化率很小,升压并不明显。第二阶段以非常缓慢的速度关闭剩余的行程,为慢关阶段。由于压力的升高与流速的变化成正比,慢关过程导致流速变化的增量减小,可把出水管道的压力升高限制在允许的范围之内。总关阀时间取决于管线长度和水锤波速。两阶段缓闭式液控蝶阀能有效消除管路水锤,实现管路的可靠截止,保证管线系统安全运行。

两阶段缓闭式液控蝶阀不但被广泛应用于泵系统水锤防护方面,在有压重力流输水管道的水锤防护方面也应用普遍。

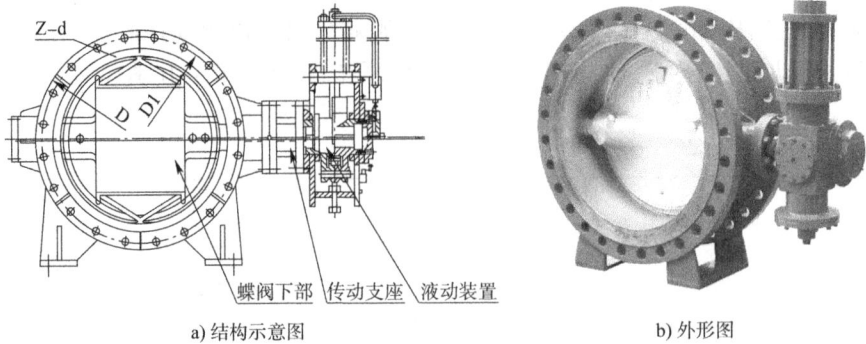

a) 结构示意图   b) 外形图

图 10-14 两阶段缓闭式液控蝶阀

10.3.2 空气罐

空气罐是一种内部充有一定量压缩空气的金属水罐装置,一般安装在水泵和管网之间,如图 10-15 所示。当发生水锤,管内压力升高时,原压缩的空气被再度压缩,起到气垫消能作用;而当管内由于突然停泵,压力陡降,甚至可能发生水柱分离时,又可利用压缩空气的膨胀性,向管中注水,有效地消减了停泵水锤的危害。其借助罐内压缩空气维持水压,因此空气罐的安装高度不受限制。

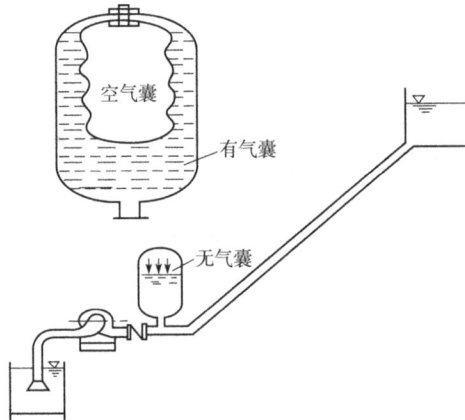

图 10-15 空气罐

空气罐一般分为有囊式和无囊式。无囊式空气罐中的气体会不断被水溶解,因此需要经常补气;有囊式空气罐将气水分离,没有气溶于水的损失问题,可一次充气,长期使用。空气罐的预充压力与初始水气比需考虑管道的稳态水头和瞬态最大水头。空气罐的总体积为管道总容量的 4% 左右时,防水锤效果较好。空气罐通常适用于设备流量较小、扬程较高、控制压力范围较广的情况。

10.3.3 超压泄压阀

超压泄压阀是由主阀和先导阀组成的先导式动作阀门,该阀可以在管道压力超过预先设定的极限值时,通过阀门的迅速开启来释放超过极限的压力,当压力降到安全值后,再自动关闭。其构造如图 10-16 所示。

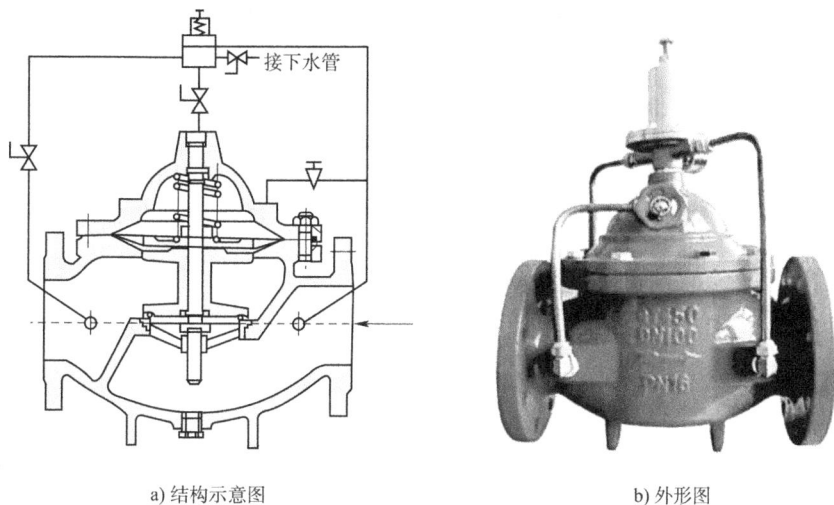

a) 结构示意图　　　　　　　　　　　b) 外形图

图 10-16　超压泄压阀

当管路中的压力超过高压设定先导阀的设定值时,进口高压水从控制管进入高压设先导阀膜片下腔内,使其压力增高,推动高压设定先导阀阀杆上移,高压设定先导阀阀板打开,主阀控制室上腔的水从高压设定先导阀和控制管排泄,在进口高压水的作用下,顶开主阀板,排水泄压。

泄压阀类还包括水击预防阀、水击泄放阀等。当管道超压或压力降到设定值以下,主阀快速反应,及时排水、泄压,防止压力急剧增高或降低而损坏管线及设备,确保系统安全。

10.3.4　单向调压塔

单向调压塔由水箱、浮球阀、单向阀等组成,如图 10-17 所示。当管道出现负压时,可向管中单向注水,防止水柱中断引起的断流弥合水锤升压;当管内水压恢复至设定值时,注水管上的单向阀阻止了主管道中的水回流入单向调压塔。

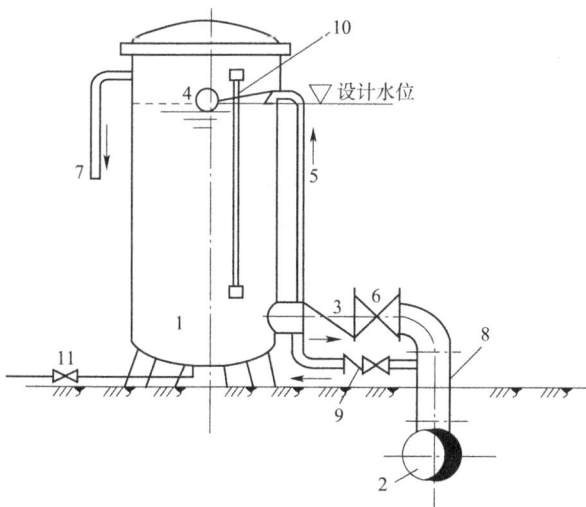

图 10-17　单向调压塔示意图

1-水箱;2-主干管;3-止回阀;4-浮球;5-进水管;6-闸阀;7-溢流管;8-注水管;9-满水管止回阀;10-水位计;11-排空管

187

设置单向调压塔,须经过计算机动态模拟,经过方案对比后确定安装位置。一般设置于输水管线上易产生负压、发生水柱分离的管路特殊部分,如管路的峰点、膝部、驼峰以及鱼背处等。正常运行时,水箱通过浮球阀充满水并控制最高水位不溢流;当管道出现负压时,水箱通过下部带有单向阀的连通管向管道注水,防止管道出现水柱中断,进而对断流弥合水锤起到一定的防护作用。单向调压塔对于消除因突然停泵而引起的水柱中断有较好的效果。单向调压塔使用的止回阀的性能必须绝对可靠,一旦该阀门失灵,可能导致发生较大的水锤事故。

10.3.5 双向调压塔

10.3.5.1 恒速缓冲双向调压塔

恒速缓冲双向调压塔构造简单,为一开口的水池(大水柱),一般装设于输水干管上易于发生水柱分离的高点或折点处。当发生突然事故停泵时,它能向管路补水,防止水柱分离,可有效地消减断流弥合水锤升压;当管路中水锤压力升高时,高压水流进入调压塔中,从而起到缓冲水锤升压的作用,示意如图 10-18 所示。

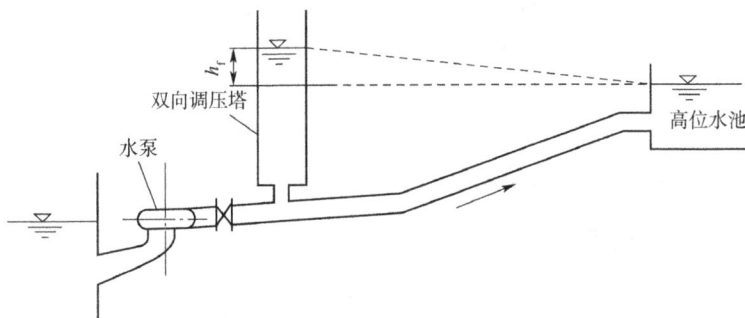

图 10-18 恒速缓冲双向调压塔示意图

10.3.5.2 箱式双向调压塔

箱式双向调压塔是恒速缓冲双向调压塔的改进形式,其调压方式是在活塞上部承受箱内水深的压力,活塞下部承受管道压力,活塞上部面积大,下部面积小,且其面积的比值根据箱式调压塔的水深(即高度)要求和管道内压的大小决定。当管道压力升高至大于正常运行最大设计水压时,活塞迅速上移,打开泄水口,使管道超高压力得以释放,从而实现超压放水泄压功能,保护管道安全;当管道因突然停泵或开阀等水锤原因使管道压力降至低于箱内水深或出现负压时,箱内水则向管道内流动,预防或消除管道断流现象,消减断流弥合水锤。其高压泄水、低压注水状态的具体构造如图 10-19 所示。

箱式双向调压塔的设置需考虑泄压值、进出水流量及体积、安装位置等要素,应经过计算机的动态模拟,进行方案的对比后确定其相关参数。箱式双向调压塔一般设置在输水管线中易产生负压、发生水柱分离的高点和转折点,其底部通过三通与主管道连通,顶部必须与管道稳定运行的最高水压线同高,可通过注水防止管道断流水锤发生,通过泄水削减水锤压力峰值,可有效防护水锤。箱式调压塔高度仅 4～7m,可安装于阀门井内,工程应用便利,应用广泛。

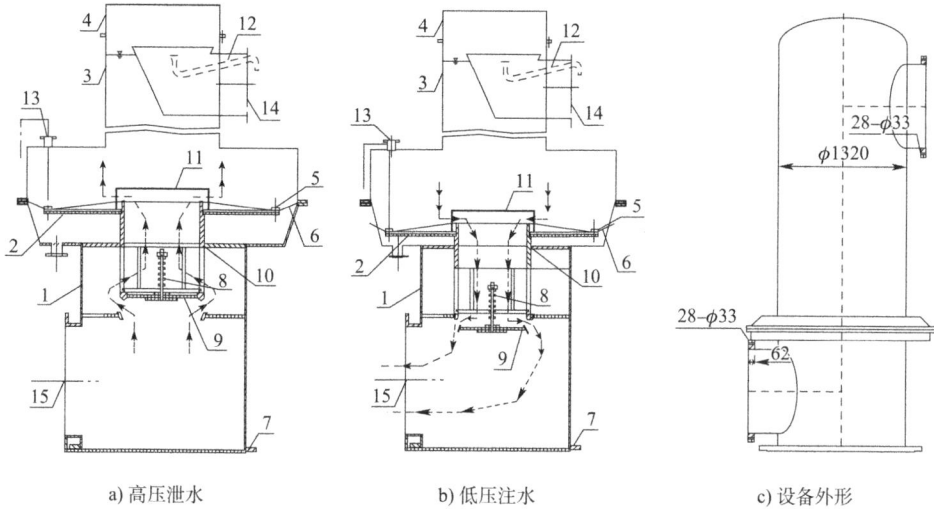

a) 高压泄水　　　　　b) 低压注水　　　　　c) 设备外形

图 10-19　箱式双向调压塔高低压状态结构图

1-下阀体;2-活塞;3-上阀体;4-防溢环;5-上压板;6-膜片;7-下封板;8-弹簧;9-单向板;10-密封环;11-防冲导流板;12-定深溢流管;13-活塞开度指示;14-泄水口;15-管道接口

10.3.6　喷孔对冲式高比例减压控流阀

喷孔对冲式高比例减压控流阀是一种由大比例式减压恒压阀和对冲式消能器组合而成的恒流消能设备,它具有减压恒压阀和对冲消能器两者的优势,安装于大压(落)差终端水池的进水管段。

减压恒压阀的主要作用是通过恒压达到恒流的目的,亦即当系统的管道阻力系数不变时,作用水头决定流量的大小,作用水头恒定则流量恒定不变。对冲消能器利用对冲水流的剧烈掺混实现消能,从而达到消能消锤和控制恒液位的目的。

对冲消能组合器的消能方式是在减压恒压阀先将水压力降低以后,水进入对冲消能器,其大部分能量被消除,从而消除出水管末端的多余

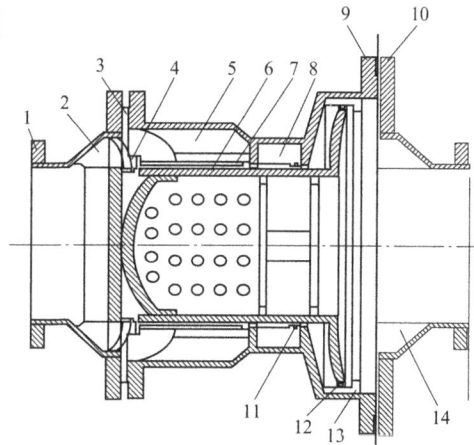

图 10-20　喷孔对冲式高比例减压控流阀示意图

1-进口导流管;2-进水导流板;3-阀座;4-密封;5-对冲导向;6-喷孔对冲器;7-喷孔消能活塞;8-密封导向环;9-阀体;10-出水导流管;11-高压密封圈;12-低压密封圈;13-导向滑环;14-出口导流管

能量,减少由于出水剩余能量过大而引起的水池冲刷及水面波动带来的危害,保护池(塔)内构筑物或溢水流道等的安全,延长使用寿命。其具体构造如图 10-20 所示。

10.3.7　其他水锤防护设备与装置

10.3.7.1　空气阀

空气阀一般设置于水泵出水管、长距离输水管道的局部高点、水平段末端等位置。在管道充水时,通过空气阀高速排气;满管时持续微量排除水中的溶解气体;管道泄水放空时高速吸

气,防止管道形成负压。空气阀一方面能够避免形成的气囊减弱断面的过流能力;另一方面能够避免极端工况下发生破坏性断流弥合水锤。空气阀规格及设置位置除遵循设计标准规范的要求外,还需进行水力过渡过程计算分析,确定是否需要在其他位置增设空气阀。

气缸式空气阀(全压高速恒速缓冲排气阀)、内缸式防水锤缓冲空气阀、变孔口全功能通气阀、压力式空气阀等国产空气阀,具有在输水管道内多段水气相间或存在多个不连续气囊情况下,连续、快速(或大量)排出管道内任何一段气体的功能,能满足在有压条件下,空气阀内充满气体时,大小排气口均开启排气,充满水时均关闭而不漏水,出现负压时可向输水管道注气的功能。

10.3.7.2　惯性飞轮

近年来,潜水泵、立式水泵机组的使用及电动机改进,转子渐细,转动惯量显著减小。因此,当发生事故、断电,突然停泵时,水泵机组转速快速下降,供水量急剧减少,导致整个泵管系统中水压下降,从而使本就不利的水泵过渡过程恶化。此时,可以采用转动惯量大的水泵机组进行水锤防护。如果上述条件无法满足,其他防护措施也不奏效,可以考虑在水泵机组的主轴上增装惯性飞轮,但仅适用于卧式水泵机组。

10.3.7.3　爆管紧急切断阀

爆管紧急切断阀是当发生管道破损时,将重要蓄水的流失以及随之产生的二次灾害的影响控制在小限度的阀门。爆管紧急切断阀安装于各类压力流给排水管路中,作为管道工程的安全配套装置。流速检测机构自动检测管道破损时的异常流速,通过与阀体直接连接的重锤,迅速、及时地切断水流。爆管紧急切断阀一般采用蝶阀形式,以重锤的重力势能驱动关阀,不需要外接压力油源,节省电能。阀门全开后,重锤被锁定,举起的重锤不下掉,阀板保持在全开位置不抖动。阀门的流速检测机构为纯机械式,无须外部提供电能。设置缓冲油缸,阀门关闭时间可调,可以有效抑制紧急切断时产生的水锤。移动调节杠杆上的滑块,可以在不停水的状态下变更切断设定流速,以适应不同的流速工况。发生爆管事故时,检测机构感应到流速变化,触发阀门快速关闭,及时防止恶性事故的发生。

此外,多功能斜板阀、重锤式液控蝶阀、轴流式止回阀、橡胶瓣止回阀、水击预防阀、管力阀等设备电在特定水力瞬变过程中发挥水锤防护作用。

【习题】

1. 什么是水锤现象?水锤的产生原因是什么?

2. 水锤现象对管网系统的危害有哪些?

3. 写出水锤基本方程并解释各参数的含义。

4. 简述水锤数值计算特征线法的基本原理。

5. 介绍水锤计算中常见的边界条件。

6. 输水钢管直径 $d=100mm$,壁厚 $\delta=7mm$,流速 $v=1.2m/s$,试求阀门突然关闭时的水击压强。如该管道改为铸铁管,水击压强有何变化?

7. 介绍常用的水锤防护设备并分析其水锤防护性能。

第11章

管网的技术管理

为了维持管网的正常工作,保证安全供水,必须做好日常的管网养护管理工作,内容包括:

(1)建立技术档案。

(2)检漏和修漏。

(3)水管清垢和防腐蚀。

(4)用户接管的安装、清洗和防冰冻。

(5)管网事故抢修。

(6)阀门、消火栓和水表等的检修。

为了做好上述工作,必须熟悉管线的情况、各项设备的安装部位和性能、用户接管的地位等,以便及时处理。平时要准备好各种管材、阀门、配件和修理工具等,便于抢修。

11.1 管网技术资料

管理部门应有给水管网平面图,图上标明泵站、管线、阀门、消火栓等的位置和尺寸。大中城市的管网可按每条街道一张图纸列卷归档。

管网养护时所需技术资料有:

(1)管线图,表明管线的直径、位置、埋深以及阀门、消火栓等的布置,用户接管的直径和位置等,它是管网养护检修的基本资料。

（2）管线过河、过铁路和公路的构造详图。

（3）阀门和消火栓记录卡，包括安装年月、地点、口径、型号、检修记录等。

（4）竣工记录和竣工图。

管线埋在地下，施工完毕、覆土后难以看到，因此应及时绘制竣工图，将施工中的修改部分随时在设计图纸中订正。竣工图应在沟管回填土以前绘制，图中标明给水管线位置、管径、埋管深度、承插口方向、配件形式和尺寸、阀门形式和位置、其他有关管线（例如排水管线）的直径和埋深等。竣工图上的管线和配件位置可用搭角线表示，注明管线上某一点或某一配件到某一目标的距离，便于及时进行养护检修。

为适应快速发展的城市建设需要，现在逐步采用供水管网图形与信息的计算机存储管理，以代替传统的管理方式。

11.2　管网水压和流量测定

测定管网的水压和流量，是管网技术管理的一个主要内容。水压是管网建模的依据，流量测定主要用于监控漏损。

测定管网的水压，应在分布合理且具有代表性的测压点进行。所选择的测压点，既要能真实反映水压情况，又要均匀合理布局，使每一测压点能代表附近地区的水压情况。管网中测压点的数量和位置，除应考虑测量的精度外，还应考虑经济性。测压点以设在大、中口径的干管线上为主，不宜设在进户管上或有大量用水的用户附近。测压时可将测压仪表安装在消火栓或给水龙头上，定时记录水压，尽量使用自动记录压力仪，以便得出全天的水压变化曲线。

测定水压，有助于了解管网的工作情况和薄弱环节。根据测定的水压资料，可按 0.5 ~ 1.0m 的水压差，在管网平面图上绘出等水压线，由此反映各条管线的负荷。整个管网的水压线应均匀分布，如某一地区的水压线过密，表示该处管网的负荷过大，所用的管径偏小。水压线的密集程度可作为今后放大管径或增敷管线的依据。由等水压线标高减去地面标高，得出各点的自由水压，即可绘出等自由水压线图，此可了解管网内是否存在低水压区。

给水管网流量测定是管网技术管理的重要内容。测流点一般选择在干管、清水池的进出水管、泵站、大管径管线和用水量大的居住区。管网测流工作可根据需要进行。现在的测压和测流量仪表的精度越来越高，甚至可达 0.1%。流量计的安装、校准和维护比测压仪器复杂，费用也高。两者都需要定期校准，以保证测量精度。

测定时可采用电磁流量计或超声波流量计，安装使用简便，易于实现所测数据的计算机自动采集和数据库管理。电磁流量计由变送器和转换器组成，安装在给水管道内的变送器将流量转换成瞬时电信号，转换器将瞬时电信号转换成直流信号，经过放大后送至显示仪表，即可得出流量。

超声波流量计是在给水管道外侧监测流量，其利用的是声波传播速度差。由于管道内流速变化，超声波的传播速度也随之变化。在管道内放入超声波发生器和接收器，测定声波传播的时间差，通过软件进行相关计算，即可显示并打印出流速、流量和水流方向等数据。

11.3 漏 损 控 制

水管损坏引起漏水的原因很多,例如:因水管质量差或使用期长而破损;由于管线接头不密实或基础不平整引起损坏;因使用不当(如阀门关闭过快产生水锤)以致管线破坏;因阀门锈蚀、磨损或污物嵌住无法关紧等。

《城市供水管网漏损控制及评定标准》(CJJ 92—2016)将城镇供水管网基本漏损率分为两级,一级为10%,二级为12%。2022年发布的全文强制性工程建设规范《城市给水工程项目规范》(GB 55026—2022)规定,城市公共给水管网的漏损率不应大于10%。

检漏是管线管理部门的一项日常工作,减少漏水量可降低给水成本,经济意义重大。位于大孔性土壤地区的一些城市,如有漏水,不但浪费水量,而且影响建筑物基础的稳固,更应严格防止漏水。

为降低城镇公共供水管网漏损,提高水资源利用效率,打好水污染防治攻坚战,根据《"十四五"节水型社会建设规划》(发改环资〔2021〕1516号)、《关于加强公共供水管网漏损控制的通知》(建办城〔2022〕2号),国家发展和改革委员会、住房和城乡建设部组织开展公共供水管网漏损治理试点建设。一是实施供水管网改造工程,结合城市更新、老旧小区改造和二次供水设施改造等,对超过使用年限、材质落后或受损失修的供水管网进行更新改造;二是推动供水管网分区计量工程,依据《城镇供水管网分区计量管理工作指南》,按需选择供水管网分区计量实施路线,开展工程建设,实施"一户一表"改造,完善市政、绿化、消防、环卫等用水计量体系;三是推动供水管网压力调控工程,统筹布局建设供水管网区域集中调蓄加压设施,切实提高调控水平;四是开展供水管网智能化建设工程,推动供水企业在完成供水管网信息化基础上,实施智能化改造,建立基于物联网的供水智能化管理平台;五是完善供水管网管理制度,建立从科研、规划、投资、建设到运行、管理、养护的一体化机制,完善供水管网漏损管控长效机制,推动供水企业将供水管网地理信息系统、营收、表务、调度管理与漏损控制等数据互通、平台共享。

11.3.1 检漏技术

检漏技术主要分为被动检漏和主动检漏。

被动检漏是一种传统的检漏方法,也是最原始的检漏方法,主要是待地下管道漏损冒出地面并发现漏水(即发现明漏)后进行检修,需要依靠专门人员进行巡查查漏,或由用户报漏。被动检漏法投资少,但发现的漏损以明漏为主,往往在大量漏水后才能发现。因此,被动检漏法适合于埋在泥土地下、附近又无河道和下水管的输水管线。

主动检漏方法很多,下面对其中几种进行简单介绍。

(1)音听法。

音听法还分为阀栓音听法、地面音听法等。阀栓音听法是用听音棒接触管道暴露点,如阀门、消火栓、裸露的管道部位等,仔细辨别耳机中声音,判断是否有漏水声存在。地面音听法是用地面拾音器(探头)沿管道在地面进行检测。音听法很大程度上依靠工作人员的经验,一般在夜间进行操作。音听法可以快速减小检测范围和发现漏损位置,并且其成本低、效率高,是一种普遍的检漏技术。

(2)相关检漏法。

相关检漏法利用相关仪接收来自安装在管道上的两个传感器采集的噪声信号,自动进行相关分析,计算出相关结果,给出漏点距传感器的距离。该方法操作简单,测量结果准确可靠,抗干扰能力强,几乎不受环境噪声影响,白天即可工作,而且不受埋深限制。

(3)噪声自动监测法。

泄漏噪声自动监测仪是一个由多个记录仪(探头)组成的整体化的声波接收系统。将多台记录仪安装在管网上不同地点,如消火栓、闸阀或暴露管道,按预定时间同时开关机,记录管网的噪声信号,该信号经数字化后储存在记录仪的存储器内并可传输到计算机,通过专业软件进行分析处理,从而查明记录仪附近管道是否存在泄漏。噪声自动监测法可进行大面积管网漏水监测,为漏水点精准定位提供依据。

(4)区域普查及漏点定位法。

该法由多探头相关仪——SoundSens 系统实施和完成,作业时将多台记录仪安装在管网上不同地点的消火栓、闸阀或其他管道暴露处,然后将记录仪所记录的数据下载到计算机,由软件自动建立模拟管网图,快速综合搜索程序可找出管网中漏点的大体位置,输入管道参数进行最终相关计算后得出漏点的准确位置。该方法只需一次测试就可完成区域泄漏普查和漏点精确定位,一次可确定多个漏点。

(5)钻探法。

钻探法是在确定泄漏位置后,先用管线定位仪把管道位置找准,探测周围有无其他管线,特别是电缆,以免钻孔时对其造成损害;然后用路面钻孔机打穿路面硬质层,用勘探棒打入,直至管道的顶部。这种方法用于听音杆直接接触管线听音、水位测定、探水、是否有漏点等特征。钻探法是进行精定位的一种辅助手段,但在某些场合是确认漏点的一种必要手段。在进行相关测量、测试段没有闸阀等管道附属设施时可采用该方法安装传感器。

(6)气体示踪法。

气体示踪法是在供水管道内释放无毒、无色、无味的非污染、水溶性和密度低于空气的气体示踪介质,借助相应仪器设备,于地面检测泄漏的示踪介质浓度,推断漏水异常点。如果测试管段存在漏水,则示踪气体将通过漏水孔逸出,因密度比空气小,将会从地下冒出。常用气体示踪介质为氢气或氦气。

11.3.2 独立计量区域分区检漏

DMA(District Metering Area,独立计量区域)分区检漏是指通过截断管段、关闭管段上的阀门进行"真实分区"或安装双向计量仪表进行"虚拟分区"的管理方法。它按照事先制定的分区规则,将供水管网系统分为若干个相对独立的真实或虚拟的区域,并在每个区域的进水管和出水管上安装流量计,从而实现对各个区域入流量与出流量的监测。

参考国外案例城市经验,DMA 的规模依据住户数量,可分为大型(用户数量在 3001 ~ 5000)、中型(用户数量在 1000 ~ 3000)、小型(用户数量 < 1000)。又可按照管线类型,分为 3 个层次或类型,即输水管 DMA、配水管 DMA、层叠式 DMA(上层中 DMA 的水流入下一层 DMA,从而呈现层叠的形式),具体如图 11-1 所示。

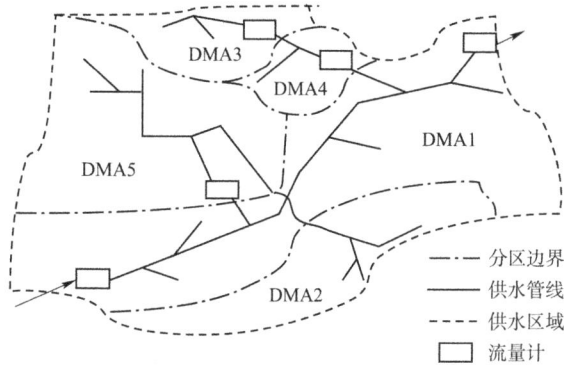

图 11-1 典型 DMA 分区管理的类型

DMA 区域划分原则通常受到地面标高、地形、道路的限制。考虑到划分区域后不发生死水、积滞水,使管道末梢部分形成环状,把在末端部分能设置排水设备的地方当成管段末端。通过对当前国内、外 DMA 分区管理经验的总结,在实施 DMA 分区管理时,应该至少遵循的原则如下:

(1)选择的测试区域为规模相对较大、供水稳定,且基础资料相对齐全,用水模式变化不是特别大的封闭区域。

(2)尽量减少管网改造,从而保证所选区域供水管网的完整性和自然边界。

(3)DMA 区域大小的划分,主要依据供水管网现状,并结合实施分区管理改造后的水力模型,分析供水区域水量、水质运行稳定性。

(4)安装 DMA 计量表具、压力传感器等设备前,要对区域内管网漏损情况进行全面普查,尽量避免已存在的漏点影响今后 DMA 数据的采集与分析。为保证 DMA 区域内的最小管网服务水头,应选用水阻较小的电磁水表。

(5)分区管理应遵循经济性、效益性,力求效益最大化。

夜间最小流量法是评估 DMA 分区漏损情况的重要指标。该方法是对某个独立计量区域的夜间流量进行分析,进而评估该区域的实际漏损情况。常用的夜间最小流量法的数据处理方法有两种:

(1)比较法。将夜间测得的最小供水量与日均供水量比较,如果夜间最小供水量与日均供水量的比值超过某一比,即认为该区域管网可能出现异常。

(2)经验法。按照工作经验选定参数,并据此绘制用水标准图表,将实际供水量与其比较,即可得到管网是否存在异常。

11.3.3 修漏技术

发现供水管道漏水或损坏后,应及时开展供水管道抢修工作。快速、有序、可靠地完成供水管道抢修任务,保障城市经济发展和社会稳定、减少水资源浪费是供水单位面临的重要任务。供水管道发生爆管、漏水是管网运行过程中常见的现象,抢修流程不顺畅、措施不合理、协调不到位,往往会影响抢修作业的效率,甚至发生安全事故,对社会生产、人民生活造成严重影响。

供水管道抢修应根据故障和事故的影响范围、管网分布和用户状况,合理调度供水,减少对用户的影响。确需停水或降压供水时,应在抢修的同时通知用户。

195

抢修作业应连续进行,包括下列步骤:①找出发生故障或事故的部位;②确定故障或事故的属性;③制订抢修方案;④开展抢修作业;⑤检查及恢复供水。

管道抢修应根据管材类别、管道损害程度、部位及损坏原因和施工作业条件等因素确定抢修方法。管道抢修应采用快速、高效、易实施的技术,并应优先采用不停水修复技术。

管道抢修在有条件开挖的地区,通常采用管道开挖修复技术;对无条件开挖的地区宜结合工程环境和管网状况,通过技术经济比较,选用非开挖修复技术。非开挖修复技术修复地下管线可以不用大面积全线破路开挖,保护原有道路环境免遭大规模破坏,减少机械和粉尘污染,交通影响较小;其独特的技术方法,可以解决因无管位或其他管线占压等原因无法开挖更新的管线修复问题。主要的非开挖修复技术方法包括穿插法、翻转式原位固化法、碎(裂)管法、折叠内衬法、缩径内衬法、高强度水泥砂浆内胆喷涂法、不锈钢内衬法、水泥砂浆喷涂法、环氧树脂喷涂法、局部修复法等。

供水管道修漏的基本方法主要包括以下几种:

(1)管箍法。

管箍法可用于管道孔洞、断裂和接口脱开的修复(图11-2)。利用螺栓、夹头等锁紧装置加压固定在泄漏处。螺栓紧固时,以管道轴线为中心线对称紧固,同一侧螺栓紧固时,则以管箍螺栓孔位置对称紧固,达到堵漏的目的(图11-3)。

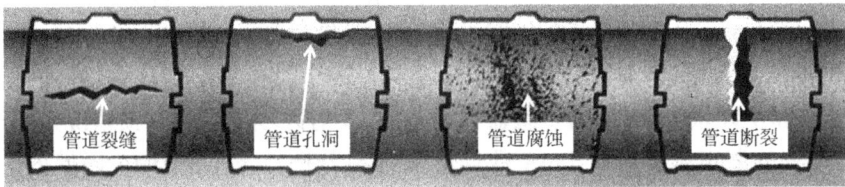

图11-2 管道裂缝、孔洞、腐蚀损害、断裂的修复示意图

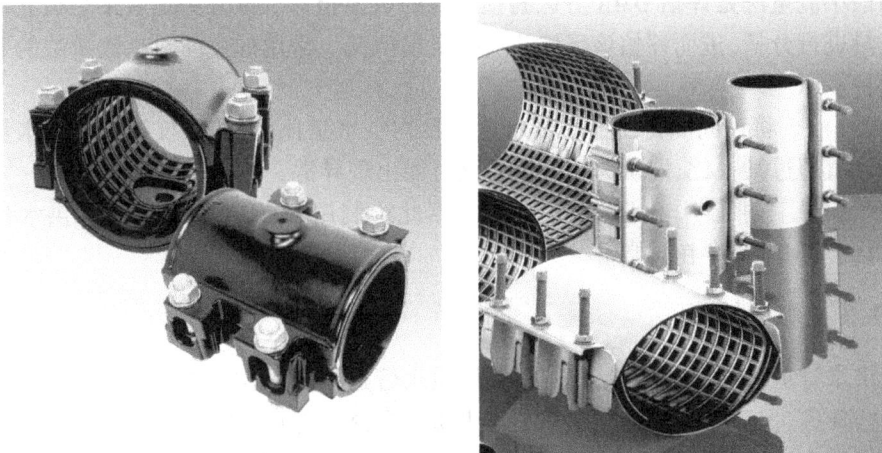

图11-3 管箍图

(2)接口修复法。

接口修复法可用于管道接口填料损坏的修复。包括:①刚性填料接口修复;②柔性接口修复方法;③法兰接口修复方法;④橡胶涨环法接口修复方法。

（3）焊接法。

焊接法适用于钢管焊缝开裂、腐蚀穿孔的修复。焊接法可靠性高,但是焊接往往局限于金属材料,对很多异形、异种材料和许多非金属材料则难以实施。

（4）黏结法。

黏结法适用于管道裂缝、孔洞的修复。黏结堵漏所用胶黏剂不仅要求黏结力强,且要求黏结速度快,由于黏结力有限,有时会受到泄漏处粘结位置和几何面积所限,适合较小的裂缝。通常适用于聚氯乙烯管、玻璃钢管等化学管材。

（5）更换管段法。

更换管段法可用于整段管道破损或其他方法修复困难的管道修复,更换管段法是管网抢修中常用的方法之一。更换管段法工艺包括原管道加固、破损管段拆除、新管段基础处理、新管段铺设和连接处理等。更换管道时,在与原管道连接部位宜采用相同材质、相同规格的管材。

11.4 水管防腐蚀

腐蚀是金属管道的变质现象,其表现方式有生锈、抗蚀、结瘤、开裂或脆化等。金属管道与水或潮湿土壤接触后,因化学作用或电化学作用产生的腐蚀而遭到损坏。按照腐蚀过程的机理,可分为没有电流产生的化学腐蚀,以及形成原电池而产生电流的电化学腐蚀（氧化还原反应）。给水管在水中和土壤中的腐蚀,以及杂散电流引起的腐蚀,都是电化学腐蚀。

影响电化学腐蚀的因素很多。例如,钢管和铸铁管氧化时,管壁表面可生成氧化膜,腐蚀速度因氧化膜的作用而越来越慢,有时甚至可保护金属不再被进一步腐蚀,但是氧化膜必须在完全覆盖管壁,并且附着牢固、没有透水微孔的条件下才能起保护作用。水中溶解氧可引起金属腐蚀,一般情况下,水中含氧越多,腐蚀越严重,但对钢管来说,此时在内壁产生保护膜的可能性越大,因而可减轻腐蚀。水的pH值明显影响金属管的腐蚀速度,pH值越低则腐蚀越快,中等pH值时不影响腐蚀速度,pH值高时因金属管表面形成保护膜,腐蚀速度减慢。水的含盐量对腐蚀的影响是含盐量越高则腐蚀加快。流速和腐蚀速度的关系是流速越大,腐蚀越快。

防止给水管腐蚀的方法有：

（1）采用非金属管材,如预应力钢筋混凝土管、玻璃钢管、塑料管等。

（2）在金属管表面上涂油漆、水泥砂浆、沥青等保护层,以防止金属和水相接触而产生腐蚀。例如,可将明设钢管表面打磨干净后,先刷1~2遍红丹漆,待漆干后再刷两遍热沥青或防锈漆;埋地钢管可根据周围土壤的腐蚀性,选用不同厚度的正常、加强和特强防腐层。

（3）阴极保护。若金属管敷设在腐蚀性土壤中、电气化铁路附近或有杂散电流存在的地区时,应采取阴极保护措施。阴极保护是保护水管的外壁免受土壤侵蚀的方法。根据腐蚀电池的原理,两个电极中只有阳极金属发生腐蚀,所以阴极保护的原理就是使金属管成为阴极,以防止腐蚀。但是,有了阴极保护措施后,还必须同时重视管壁保护涂层的作用。

阴极保护有两种方法。一种是使用消耗性的阳极材料,如铝、镁、锌等,隔一定距离用导线连接到水管（阴极）上,在土壤中形成电路,结果是阳极腐蚀,管线得到保护,如图11-4所示。这种方法常在缺少电源、土壤电阻率低和水管保护涂层良好的情况下使用。

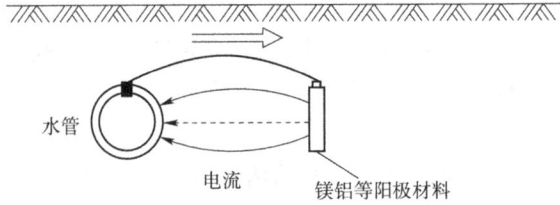

图 11-4　不用外加电流的阴极保护法

另一种是通入直流电的阴极保护法,如图 11-5 所示,埋在管线附近的废铁和直流电源的阳极连接,电源的阴极接到管线上,因此可防止腐蚀,在土壤电阻率高(约 2500Ω·cm)或金属管外露时使用较宜。

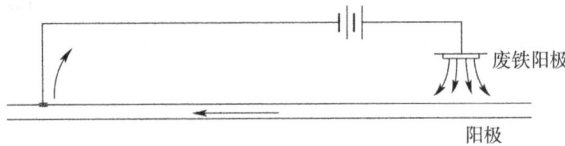

图 11-5　应用外加电流的阴极保护法

11.5　清垢和涂料

由于输水水质、水管材料、流速等的影响,水管内壁会逐渐腐蚀而增大水流阻力,水头损失逐步增大,输水能力随之下降。根据有些地区的经验,涂沥青的铸铁管经 11~20 年使用后,粗糙系数 n 值可增长到 0.017 左右,内壁未涂水泥砂浆的铸铁管,使用 1~2 年后 n 值即达到0.025,而涂水泥砂浆的铸铁管,虽经长期使用,但粗糙系数值基本不变。为了防止管壁腐蚀或积垢后降低管线的输水能力,新敷管线内壁应采用水泥砂浆涂衬,对已埋地敷设的管线应该有计划地进行刮管、涂料,即清除管内壁积垢并加涂保护层,以恢复输水能力、节省输水能量费用和改善管网水质。

11.5.1　管线清垢

产生积垢的原因很多,例如,金属管内壁被水侵蚀,水中的碳酸钙沉淀,水中的悬浮物沉淀,水中的铁、氯化物和硫酸盐的含量过高,以及铁细菌、藻类等微生物的滋长繁殖等。要从根本上解决问题,改善所输送水的水质是很重要的。

金属管线清垢的方法很多,应根据积垢的性质来选择。为了减少干扰,清垢工作通常在夜间进行。

对于松软的积垢,可提高流速进行冲洗。冲洗流速比平时流速提高 3~5 倍,但压力不应高于允许值,否则会冲去无内衬金属管的结垢层,反而加剧腐蚀,影响水质。每次冲洗的管线长度为 100~200m。冲洗工作应经常进行,以免积垢变硬后难以用水冲去。冲洗过程中,可采样分析水质。

用压缩空气和水同时冲洗,效果更好,其优点如下。

(1)清洗简便,水管中无须放入特殊的工具。

(2)操作费用比刮管法、化学酸洗法低。

（3）高流速冲洗法的工作进度较其他方法快。

（4）用水流或气-水冲洗,不会破坏水管内壁的水泥砂浆涂层。

水力清管时,管垢随水流排出。起初排出的水浑浊度较高,以后逐渐下降,冲洗工作直到出水澄清时为止。

用这种方法清垢所需的时间不长,管内的涂层不会破坏,所以也可作为新敷设管线的清洗方法。

气压脉冲法清洗管道的效果也很好,冲洗过程如图11-6所示,贮气罐中的高压空气通过脉冲装置、橡胶管、喷嘴送入需清洗的管道中,冲洗下来的锈垢由排水管排出。该法的设备简单,操作方便,成本不高。进气和排水装置可安装在检查井中,因而清洗时无须断管或开挖路面。

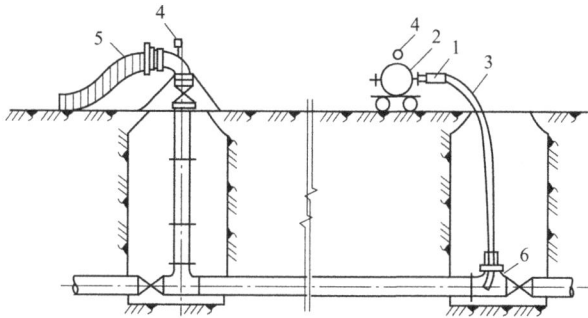

图11-6 气压脉冲法冲洗管道
1-脉冲装置;2-贮气罐;3-橡胶管;4-压力表;5-排水管;6-喷嘴

坚硬的积垢可用机械刮管法去除。刮管法所用的刮管器有多种形式,都是用钢丝绳连接到绞车等工具,使刮管器在积垢的水管内来回拖动。图11-7所示的一种刮管器,是用钢丝绳连到绞车,往返移动。适用于刮除小口径水管内的积垢。它由切削环、括管环和钢丝刷组成。使用时,先由切削环在水管内壁积垢上刻划深痕,然后刮管环把管垢刮下,最后用钢丝刷刷净。安装方式如图11-8所示。

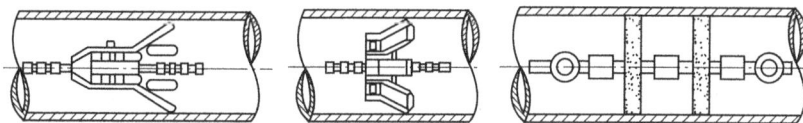

图11-7 刮管器

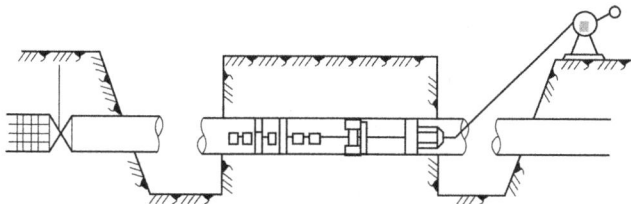

图11-8 刮管器安装方式

对于大口径水管,可用旋转法刮管器(图11-9),安装方法和常规刮管器相似,但钢丝绳拖动的是装有旋转刀具的封闭电动机。刀具可用与螺旋桨相似的叶片,也可用装在旋转盘上的链锤,刮垢效果较好。

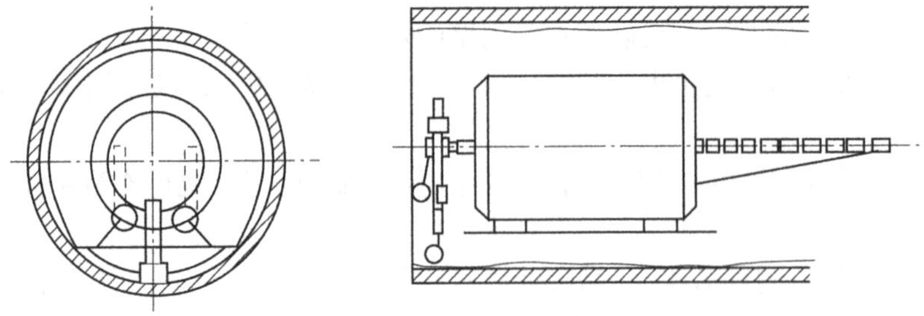

图 11-9　旋转法刮管器

刮管法的优点是工作条件较好,刮管速度快。缺点是刮管器和管壁的摩擦力很大,往返拖动相当费力,并且不易刮净。

清管器法使用的是由软质的聚氨酯泡沫材料制成的清管器,其外表面有高强度材料的螺纹,外形如炮弹,清管器的外径比管道直径稍大。清管操作由水力驱动,大小管径均适用。其优点是成本低,清管效果好,施工方便且可延缓结垢期限,清管后如不衬涂也能保持管壁表面的良好状态。它可清除管内沉积物和泥沙以及附着在管壁上的铁细菌、铁锰氧化物等,还能清除管壁的硬垢(如钙垢、二氧化硅垢等)。清管时,通过消火栓或切断的管线,将清管器放入水管内,利用水压力以 $2\sim3$km/h 的速度在管内移动,约有 10% 的水从清管器和管壁之间的缝隙流出,将管垢和管内沉淀物冲走。冲洗水的压力随管径增大而减小。软质清管器可任意通过弯管和阀门。

除了机械清管法以外,还可用酸洗法,将一定浓度的盐酸或硫酸溶液放进水管内,浸泡 $14\sim18$h 以去除碳酸盐和铁锈等积垢,再用清水冲洗干净,直到出水不含溶解的沉淀物和酸为止。由于酸浴液除了能溶解积垢外,也会侵蚀管壁,所以加酸时应同时加入缓蚀剂,以使管壁少受酸的侵蚀。这种方法的缺点是酸洗后水管内壁变得光滑,如输送的水质有侵蚀性,锈蚀可能加快。

清垢后的水管,应新敷内衬层,以减缓腐蚀。

11.5.2　涂料

管壁积垢清除以后,应在管内衬涂保护涂料,以保持输水能力和延长水管寿命。一般是在水管内壁喷涂水泥砂浆、环氧树脂或聚乙烯。前者涂层厚度为 $3\sim5$mm,后者约为 $1\sim3$mm。水泥砂浆用硅酸盐水泥或矿产水泥和石英砂,按一定的比例拌和而成。

衬涂砂浆的方法有多种。如在埋管前预先衬涂,可用离心法,即用特制的离心装置将涂料均匀地涂在水管内壁上。对已埋管线衬涂时,可用压缩空气的衬涂设备,利用压缩空气推动胶皮涂管器,胶皮可将涂料均匀抹到管壁上。涂管时,压缩空气的压力为 $29.4\sim49.0$kPa。涂管器在水管内的移动速度为 $1\sim1.2$m/s,不同方向反复涂两次。

在直径 500mm 以上的水管中,可用特制的喷浆机喷涂水管内壁。根据喷浆机的大小,一次喷浆的水管长度为 $20\sim50$m。图 11-10 所示为喷浆机的工作情况。

清除水管内积垢和加衬涂料,可有效恢复输水能力,所需费用仅为新埋管线的 $\frac{1}{10}\sim\frac{1}{12}$,还有利于保证管网的水质。但对地下管线清垢、涂料时,所需停水时间较长,影响供水,使用上受到一定限制。

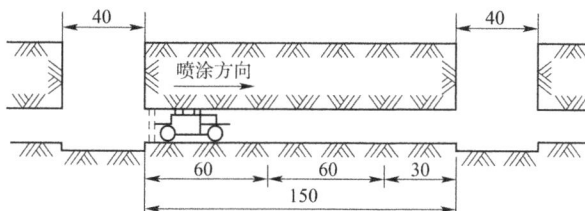

图 11-10 喷浆机工作情况(尺寸单位:m)

11.6 维持管网水质

维持管网水质也是给水管网管理的任务之一。城镇给水管网遍布地下,错综复杂。经水厂处理后水质合格的水,通过管网抵达末梢用户需要很长时间,可达数小时或数日,在大城市的给水管网中甚至需要一周。管网水中残余的颗粒物、溶解物、细菌和微小絮凝体之间,有足够时间发生一系列复杂的物理、化学和生物反应。管道中一部分反应产物,由于管道断面流速分布的不均匀性(表现为靠近管壁处的流速最小,管中心处流速最大),黏附在管道内壁上。另一部分反应产物则随水流流向下游,沉淀及黏附在下游管壁上,管道内逐步形成管顶处薄、管底处厚的污垢层。污垢层的厚度随管龄的增加而增厚,导致管径缩小,影响管道的输水能力。当水流速度增大时,污垢层中的污染物又会被水流冲刷下来,因而有些地区管网中出现红水、黄水、浑水、水发臭或色度增高等,其原因除了可能是出厂水水质指标不合格外,还可能是由于水管中的积垢在水流冲洗下脱落,管线尽端的水流停滞,或管网边远地区的余氯不足而致细菌繁殖。这种现象被称为管网水质的二次污染。

管网水质二次污染有多种原因且非常复杂,主要原因如下。

(1)水质的稳定性差。

管网水质稳定性可分为化学稳定性和生物稳定性,前者可引起管道腐蚀或在管壁结垢,后者是细菌利用水中的营养物质生长繁殖,引起管网中的细菌再生长和管道腐蚀。

水质的不稳定性表现在:当水与金属管道、阀门等接触时,因物理化学反应,使金属管道及附件氧化和锈蚀;管道弯头处受高速水流的磨损而腐蚀;溶解氧可使水中的铁、锰氧化成为氢氧化物沉淀;金属管道腐蚀时产生的亚铁离子,可在氧化还原反应时成为沉淀物;氢氧化铁和二氧化锰可黏附在管壁上,当水流方向和流速改变时,又会冲刷下来,出现红水或黑水;少量的氢氧化铝微絮凝体可随水流沉淀在污垢层中,我国北方大部分水源的浑浊度低,低温低浊水很难处理,絮凝体小而轻,不易沉淀而随水流带入管网。

(2)管材。

我国供水起步较早,部分给水管网已经使用了几十年,一些老化的管道和劣质管材未能及时更换,由于管龄长,管网水的浑浊度一般要比出厂水高 0.2 ~ 0.5NTU[1],色度约增加 0.8 度,铁和锰浓度分别增加 0.01 ~ 0.04mg/L 和 0.01 ~ 0.02mg/L。

管材多种多样,既有金属管又有非金属管。早期金属管没有水泥砂浆衬里,当管网中水的

---

❶ NTU 为散射浊度单位,表明仪器在与入射光成90°角的方向上测量散射光强度。

pH 值和硬度较低或铁、锰含量较高时,出现腐蚀和结垢,污垢层成为细菌繁殖的场所。当水层波动或水流方向改变时,管道就可能出现浑水,特别是在未衬涂或衬涂不好的金属管中。此外,还存在因爆管、管道维修所带来的二次污染。

管道接口是安全供水的薄弱环节。地基的不均匀沉降、路面交通引起的振动,都会影响接口,造成接口破损、管道漏水、地下水渗入管网内,恶化管网水质。

(3)微生物繁殖。

微生物会腐蚀输配水管网,包括管道、阀门、消火栓和检测仪表等,并且微生物腐蚀和电化学腐蚀同时发生。引起管道腐蚀的常见微生物有铁细菌和硫细菌。

管壁污垢层中的细小孔隙和锈瘤等突出部位,存在细菌繁殖所需的磷、氮、碳等营养物质,氧的供给也比较充分,细菌会吸附在管壁上,难以被水流冲刷下来。随着管龄的增长,微生物在污垢层上会形成生物膜。生物膜会自然脱落,脱落的细菌又会随水流黏附在生物膜上,脱落和黏附都会增加管网水中的细菌数。生物膜上的微生物大量生长,水中的大肠菌群和细菌数增加,浑浊度和色度上升,出现红水,并产生异臭异味。细菌可在污垢层的裂缝或腐蚀产物中生存,氯和氧都不易将生物膜消除,须通过管道清洗或刮管等措施才可去除。

(4)屋顶水箱污染。

为了保证水量和水压,有些城市在建筑物的顶部设置屋顶水箱,管网水进入屋顶水箱然后直接供应用户。屋顶水箱供水的二次污染是管网水质变差的重要原因。这是因为水箱中的水有一定的停留时间,水中的物质会沉淀在水箱底部,消耗氯气。水箱内的水流缓慢并且存在死水区,为细菌提供了繁殖条件,同时水箱水中的余氯会逐渐减少,甚至消失,细菌则会再度繁殖。

此外,水箱的密封性差,风、雨和鸟类易于将环境中的污染物质带入水箱并沉淀于箱底,因管理不严,水箱未能得到及时地清洗、消毒,导致微生物、青苔等滋生。细菌的生长既和水中营养物质有关,也和温度也有很大关系。细菌的数目随着水温变化而变化,温度高于 $10℃$ 时可加速微生物的生长速度,因此在夏季,水箱中的余氯含量衰减更快。为保持管网的水质,除了提高出厂水水质外,可采取以下措施。

(1)通过给水栓、消火栓和放水管,定期放去管网中的部分"死水",并借此冲洗水管。

(2)长期未用的管线或管线末端,在恢复使用时必须冲洗干净并消毒。

(3)管线延伸过长时,应在管网中途加氯,以提高管网边缘区域的剩余氯量,防止细菌繁殖。

(4)尽量采用非金属管道。定期对金属管道清垢、刮管和衬涂水管内壁,以保证管线输水能力不致明显下降。

(5)新敷管线竣工后、旧管线检修后,均应冲洗消毒。消毒之前先用高速水流冲洗水管,然后用 $20\sim30mg/L$ 的漂白粉溶液浸泡一昼夜以上,再用清水冲洗,同时连续测定排出水的浑浊度和细菌,直到合格为止。

(6)定期对水塔、水池和屋顶高位水箱进行清洗消毒。

11.7　管网的供水调度管理

随着人口的增加和城市规模的扩大,城市用水量不断增加。与此同时,许多大中城市均出现不同程度的供水危机,加上全球性能源危机,各国政府已把对城市给水系统的规划、运行、调度等问题的研究作为支持社会经济可持续发展的重要支撑。管网供水调度的主要任务是在保证供水服务质量的前提下,最大限度地降低供水成本,节约供水电能,同时保障管网运行安全。

给水管网的运行调度必须有专门的运行调度管理部门,它同时也是整个管网的管理中心。调度管理部门应熟悉各水厂、泵站的设备,掌握管网运行特点,及时了解整个给水系统的运行状态,从而可以有效地执行集中调度的任务。通过管网的集中调度,按照管网控制点的水压确定各水厂和泵站运行水泵的台数,可以保证管网所需的水压,同时避免因管网水压过高而浪费能量。

给水管网供水调度系统分三个发展阶段:人工经验调度、计算机辅助优化调度、全自动优化调度与控制。应用现代科学技术进行管网运行的科学调度已成为供水管理的重要课题。从20世纪80年代起,SCADA(Supervisory Control and Data Acquisition)系统在国内供水行业得到广泛应用。基于 SCADA 和 GIS(Geography Information System,地理信息系统)集成的给水管网调度系统,SCADA 和 GIS 数据的处理在同一个统一的平台上完成,系统同时支持静态和实时数据的处理。

11.7.1 SCADA 系统

SCADA 系统,即管网压力、流量和水质的遥测和遥信系统,它利用网络技术、通信技术,结合给水处理工艺、数据处理系统和现代控制等理论,根据监测得到的整个给水管网的水压、流量、水质等数据,进行分析和处理后,通过遥控设备,适时地对各水厂的加药、消毒设备,给水管网中的各自动调节阀和加压泵站,储水池水位以及各二级泵站的水泵进行运行调度,以达到在满足给水管网的水压、水量、水质等各项条件的前提下,单位供水量的能耗得到最大限度降低。一般来说,一个 SCADA 系统由中心控制室、RTU(Remove Terminal Unit,远程终端,包括水厂、泵站、管网监测、自动阀门等)、系统通信网络和企业内部网组成,如图 11-11 所示。

远程终端设备主要包括两部分:一是远程数据采集设备,主要有压力监测设备、水质监测设备、流量监测设备和其他设备状态传感器;二是远程控制设备,主要有变频器、自动阀门、自动切换开关、水质控制设备以及制水控制设备等。

系统通信主要是指 RTU 与中心控制室之间的通信。目前,SCADA 系统的通信方式主要有两种:有线和无线。有线网络抗干扰性强、可靠性高、稳定性好,但成本高、维护困难以及灵活性差。无线网络灵活又经济,随着智能设备的开发和利用,无线通信方式将成为最主要和最有效的数据传输控制方式。

中心控制室主控台是系统的控制中心,用无线通信的方式同各终端组成一对多点的星形网络,互为热备份的工业计算机可完成数据通信,通过集线器完成与服务器的数据传输。监视器可通过图形用户界面访问 SCADA 系统数据库中的所有数据,并以报表方式显示所有数据,包括测控信息、使用历史数据和趋势数据。应用高清晰度的图形实时显示与监视,并上传报警记录和信息。

SCADA 系统的设计原则为:①采用标准化、通用化和系列化的计算机硬件产品。②采用符合国际标准或产业标准的成熟可靠的软件产品,软件要具有良好的模块化设计以及标准化的互联接口,便于组成各种规模的系统,利于产品和技术的更新换代。③ 采用智能化自控设备,保证实时数据传递的快速、准确、有效、完整。

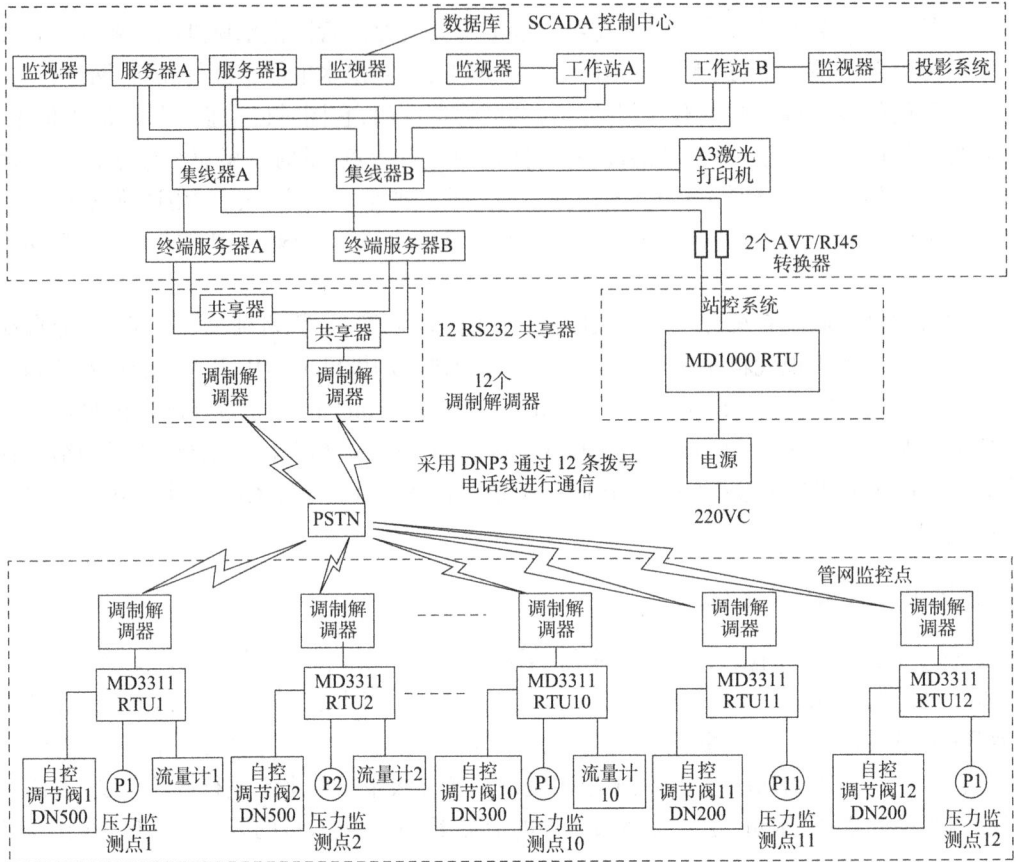

图 11-11　供水 SCADA 系统构成图

11.7.2　GIS

GIS 是采集、模拟、处理、检索、分析和表达地理空间数据的计算机系统。通过 GIS 技术可将地理信息相关的空间位置、属性特性等信息进行统一管理,同时能有效地进行空间分析。

城市给水管网是一个纵横交错的巨大网络,管网管理涉及的信息大多具有空间地理特性,难以用传统的数据库进行管理。将 GIS 技术应用于城市给水管网管理,能够将管网图形库、属性数据库及空间数据库融为一体,管理城市地形图、给水管线以及各种设施的空间分布位置、属性信息,可以随时查阅和输出给水管网的所有信息,既能全面反映一个城市给水管网总貌,又能查清每一细节,图文并茂、准确高效、易于动态更新,大大提高管网管理工作的效率和质量,从而实现对给水管网的全维度管理。

11.7.3　基于 SCADA 系统与 GIS 的给水管网调度系统

SCADA 系统与 GIS、管网模拟仿真系统、运行调度等软件配合,可以组成完善的给水管网调度系统。

给水管网调度系统由硬件系统和软件系统组成,如图 11-12 所示。

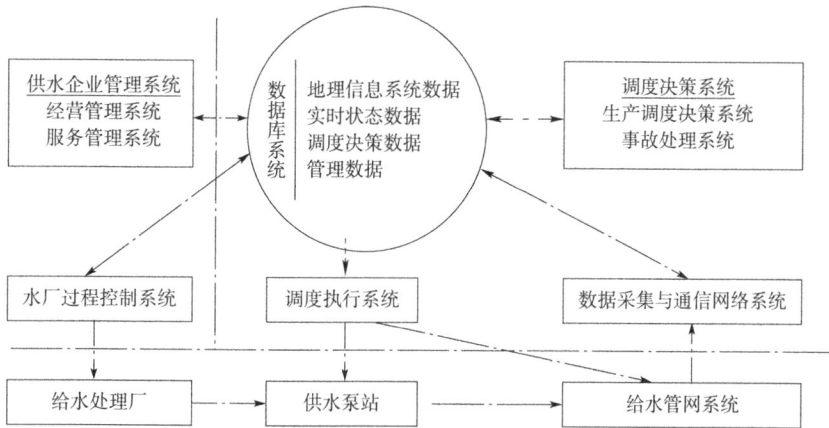

图 11-12 给水管网调度系统组成框图

（1）数据采集与通信网络系统。数据采集与通信网络系统包括：检测水压、流量、水质等参数的传感器、变送器；信号隔离、转换、现场显示、防雷、抗干扰等设备；数据传输（有线或无线）设备与通信网络；数据处理、集中显示、记录、打印等软硬件设备。通信网络应与水厂过程控制系统、供水企业生产调度中心等连通，并建立统一的接口标准与通信协议。

（2）数据库系统。数据库系统是给水管网调度系统的数据中心，具有规范的数据格式（数据格式不统一时要配置接口软件或硬件）和完善的数据管理功能。数据库系统可存储和处理的数据一般包括以下类型。

①地理信息系统数据，包括管网系统所在地区的地形、建筑、地下管线等的图形数据、管网模型数据、管网图及其构造和水力属性数据。

②实时状态数据，包括各检测点的压力、流量、水质等数据，从水厂过程控制系统获得的水厂运行状态数据。

③调度决策数据，包括决策标准数据（如控制压力、水质等）、决策依据数据、计算中间数据（如用水量预测数据）、决策指令数据等。

④管理数据，包括通过与供水企业管理系统接口获得的用水抄表、收费、管网维护、故障处理、生产核算成本等数据。

（3）调度决策系统和调度执行系统。调度决策系统和调度执行系统是供水系统的指挥中心，由各种执行设备或智能控制设备组成，可以分为开关执行系统和调解执行系统。开关执行系统控制设备的开关、启停等，如控制阀门的开闭、水泵机组的启停、消毒设备的运停等；调解执行系统控制阀门的开度、电机转速、消毒剂投量等，有开环调节和闭环调节两种形式。调度执行系统的核心是供水泵站控制系统，多数情况下，它也是水厂过程控制系统的组成部分。

基于 SCADA 系统与 GIS 的给水管网调度系统有以下优点。

（1）统一的数据管理：将各种图形数据（矢量、栅格）和非图形数据（图片、文档、多媒体）集中统一地存放在关系数据库中。地物图形资料仅是系统中的背景辅助资料，没有地物图形资料时，在系统图形资料支持下，系统应用功能仍能照常运行。通常，地物图形不经常变动。

（2）查询统计：提供多种手段对图形、属性数据进行交互查询，同时能对所选元素的某个字段按用户指定的统计分类数与分类段的范围，统计图元总数、最大值、最小值、平均值等，并可用直方图、饼图、折线图等多种形式显示。

（3）管网编辑：系统提供完备的编辑工具，用户可以按自己的要求对管网空间和属性数据进行添加、修改、删除等操作。在编辑时，有完备的设备关系规则库系统，确保编辑好的数据正确、完备。

（4）实时反映管网的运行状态：根据从 SCADA 系统中导入的数据，在每一条供水管网线路上可显示实时水压、水流、水质信息。

（5）方案模拟：可在供水方案实施前，在系统上进行模拟操作，系统根据从 SCADA 系统读入的运行参数进行水流模拟分配，并根据管径大小、规格对水流进行校核，发现水压超过管材承压允许的范围时，便会报警，避免管道爆管。

（6）故障定位：当用水用户出现停水时，只要报出用户名，就可在系统中查出该用户的供水信息以及阀门在地图上的位置，为快速找到故障点、及时隔离故障创造条件。

（7）发布停水信息：在关闭阀门时，用户接口模块的地图上由该阀门控制的线路颜色由红色转为黑色，并列出所有停电的用户，调度员可据此通过电视、广播发送停水范围和用户名称。

（8）管网可靠性统计管理：在系统中，每台泵站、阀门、线路与用户均有明确的连接关系，因此，系统可以根据运行方式中的停泵、阀门启闭来确定线路的停水范围，自动统计并列出所有特殊用户的清单。同时，根据状态的改变时间，确定该范围的停水时间与停水户数。

（9）老化计算：以管线的材料、埋设环境、年限、维修次数等条件为参数，通过分析模型得出需要维修的管线的紧迫级别，并计算相应工时。

（10）设备设施管理：管理管网在运行过程中的设备维修、管网改扩建、设备运行等业务，主要包括巡道管理、听漏管理、保修管理、维修派工、停水关闸管理等。还可进行管网设备质量评估（为改扩建管网提供决策依据）和维修员工考核等。

11.8　智慧管网

智慧管网信息系统主要包括：智慧管网信息化平台，供水生产工艺过程监控系统，生产调度管理信息系统，供水管网地理信息系统，管网漏损监测管理系统，水质管理信息化系统，客户服务系统，决策支持系统。

11.8.1　智慧管网信息化平台

智慧管网信息化建设以三个平台（网络平台、数据平台、应用平台）、三个层次（决策层、调度层、操作层）为总体框架。在三大平台中，网络平台是载体，数据平台是基础，应用平台是核心。

数据平台主要功能是：采集、记录、传输、存储和处理供水行业的数据，实行统一的信息化编码、数据标准和接口标准，建立供水行业数据库，包括基础数据库、生产数据库、服务类数据库和管理类数据库等。

应用平台覆盖生产管理系统、供水营业服务系统、管理决策支持系统和电子政务系统等，充分整合信息应用系统，形成统一门户、协同办公、网上流转的供水行业信息平台。

11.8.2 供水生产工艺过程监控系统

供水生产工艺过程监控系统的主要功能如下。

(1)实时监测取水泵站的取水口水位、泵站出水压力和流量、泵站安防状态、泵组运行状态和电流、电压等运行参数。

(2)实时监测水源井的水位、出水压力和流量、水泵运行状态和电流、电压等运行参数。

(3)实时监测水厂内蓄水池和清水池水位、进出厂流量、出厂水质和压力;监测水厂内配电设备、净水设备和加压泵组的运行状态和运行参数。

11.8.3 生产调度管理信息系统

(1)视频监控。当具备光纤通信条件时,可对取水泵站、水源井、水厂、加压泵站等重要生产部位实施视频监控。当发生人员闯入、设备运行异常等状况时,系统自动切换到视频监控画面。

(2)远程告警。当水位超限、压力超限、电流异常、水泵保护、现场断电、人员闯入等状况发生时,系统立即提示报警信息。

(3)远程控制。具备操作权限的管理人员可远程控制水源井、取水泵站、水厂、加压泵站等监测点的泵组、阀门等设备的启停。

系统可自动控制现场设备的运行,并可远程切换控制模式。

11.8.4 供水管网地理信息系统

供水管网是城市供水系统的"动脉",担负着将优质合格的饮用水保质保量地输送到用户的重要职责,在供水系统中具有极为重要的作用。由于大型城市供水管网埋设在地下,规模庞大,仅靠人工难以管理。同时由于城市的发展,管网连接结构复杂,仅靠人工经验来进行管网的生产调度,越来越难以适应规模不断扩大的系统。因此,有必要进行管网的信息化建设,实现对供水管网参数的在线监测,结合地理信息系统对管网进行数字化管理,同时采取管网数字建模等方法建立对管网运行维护的辅助决策系统,最终建成供水管网的综合数字化平台,为供水安全提供可靠的保障。

11.8.5 管网漏损监测管理系统

管网漏损监测管理系统通过对各独立计量区域内的流量和压力节点实施远程实时监测,既可及时发现管网供水异常,又可测算出区域的漏损情况,并辅助查找漏点,有效降低管网漏损率和产销差率。

11.8.6 水质管理信息化系统

在管网中增加水质、水量检测设备,如余氯在线监测仪器、在线 pH 仪、流量计、水质采样器、数据采集及通信模块等,建立健全供水信息工程。利用先进的管理理念和管理模式,保证供水质量,节约水资源,保障供水安全。

11.8.7 客户服务系统

随着市场经济体制的建立和经济的发展,自来水供水企业正由单一生产型转变为生产经营型和社会服务型。水资源销售与营业管理工作的地位和重要性日益提高。利用信息技术建立一个完善高效的客户服务系统,可提高市民的服务满意度,并且提高企业内部管理与工作效率。

11.8.8　决策支持系统

决策支持系统内置多套调度模型,可模拟管网的各种工况状态,可根据管网压力、水厂或加压泵站出水流量、泵组运行状态等信息给出供水调度辅助决策建议,供调度人员决策参考。

【习题】

1. 为了管理和调度管网,平时应该积累哪些技术资料?

2. 如何发现管网漏水部位?

3. 为什么要测定管网压力?

4. 管线中的流量如何测定?

5. 旧水管如何恢复输水能力?

6. 为了保持管网水质,可采取什么措施?

7. SCADA 系统由哪些部分组成?

8. 给水管网调度系统由哪些部分组成?

9. 给水管网调度系统的功能有哪些?

第12章

给水管网碳核算

"双碳"目标是党中央经过深思熟虑做出的重大战略决策,事关中华民族永续发展和构建人类命运共同体,彰显我国积极应对气候变化、走生态优先、绿色低碳的高质量发展道路的坚定决心。党中央、国务院发布《中共中央 国务院关于完整准确全面贯彻新发展理念做好碳达峰碳中和工作的意见》,随后出台一系列文件,从顶层设计角度,将全社会碳达峰、碳中和任务逐一分解,为各行各业转型发展和碳减排行动确立了目标和方向。

12.1 全生命周期法碳核算

碳核算是将各类产品在生产、加工、使用、废弃的过程中产生的温室气体排放进行定量化统计。目前,世界上对于碳核算主要存在两种权威的框架性标准。有关国际组织在温室气体清单指南(由联合国政府间气候变化专门委员会发布)和清洁发展机制(由联合国气候变化框架公约第三次缔约方大会提出)这两种框架下指定了两种碳核算标准:一是基于终端消耗的企业/项目碳核算标准,二是基于全生命周期的碳核算标准。其中,全生命周期的阶段划分、碳排放边界的界定和碳排放因子的确定为主要研究对象。

12.1.1 全生命周期阶段的划分

作为城市给水系当中不可或缺的一个环节,给水管网的全生命周期碳排放阶段可划分为材料生产加工阶段、材料设备运输阶段、管网规划建设阶段、管网运行维护阶段和最终的资产重置与拆除阶段。根据《城镇水务系统碳核算与减排路径技术指南》,可将材料生产加工、运输及规划建设归入规划建设阶段,即给水管网全生命周期分为规划建设、运行维护及资产重置与拆除三个阶段。

12.1.2 碳排放边界

碳排放边界是指碳排放计量的范围,即碳排放清单。在进行碳核算和评价时必须明确界定碳排放边界。由于不同碳排放边界的计量结果存在显著差异,因此其界定至关重要。从表面看,给水管网的碳排放边界仅涉及包括给水管网及其附属设施在内的各环节中的碳排放活动,然而,碳排放边界的界定还涵盖了核算主体的确定以及核算期限的设定这两个重要方面。因此,必须全面、准确地理解并界定碳排放边界,以确保碳核算和评价的准确性、有效性。

核算主体的确立受到多重因素的制约,包括技术条件、原始设计及经济核算等。技术条件指能源计量与能耗监测设备的技术规格和性能,如供水泵房内配组电机的能耗监测能力;原始设计涉及能耗计量和监测设备的初始状态,可能因线路安装等问题无法精确监测每个用能设备的碳排放;在经济核算过程中,核算主体可能难以深入细分,如泵房整体能耗监测中,无法单独计量某一配组电机的能耗,只能以整体能耗形式呈现。

一般情况下,核算期限以年为单位。对全生命周期核算而言,时间参数的选择是十分关键的,而时间参数须依据不同对象的独特属性确定,不同时间参数直接影响最终的核算结果,所以在碳核算的过程中必须有明确的时间边界。例如《商品和服务在生命周期内的温室气体排放评价规范》(PAS 2050:2008)规定的产品核算期限为10年。管网规划建设阶段及资产重置与拆除阶段时间相对较短,可以单一年份数据作为来源,而运行维护时间跨度较长,则以服务年限内相同时间周期内的数据作为来源。

12.1.3 碳排放活动类型

根据《温室气体核算体系》和《温室气体 第1部分:组织层次上对温室气体排放和清除的量化与报告的规范及指南》(ISO 14064-1:2008)对城市给水系统全生命周期内温室气体排放的来源和属性进行了划分。《温室气体核算体系》将企业层面温室气体排放划分为3类,包括:归属或受控于核算主体的直接温室气体排放;因购买电力、蒸汽、热/冷源产生的间接排放;核算边界外因核算主体活动导致的间接排放。ISO 14064-1:2008用"类型"代替"范围",将上述范围进一步细化为6类温室气体排放,包括:直接温室气体排放或碳汇,间接温室气体排放-电力热力消耗,间接温室气体排放-运输,间接温室气体排放-材料投入和服务,间接温室气体排放-资产和副产品处置,间接温室气体排放-其他,见表12-1。

根据上述温室气体分类方法,可将给水管网碳排放活动可概括为4种类型。

(1)全生命周期各个阶段直接燃烧消耗的化石燃料以及由化石燃料生产的电力、热力等能源产生的温室气体。

(2)全生命周期内所消耗的建材、化学药剂等物料生产产生的温室气体。

(3)运输所消耗建材、化学药剂等物料及资产重置与拆除垃圾产生的温室气体。

(4)资源、能源回收形成的碳补偿。

范围(《温室气体核算体系》)	类型(ISO 14064-1:2018)	给水管网
归属或受控于核算主体自身活动导致的直接温室气体排放	直接温室气体排放或碳汇	化石燃料直接排放:消耗的化石燃料
核算主体由于购买电力、蒸汽、热/冷源导致的间接温室排放	间接温室气体排放-电力热力消耗	电力消耗间接排放:泵站运行消耗的电能
其他因核算主体活动导致的但在其核算边界外的间接温室气体排放	间接温室气体排放-运输	运输过程间接排放:运输各种材料、药剂等过程导致的间接排放
	间接温室气体排放-材料投入和服务	材料消耗间接碳排放-材料消耗包括维修、更换耗材及投加药剂等

给水管网碳排放活动清单　　　　　　　　表 12-1

12.1.4 碳排放因子

碳排放因子是由专业机构根据以往的数据统计计算得出的,是每一种能源燃烧或使用过程中单位能源所产生的碳排放总量。不同的研究机构有各自的碳排放因子。给水管网碳核算所需要的排放因子可大体分为两类:间接碳排放因子和直接碳排放因子。其中,间接碳排放因子主要用于包括电力消耗、材料消耗的碳排放活动结算。主要由相关主管部门计算更新,适用于不同系统的间接碳核算,故又称通用排放因子。

12.2 碳核算方法

12.2.1 碳核算基本原则

为了避免碳核算中碳排放单元或类型漏失,保证碳核算结果的客观性,以及纵向和横向可比较性,给水管网碳核算应遵循以下原则:

(1)相关性。将给水管网温室气体排放的相关活动全部纳入核算边界,确保核算结果真实代表城市配水系统温室气体排放水平。

(2)完整性。核算并报告所确定清单或边界内所有排放位点和活动的温室气体量,应清晰披露和解释不予核算的排放活动的合理性。

(3)一致性。确保不同时期核算方案、边界和核算公式的统一,任何可能影响结果准确性的修改和调整均应予以清楚记录和标注。

(4)透明性。确保实事求是、方法一贯地获取核算信息和相关数据,核算过程中做出的任何假设、采用的方法和数据来源均可核查追踪。

(5)准确性。确保温室气排放量核算无系统性或人为主观错误,减少核算不确定性,保证核算结果能够指导企业做出合理决策。

12.2.2 核算方法

进行给水管网碳核算时,如果能获取碳排放活动的直接活动数据(如耗电量或燃油量),则可直接用活动数据与排放因子相乘得到碳排放量。然而,在实际核算过程中,直接碳排放活动数据可能存在获取困难情形,但可获取一些关联数据,此时需要由关联数据计算得到直接碳排放活动数据,才能完成碳核算。不同的核算方法结果的精确度也存在差别。基于全生命周期法对给水管网碳排放进行量化分析时,一般需要考虑以下几个方面。

(1)建造阶段:建造给水管网所需的材料和能源消耗,例如钢筋、水泥等材料的生产和运输,以及采矿、加热、烘干等工艺所需的能源消耗。

(2)运行维护阶段:给水管网在运营期间的能源消耗(主要来源于泵站,例如水泵、阀门、管道等设备的运转所需的电力),以及维护、修理等活动所需的能源消耗。

(3)资产重置与拆除阶段:在给水管网的资产重置和拆除阶段也会产生碳排放。对于资产重置来说,这涉及更新或更换给水管网的部分或整体,常常需要拆除旧的设备、管道等,并安装新的设备、管道等。此阶段的碳排放量主要来自旧设备的拆除、新设备的生产和运输,以及施工过程中所需的能源消耗。

根据给水管网不同碳排放活动类型,具体核算公式如下:

12.2.2.1 化石燃料直接排放

如果化石燃料种类和对应消耗量均可获得,则:

$$CE_{rl} = \sum_{i=1}^{n} (M_{rl,i} \cdot EF_{rl,i}) \tag{12-1}$$

式中:CE_{rl}——化石燃料碳排放量(kg CO_2-eq);

$M_{rl,i}$——消耗的第 i 种化石燃料总量(kg 或 m^3);

$EF_{rl,i}$——第 i 种化石燃料碳排放因子(kg CO_2-eq/kg 或 kg CO_2-eq/m^3);

n——总计使用的化石燃料种类。

如果化石燃料消耗量不可得,则可根据使用的机械台班数进行核算:

$$CE_{rl} = \sum_{i=1}^{n} (T_i \cdot S_i \cdot EF_{rl,i}) \tag{12-2}$$

式中:CE_{rl}——化石燃料碳排放量(kg CO_2-eq);

T_i——第 i 种机械台班使用数量;

S_i——第 i 种机械台班化石燃料消耗总量(kg 或 m^3);

$EF_{rl,i}$——第 i 种机械台班所消耗的化石燃料对应的碳排放因子(kg CO_2-eq/kg 或 kg CO_2-eq/m^3);

n——总计使用的机械台班种类。

12.2.2.2 电力消耗间接排放

因消耗电能导致的碳排放,核算方法为消耗的总电量乘以该地区电力碳排放因子,计算公式如下:

$$CE_d = E_d \cdot EF_d \tag{12-3}$$

式中:CE_d——消耗电力产生的碳排放量(kg CO_2-eq);

E_d——总耗电量(kW·h);

EF_d——该地区电力碳排放因子(kg CO_2-eq/kWh)。

12.2.2.3　材料消耗间接排放

因建筑材料消耗导致的碳排放,核算方法为消耗材料数量乘以该材料的排放因子,计算公式如下:

$$CE_{cl} = \sum_{i=1}^{n} (M_{cl,i} \cdot EF_{cl,i})$$ (12-4)

式中:CE_{cl}——消耗材料产生的碳排放量(kg CO_2-eq);

$\quad M_{cl,i}$——第 i 种材料使用数量(t 或 m^3);

$\quad EF_{cl,i}$——第 i 种材料的碳排放因子(kg CO_2-eq/t 或 kg CO_2-eq/m^3);

$\quad n$——总计使用的材料种类。

12.2.2.4　运输过程间接排放

建材及设备运往现场的过程中会产生一定的碳排放量。运输过程中所产生的间接碳排放量计算公式如下:

$$CE_{ys} = \sum_{i=1, j=1}^{n, l} (M_{ys,i,j} \cdot L_{ys,i,j} \cdot EF_{ys,j})$$ (12-5)

式中:CE_{ys}——材料运输环节所产生的碳排放量(kg CO_2-eq);

$\quad M_{ys,i,j}$——第 i 次运输过程中,使用第 j 种方式的运输总量;

$\quad L_{ys,i,j}$——第 i 次运输过程中,使用第 j 种方式的运输距离;

$\quad EF_{ys,j}$——第 j 种机械台班所消耗的化石燃料对应的排放因子[kg CO_2-eq/(t·km)];

$\quad n$——总计进行运输的次数。

12.2.2.5　废弃物处理过程直接排放

因处理拆除产生的建筑废弃物及生活垃圾导致的碳排放,核算方法为处理的废弃物总量乘以对应废弃物处理方式的碳排放因子,计算公式如下:

$$CE_{ij} = \sum_{i=1}^{n} (MSW_i \cdot EF_{MSW,i})$$ (12-6)

式中:CE_{ij}——处理废弃物产生的碳排放量(kg CO_2-eq);

$\quad MSW_i$——第 i 种处理方式处理的废弃物数量(t 或 m^3);

$\quad EF_{MSL,i}$——第 i 种处理方式的碳排放因子(kg CO_2-eq/t 或 kg CO_2-eq/m^3);

$\quad n$——总计使用的处理方式。

12.2.2.6　材料回收碳补偿

资产重置与拆除阶段,材料回收再利用产生的碳补偿部分计算公式如下:

$$CE_{hs} = \sum_{i}^{n} (M_{hs,i} \cdot EF_{hs,i})$$ (12-7)

式中:CE_{hs}——资产重置与拆除阶段回收材料碳补偿量(kg CO_2-eq);

$\quad M_{hs,i}$——第 i 种材料回收数量(kg 或 m^3);

$\quad EF_{hs,i}$——第 i 种材料的碳排放因子(kg CO_2-eq/kg 或 kg CO_2-eq/m^3);

$\quad n$——总共回收的材料种类。

12.2.3　碳排放强度表

运输过程碳排放强度表见表12-2。

运输过程碳排放强度表　　　　　　表 12-2

运输方式	运输距离(km)	排放因子 [kg CO₂-eq/(t·km)]	排放强度 [kg CO₂/(t·20km)]
轻型汽油货车运输(载质量 2t)	20	0.334	6.68
中型汽油货车运输(载质量 8t)	20	0.115	2.30
重型汽油货车运输(载质量 10t)	20	0.104	2.08
重型汽油货车运输(载质量 18t)	20	0.104	2.08
轻型柴油货车运输(载质量 2t)	20	0.286	5.72
中型柴油货车运输(载质量 8t)	20	0.179	3.58
重型柴油货车运输(载质量 10t)	20	0.162	3.24
重型柴油货车运输(载质量 18t)	20	0.129	2.58
重型柴油货车运输(载质量 30t)	20	0.078	1.56
重型柴油货车运输(载质量 46t)	20	0.057	1.14
电力机车运输	20	0.010	0.20

根据《城镇水务系统碳核算与减排路径技术指南》,在给水管网碳核算各阶段运输活动中均采用重型柴油货车(载质量 46t)运输 20km 进行碳排放强度计算,即单位运输量运输 20km 产生 1.14kg CO₂。

施工过程碳排放强度表见表 12-3。

施工过程碳排放强度表　　　　　　表 12-3

施工机械类型	单位	碳排放强度
液压挖掘机	kg CO₂/m³	150.91
轮胎式装载机	kg CO₂/m³	140.73
载重汽车	kg CO₂/t	135.92
履带式推土机	kg CO₂/t	160.02
履带式起重机	kg CO₂/t	88.58
自卸汽车	kg CO₂/t	126.79

在给水管网施工过程中常见的施工机械有履带式推土机、履带式单斗液压掘机等,不同施工机械消耗的能源种类也各不相同,其施工过程中的碳排放强度也不同。

目前给水管网常用管材包括球墨铸铁管、聚乙烯管、钢管等。根据《建筑碳排放计算标准》(GB/T 51366—2019),不同管材的生产阶段碳排放因子如表 12-4。

不同管材生产阶段碳排放因子表　　　　　　表 12-4

管材	球墨铸铁管	聚乙烯管	焊接钢管	无缝钢管
碳排放因子(kg CO₂-eq/t)	2280	3600	2530	3150

在常规计算中,常用米质量对管材进行统计计算,而给水管网长度常以千米计,因此采用千米质量做计算,根据《水及燃气用球墨铸铁管、管件和附件》(GB/T 13295—2019)、《给水用聚乙烯(PE)管道系统》(GB/T 13663)系列标准、《焊接钢管尺寸及单位长度重量》(GB/T 21835—2008)及《无缝钢管尺寸、外形、重量及允许偏差》(GB/T 17395—2008)中的各管材规格进行统计计算。给水管网规划建设阶段的运输排放强度均以重型柴油货车(载质量 46t)运

输 20km 计,其碳排放因子为 0.001t CO_2-eq/km;管道施工排放强度按常用的施工机械、以地面以下 0.7m 埋深计,其排放因子为 2.47t CO_2-eq/(km·m),结果见表 12-5。

配水管网不同管材管径碳排放强度表   表 12-5

材料名称	管径 (mm)	壁厚 (mm)	千米质量 (t)	生产排放强度 (t CO_2-eq/km)	施工排放强度 (t CO_2-eq/km)	运输排放强度 (t CO_2-eq/km)	总碳排放强度 (t CO_2-eq/km)
K8 级球磨 铸铁管	400	7.2	67.3	153.44	2.72	0.07	156.23
	600	8.8	122	278.16	3.21	0.12	281.49
	800	10.4	192	437.76	3.71	0.19	441.66
	1000	12	275	627	4.2	0.28	631.47
	1200	13.6	374	852.72	4.69	0.37	857.79
K9 级球墨 铸铁管	400	8.1	75.5	172.14	2.72	0.08	174.93
	600	9.9	137.3	313.04	3.21	0.14	316.39
	800	11.7	215.2	490.66	3.71	0.22	494.58
	1000	13.5	309.3	705.2	4.2	0.31	709.71
	1200	15.3	420.1	957.83	4.69	0.42	962.94
K10 级球墨 铸铁管	400	9	83.7	190.84	2.72	0.08	193.64
	600	11	152	346.56	3.21	0.15	349.92
	800	13	239	544.92	3.71	0.24	548.86
	1000	15	343.2	782.5	4.2	0.34	787.04
	1200	17	466.1	1062.71	4.69	0.47	1067.87
PE100 聚乙烯管	100	4.2	1.47	3.81	1.98	0.00	5.79
	125	4.8	1.9	5.05	2.04	0.00	7.09
	160	6.2	3.14	8.48	2.12	0.00	10.61
	200	7.7	4.88	13.37	2.22	0.00	15.59
	250	9.6	7.61	20.75	2.35	0.00	23.1
	300	12.1	12.08	33.39	2.47	0.00	35.86
	400	15.1	19.16	53.03	2.72	0.00	55.75
焊接钢管	100	4	9.59	24.26	1.98	0.01	26.24
	200	6	28.91	73.15	2.22	0.03	75.4
	300	7.5	53.48	135.29	2.47	0.05	137.82
	400	9	86.52	218.88	2.72	0.09	221.69
	500	9.5	113.98	288.36	2.96	0.11	291.44
无缝钢管	100	4	9.59	30.2	1.98	0.01	32.19
	200	6	28.91	91.07	2.22	0.03	93.32
	300	7.5	53.48	168.45	2.47	0.05	170.97
	400	9	86.52	272.52	2.72	0.09	275.33
	500	9.5	113.98	359.03	2.96	0.11	362.11

在配水管网的规划建设阶段,主要的碳排放来源于管材的生产阶段,其次是施工阶段,最后是建材运输阶段。同时不难发现,管材的碳排放强度和管道管径呈正相关。

12.2.4 减碳路径

根据碳减排原理和机制,国际上将碳减排技术划分为 3 个范畴,即减碳、替碳和碳汇。减碳,即通过优化或创新现有工艺技术,以减少化石燃料的消耗或直接减少碳排放量,从而达到减少碳排放的目的。替碳,指以清洁能源替代化石燃料的方式,从而实现碳减排。碳汇,指通过植树造林等方式,吸收并固定大气中的温室气体,以中和所排放的温室气体。在常规的减碳路径中,主要可分为以下5类:

(1)源头控制:减少所需处理的水量或污染物,从而降低能耗、物耗及温室气体产生量。

(2)过程优化:优化系统中各单元的设备、反应单元和运行控制方案,提高运行效率,降低能耗和物耗强度。

(3)工艺升级:研发低能耗、低碳排的新型工艺、系统,从而代替高能耗、高碳排的传统工艺系统。

(4)低碳能源:使用其他清洁能源(如风能、太阳能、余温热能等),以减少化石燃料的消耗。

(5)植物增汇:通过植树造林、植被恢复等措施,吸收温室气体,从而降低大气中的温室气体浓度。

给水系统运行维护所排放的温室气体主要来源于电能消耗,以及建材等各类材料消耗。其中,长距离输水设施、取水设施的温室气体排放近乎100%来源于水泵的电能消耗,给水管网的温室气体主要来源于管材的生产施工。因此,制定给水系统碳减排计划的关键在于提高能效、水效,减少运行电能及材料消耗。

在源头控制方面,通过用户节约用水、强化用水计量、梯度计价、水源保护、优水优用、低端用水采用再生水、建设海绵城市等,可降低用水需求,降低取水设施、输配水管网、给水处理的工作负荷,从而降低用水量需求。

在过程优化方面,给水系统运营企业可采取多种措施来降低碳排放量,主要途径是提高水泵运行效率和水资源利用率,包括采用管网漏损检测、分区水压控制模式、管网低压输配末端优化、变频调速泵和滤池反冲洗优化等技术。

在工艺升级方面,给水系统采用新型供水方式,开发高效处理工艺技术以及研究低能耗海水淡化等革新技术,可降低能量消耗和碳排放水平。

在低碳能源方面,可提取热能、回收势能等。但需要注意的是,任何减排计划的制定和实施均不得影响用水安全(水质)和用水舒适度(水压)。

【习题】

1.什么是碳核算?

2.给水管网全生命周期有哪些阶段?

3.碳核算的基本原则有哪些?

4.给水管网的碳排放活动类型有哪些?

5.常规减碳路径有哪些?

附录

最高日居民生活用水定额[单位:L/(人·d)]　　　　　　　　　　　　　　　　　　　附表1

城市类型	超大城市	特大城市	Ⅰ型大城市	Ⅱ型大城市	中等城市	Ⅰ型小城市	Ⅱ型小城市
一区	180~320	160~300	140~280	130~260	120~240	110~220	100~200
二区	110~190	100~180	90~170	80~160	70~150	60~140	50~130
三区	—	—	—	80~150	70~140	60~130	50~120

最高日综合生活用水定额[单位:L/(人·d)]　　　　　　　　　　　　　　　　　　　附表2

城市类型	超大城市	特大城市	Ⅰ型大城市	Ⅱ型大城市	中等城市	Ⅰ型小城市	Ⅱ型小城市
一区	250~480	240~450	230~420	220~400	200~380	190~350	180~320
二区	200~300	170~280	160~270	150~260	130~240	120~230	110~220
三区	—	—	—	150~250	130~230	120~220	110~210

注:1. 超大城市指城区常住人口1000万人及以上的城市,特大城市指城区常住人口500万人以上、1000万人以下的城市;Ⅰ型大城市指城区常住人口300万人以上、500万人以下的城市;Ⅱ型大城市指城区常住人口100万人以上、300万人以下的城市;中等城市指城区常住人口50万人以上、100万人以下的城市;Ⅰ型小城市指城区常住人口20万人以上、50万人以下的城市;Ⅱ型小城市指城区常住人口20万人以下的城市。"以上"包括本数,"以下"不包括本数。

2. 一区包括:湖北、湖南、江西、浙江、福建、广东、广西、海南、上海、江苏、安徽。二区包括:重庆、四川、贵州、云南、黑龙江、吉林、辽宁、北京、天津、河北、山西、河南、山东、宁夏、陕西、内蒙古河套以东和甘肃黄河以东的地区。三区包括:新疆、青海、西藏、内蒙古河套以西和甘肃黄河以西的地区。

3. 经济开发区和特区城市,根据用水实际情况,用水定额可酌情增加。

4. 当采用海水或污水再生水等作为冲厕用水时,用水定额相应减少。

5. 本表引自《室外给水设计标准》(GB 50013—2018)表4.0.3-1、表4.0.3-3。

城市居民生活一级用水量和二级用水量指标的上限值 　　附表3

人均水资源量[m³/(人·a)]	一级用水量上限值[L/(人·d)]	二级用水量上限值[L/(人·d)]
≤500	105	160
>500～≤1000	110	200
>1000～≤1700	120	240
>1700	130	260

注:1.一级用水量指使用城市公共供水设施能够供给或自建供水设施供水的,城市居民家庭日常基本生活的用水需求的平均用水量。

2.二级用水量指城市公共供水设施能够供给城市居民家庭改善和提高生活质量用水需求的平均用水量。

3.本表引自《城市居民生活用水量标准》(GB/T 50331—2002)表3.0.2。

工业企业内工作人员淋浴用水量 　　附表4

分级	车间卫生特征			用水量[L/(人·班)]
	有毒物质	生产性粉尘	其他	
1级	易经皮肤吸收引起中毒的剧毒物质(如有机磷农药、三硝基甲苯、四乙基铅等)	—	处理传染性材料、动物原料(如皮、毛等)	60
2级	易经皮肤吸收或有恶臭的物质,或高毒物质(如丙烯腈、吡啶、苯酚等)	严重污染全身或对皮肤有刺激的粉尘(如炭黑、玻璃棉等)	高温作业、井下作业	60
3级	其他毒物	一般粉尘(如棉尘)	体力劳动强度Ⅲ级或Ⅳ级	40
4级	不接触有害物质或粉尘,不污染或轻度污染身体(如仪表、机械加工、金属冷加工等)			40

注:本表引自严煦世,高乃云《给水工程(上册)》(第五版)附表2。

城镇同一时间内的火灾起数和一起火灾灭火设计流量 　　附表5

人数(万人)	同一时间内的火灾起数(起)	每起火灾灭火设计流量(L/s)
≤1.0	1	15
>1.0～≤2.5		20
>2.5～≤5.0	2	30
>5.0～≤10.0		35
>10.0～≤20.0		45
>20.0～≤30.0		60
>30.0～≤40.0		75
>40.0～≤50.0		75
>50.0～≤70.0	3	90
>70		100

注:1.城镇的室外消防用水量包括居住区、工厂、仓库(含堆场、储罐)和民用建筑的室外消火栓用水量。当工厂、仓库和民用建筑的室外消火栓用量按附表7计算,其值与按本表计算不一致时,应取其较大值。

2.本表引自《消防给水及消火栓系统技术规范》(GB 50974—2014)表3.2.2。

工厂、仓库和民用建筑同一时间内的火灾起数　　　　附表6

名称	基地面积（hm²）	附有居住区人数（万人）	同一时间内的火灾起数	备注
工厂、仓库	≤100	≤1.5	1	按需水量最大的一座建筑物（或堆场）计算，工厂、居住区各考虑一次
工厂、仓库	≤100	>1.5	2	
工厂、仓库	>100	不限	2	按需水量最大的两座建筑物（或堆场）计算
仓库、民用建筑	不限	不限	1	按需水量最大的一座建筑物（或堆场）计算

注：本表引自严煦世、高乃云《给水工程（上册）》（第五版）附表4。

建筑物室外消火栓设计流量（单位：L/s）　　　　附表7

耐火等级	建筑物名称及类别			建筑体积（m³）					
				≤1500	>1500~≤3000	>3000~≤5000	>5000~≤20000	>20000~≤50000	>50000
一、二级	工业建筑	厂房	甲、乙	15	20	25	30	35	
			丙	15	20	25	30	40	
			丁、戊	15				20	
		仓库	甲、乙	15		25		—	
			丙	15		25		35	45
			丁、戊	15				20	
	民用建筑	住宅		15					
		公共建筑	单层及多层	15		25		30	40
			高层	—		25		30	40
	地下建筑（包括地铁）、平战结合的人防工程			15		20		25	30
三级	工业建筑	乙、丙		15	20	30	40	45	—
		丁、戊		15			20	25	35
	单层及多层民用建筑			15		20		25	30	—
四级	丁、戊类工业建筑			15		20		25	—
	单层及多层民用建筑			15		20		25	—

注：1. 成组布置的建筑物应按消火栓设计流量较大的相邻两座建筑物的体积之和确定。

2. 火车站、码头和机场的中转库房，其室外消火栓设计流量应按相应耐火等级的丙类物品库房确定。

3. 国家级文物保护单位的重点砖木、木结构的建筑物室外消火栓设计流量，按三级耐火等级民用建筑物消火栓设计流量确定。

4. 当单座建筑的总建筑面积大于500000m² 时，建筑物室外消火栓设计流量应按本表规定的最大值增加1倍。

5. 本表引自《消防给水及消火栓系统技术规范》（GB 50974—2014）表3.3.2。

城市综合用水量指标[单位:万 m³/(万人·d)]　　　　　　　附表 8

区域	城市规模						
	超大城市	特大市	大城市		中等城市	小城市	
	(P≥1000)	(500≤P<1000)	Ⅰ型 (300≤P<500)	Ⅱ型 (100≤P<300)	(50≤P<100)	Ⅰ型 (20≤P<50)	Ⅱ型 (P<20)
一区	0.50~0.80	0.50~0.75	0.45~0.75	0.40~0.70	0.35~0.65	0.30~0.60	0.25~0.55
二区	0.40~0.60	0.40~0.60	0.35~0.55	0.30~0.55	0.25~0.50	0.20~0.45	0.15~0.40
三区	—	—	—	0.30~0.50	0.25~0.45	0.20~0.40	0.15~0.35

注:1.一区包括:湖北、湖南、江西、浙江、福建、广东、广西、海南、上海、江苏、安徽。二区包括:重庆、四川、贵州、云南、黑龙江、吉林、辽宁、北京、天津、河北、山西、河南、山东、宁夏、陕西、内蒙古河套以东和甘肃黄河以东地区。三区包括:新疆、青海、西藏、内蒙古河套以西和甘肃黄河以西地区。

2.本指标已包括管网漏失水量。

3.P为城区常住人口,单位:万人。

4.本表引自《城市给水工程规划规范》(GB 50282—2016)表4.0.3-1。

综合生活用水量指标[单位:L/(人·d)]　　　　　　　附表 9

区域	城市规模						
	超大城市	特大市	大城市		中等城市	小城市	
	(P≥1000)	(500≤P<1000)	Ⅰ型 (300≤P<500)	Ⅱ型 (100≤P<300)	(50≤P<100)	Ⅰ型 (20≤P<50)	Ⅱ型 (P<20)
一区	250~480	240~450	230~420	220~400	200~380	190~350	180~320
二区	200~300	170~280	160~270	150~260	130~240	120~230	110~220
三区	—	—	—	150~250	130~230	120~220	110~210

注:1.综合生活用水为城市居民生活用水与公共设施用水之和,不包括市政用水和管网漏失水量。

2.本表引自《城市给水工程规划规范》(GB 50282—2016)表4.0.3-2。

不同类别用地用水量指标[单位:万 m³/(km²·d)]　　　　　　　附表 10

类别代码	类别名称		用水指标
R	居住用地		0.5~1.3
A	公共管理与公共服务设施用地	行政办公用地	0.5~1.0
		文化设施用地	0.5~1.0
		教育科研用地	0.4~1.0
		体育用地	0.3~0.5
		医疗卫生用地	0.7~1.3
B	商业服务设施用地	商业用地	0.5~2.0
		商务用地	0.5~1.2
M	工业用地		0.3~1.5
W	物流仓储用地		0.2~0.5

>续上表

类别代码	类别名称		用水指标
S	道路与交通设施用地	道路用地	0.2 ~ 0.3
		交通设施用地	0.5 ~ 0.8
U	公用设施用地		0.25 ~ 0.5
G	绿地与广场用地		0.1 ~ 0.3

注:1. 类别代码引自现行《城市用地分类与规划建设用地标准》(GB 50137)。

2. 本指标已包括管网漏失水量。

3. 超出本表的其他各类建设用地的用水量指标可根据所在城市具体情况确定。

管道沿程水头损失水力计算参数

附表11

管道种类		粗糙系数 n	海曾-威廉系数 C_h	当量粗糙度 Δ (mm)
钢管、铸铁管	水泥砂浆内衬	0.011 ~ 0.012	120 ~ 130	—
	涂料内衬	0.0105 ~ 0.0115	130 ~ 140	—
	旧钢管、旧铸铁管(未做内衬)	0.014 ~ 0.018	90 ~ 100	—
混凝土管	预应力混凝土管(PCP)	0.012 ~ 0.013	110 ~ 130	—
	预应力钢筒混凝土管(PCCP)	0.011 ~ 0.0125	120 ~ 140	—
矩形混凝土管道		0.012 ~ 0.014	—	—
塑料管材(聚乙烯管、聚氯乙烯管、玻璃纤维增强树脂夹砂管等),内衬塑料的管道		—	140 ~ 150	0.010 ~ 0.030

注:本表引自《室外给水设计标准》(GB 50013—2018)附录A表A.0.1。

参考文献

[1] 李树平, 刘遂庆. 城市给水管网系统[M]. 北京: 中国建筑工业出版社, 2012.

[2] 刘遂庆. 给水排水管网系统[M]. 4版. 北京: 中国建筑工业出版社, 2021.

[3] 赵洪宾. 给水管网系统理论与分析[M]. 北京: 中国建筑工业出版社, 2003.

[4] 许仕荣. 泵与泵站[M]. 7版. 北京: 中国建筑工业出版社, 2021.

[5] 刘鹤年. 流体力学[M]. 北京: 中国建筑工业出版社, 2001.

[6] 中华人民共和国住房和城乡建设部. 室外给水设计标准: GB 50013—2018[S]. 北京: 中国计划出版社, 2019.

[7] 中华人民共和国住房和城乡建设部. 消防给水及消火栓系统技术规范: GB 50974—2014[S]. 北京: 中国计划出版社, 2019.

[8] 中华人民共和国住房和城乡建设部. 城市给水工程项目规范: GB 55026—2022[S]. 北京: 中国建筑工业出版社, 2022.

[9] 王彤. 给水排水计算机应用[M]. 2版. 北京: 人民交通出版社股份有限公司, 2016.

[10] 金锥, 姜乃昌, 汪兴华. 停泵水锤及其防护[M]. 2版. 北京: 中国建筑工业出版社, 2004.

[11] 严煦世, 范瑾初. 给水工程[M]. 4版. 北京: 中国建筑工业出版社, 1999.

[12] 同济大学. 给水工程[M]. 北京: 中国建筑工业出版社, 1980.

[13] 严煦世, 高乃云. 给水工程(上册)[M]. 5版. 北京: 中国建筑工业出版社, 2020.

[14] 上海市政工程设计研究总院. 给水排水设计手册(第3册 城镇给水)[M]. 3版. 北京: 中国建筑工业出版社, 2017.

[15] 高峰, 张哲, 李云贺, 等. 公共建筑节水精细化控制管理技术手册[M]. 北京: 中国建筑工业出版社, 2022.

[16] 中华人民共和国住房和城乡建设部. 城市给水工程规划规范: GB 50282—2016[S]. 北京: 中国计划出版社, 2017.

[17] 中国建筑西北设计研究院. 湿陷性黄土地区给水排水管道基础及接口: 04S531-1[S]. 北京: 中国建筑设计标准研究院, 2004.

[18] 亚太建设科技信息研究院有限公司, 株洲南方阀门股份有限公司. 水锤防护技术发展报告[M]. 北京: 中国建筑工业出版社, 2021.

[19] 中国市政工程华北设计研究总院, 中国城镇供水排水协会设备材料工作委员会. 给水排水设计手册(第12册 器材与装置)[M]. 北京: 中国建筑工业出版社, 2012.

[20] 中国建筑标准设计研究院. 国家建筑标准设计图集 给水排水构筑物设计选用图: 07S906[S]. 北京: 中国计划出版社, 2007.

[21] 中国建筑标准设计研究院. 国家建筑标准设计图集 室外消火栓安装: 01S201[S]. 北京: 中国计划出版社, 2006.

[22] 中国建筑标准设计研究院. 国家建筑标准设计图集 市政给水管道工程及附属设施:

07MS101[S]. 北京：中国计划出版社，2008.

[23] 王彤，吴志荣，刘霁阳. 多水源给水管网的技术经济计算[J]. 中国给水排水，2005
(6)：56-59.

[24] 赵洪宾，李欣，赵明. 给水管道卫生学[M]. 2 版. 北京：中国建筑工业出版社，2008.

[25] 吴芬芬，王彤，朴庸健，等. M 市供水管网区块化方案研究[J]. 给水排水，2017，53
(10)：104-106.

[26] 郑小明，赵明，舒诗湖，等. 管网区块化理念在上海市奉贤区集约化供水中的实践[J].
给水排水，2012，48(1)：100-102.

[27] 王光辉，韩伟，魏道联，等. DMA 分区管理在首创水务公司供水管网中的应用[J]. 给
水排水，2010，46(4)：111-114.

[28] 中华人民共和国住房和城乡建设部. 城市居民生活用水量标准：GB/T 50331—2002[S].
北京：中国标准出版社，2002.

[29] 中国城市供水排水协会. 城镇水务系统碳核算与减排路径技术指南[M]. 北京：中国建
筑工业出版社，2022.

[30] 中华人民共和国水利部. 中国水资源公报 2021[M]. 北京：中国水利水电出版社，2022.

[31] 秦华鹏，袁辉洲. 城市水系统与碳排放[M]. 北京：科学出版社，2014.

[32] 中华人民共和国住房和城乡建设部. 建筑碳排放计算标准：GB/T 51366—2019[S]. 北
京：中国标准出版社，2019.

[33] 国家市场监督管理总局，国家标准化管理委员会. 水及燃气用球墨铸铁管、管件和附件：
GB/T 13295—2019[S]. 北京：中国标准出版社，2019.

[34] 国家质量监督检验检疫总局，国家标准化管理委员会. 通用的聚乙烯(PE)管材：GB/T
13663—2000[S]. 北京：中国标准出版社，2000.

[35] 国家质量监督检验检疫总局，国家标准化管理委员会. 焊接钢管尺寸及单位长度重量：
GB/T 21835—2008[S]. 北京：中国标准出版社，2008.

[36] 国家质量监督检验检疫总局，国家标准化管理委员会. 无缝钢管尺寸、外形、重量及允许
偏差：GB/T 17395—2008[S]. 北京：中国标准出版社，2008.

[37] 中华人民共和国住房和城乡建设部. 多功能水泵控制阀：CJ/T 167—2016[S]. 北京：中
国标准出版社，2016.